普通高等教育"十一五"国家级规划教材

新世纪计算机类本科规划教材

人工智能技术导论

（第三版）

廉师友　编著

西安电子科技大学出版社

内 容 简 介

本书全面系统地介绍了人工智能技术的基本概念和原理，勾画了人工智能学科知识体系的基本框架。全书共分为6篇。第1篇：概述与工具，概要介绍人工智能学科的知识体系、分支领域和研究方向；第2篇：搜索与求解，介绍图搜索与问题求解及基于遗传算法的随机优化搜索；第3篇：知识与推理，介绍一些常见知识表示和不确定性知识表示及其推理；第4篇：学习与发现，介绍机器学习、知识发现与数据挖掘的基本原理和方法；第5篇：感知与交流，简介模式识别和自然语言理解的基本原理；第6篇：系统与建造，主要介绍专家系统、Agent系统、智能化网络和智能机器人的设计与实现技术。

本书为"十一五"国家级规划教材，适应专业为计算机、自动化、智能科学与技术、软件、电子、信息、管理、控制及系统工程等；本书也可作为非计算机类专业的研究生教材或教学参考书，亦可供其他专业的师生和相关科研及工程技术人员自学或参考。

图书在版编目(CIP)数据

人工智能技术导论/廉师友编著． －3版．
－西安：西安电子科技大学出版社，2007.5(2023.1重印)
ISBN 978 － 7 － 5606 － 1831 － 9

Ⅰ．人…　Ⅱ．廉…　Ⅲ．人工智能－高等学校－教材　Ⅳ．TP18

中国版本图书馆CIP数据核字(2007)第057171号

策　　划　陈宇光
责任编辑　杨宗周
出版发行　西安电子科技大学出版社(西安市太白南路2号)
电　　话　(029)88202421　88201467　　邮　　编　710071
网　　址　www.xduph.com　　　　　　电子邮箱　xdupfxb001@163.com
经　　销　新华书店
印刷单位　陕西天意印务有限责任公司
版　　次　2007年5月第3版　2023年1月第23次印刷
开　　本　787毫米×1092毫米　1/16　印张20.25
字　　数　475千字
印　　数　108 001～110 000册
定　　价　45.00元
ISBN 978 － 7 － 5606 － 1831 － 9 / TP
XDUP　2123013－23

＊＊＊如有印装问题可调换＊＊＊

前　　言

本书第二版自 2002 年出版发行以来被国内众多院校所采用，并被不少同类教材参考或引用；2003 年该书被评为全国优秀畅销书，2005 年又荣获省部级教学成果奖。

然而，经过 50 余年发展的人工智能现在已经是一个大学科了，这就要求人工智能的导论性教科书能够尽量反映该学科的知识体系。同时我们看到，近年来人工智能学科正在以前所未有的速度迅猛发展，新思想、新理论、新技术、新方法不断涌现，新分支、新领域不断拓展。那么，作为人工智能课程的教材，也应该与时俱进。在这样的形势下，本书的版本升级已势在必行。

另一方面，第二版在使用过程中，也发现了一些问题和不足。

鉴于以上情况，作者便决定再接再厉"更上一层楼"，继续推出本书的第三版。正好适逢国家"十一五"规划教材选题，该书荣幸地也被选中。

肩负国家级教材的重任，面对新的水准和目标，作者首先参阅了大量国内外同类教材和相关文献资料（这些教材和文献从 1987 年至 2006 年，20 年不间断）；然后，一方面博采众长，一方面又不落俗套，大胆创新，对第三版进行精心策划，仔细斟酌；初稿写出后，又几经修改，反复推敲。这样，共历时两载，方脱稿成书。

具体来讲，对于本书的撰写，作者主要从以下几个方面做了努力和探索，这也可算是该书的一些特色：

——结合人工智能学科的已有成果与研究现状以及作者自己的研究实践，在第 1 章中对人工智能的学科范畴、研究内容、研究途径与方法、基本技术、应用领域与课题、分支领域与研究方向、历史、现状与发展趋势等进行了全方位的归纳和总结，从而全面系统地概述了人工智能技术的基本概念和原理，构成了全书的导引和平台。

——将人工智能学科的研究内容归纳概括为：搜索与求解、学习与发现、知识与推理、发明与创造、感知与交流、记忆与联想、系统与建造、应用与工程等 8 个方面和领域；进而在此基础上组织教材，将当前人工智能（导论）课程的内容分为搜索与求解、知识与推理、学习与发现、感知与交流、系统与建造等 5 个知识单元。这 5 个知识单元既勾画出了人工智能学科知识体系的基本框架，又构成了本教材独特的结构风格。

——在选材方面，继续以基础、简明、新颖、实用的取材原则，确定各篇、章、节的具体内容。考虑到人工智能技术的飞速发展，并结合 ACM 和 IEEE - CS 的 CC2001/2005 中对人工智能课程内容的要求，书中注意收编了该学科的最新成果，使得该课程的教学能跟上学科的发展步伐，但对于较深入和较专门的内容则点到为止。

——在写法上，继续保持简明扼要、理例结合、条理清楚、深入浅出的写作风格，并力求易读易懂、易教易学。

——除了习题外，书中还安排了上机实习内容及指导。书末还附有中英文名词对照及索引，相当于一个小型人工智能辞典。

——第 1 章的内容特点和全书的结构风格使本书具有很好的适应性。事实上，用户可以第 1 章为基础和平台，再根据各自的需要，灵活地对书中的篇、章、节甚至小节进行取舍，组织自己的教学内容。这就是说，**本教材可适应多种不同课时和要求的教学**。

与第二版相比，本版增添了一些章节，重写了一些章节，删除归并了一些章节，修订补充了一些章节（包括插图、例题和习题），使得本书的内容更加充实和精炼。虽然如此，但第二版的影子仍隐约可见。这就是说，对于已经使用过本书第二版的院校和老师，是很容易转到第三版上来的。

另外，本书还配有电子课件和教学网站，所以，本教材既便于集体教学也适于个人自学。

本书的适用专业为计算机、自动化、智能科学与技术、软件、电子、信息、管理、控制及系统工程等；本书也可作为非计算机类专业的研究生教材或教学参考书，亦可供其他专业的师生和相关科研及工程技术人员自学或参考。

需指出的是，尽管作者对本教材的撰写付出了很大努力，但由于视野和水平的限制，书中肯定仍有一些不够如意之处，故恳请专家、同行不吝赐教，也希望广大师生和读者提出宝贵意见和建议。

在本书第三版出版之际，再一次感谢一直对本书给予关怀和支持的中国人工智能学会荣誉理事长涂序彦教授和副理事长何华灿教授。同时，也感谢西安石油大学的经费支持，感谢西安电子科技大学出版社的经费支持，感谢陈宇光总编和杨宗周编辑的辛勤劳动。还要感谢为本书提供了知识资源的国内外专家、学者以及所有为本书的出版提供过帮助和支持的人士们。

作　者

(lsy7622@126.com)

2007 年 3 月

目　　录

第1篇　概　述　与　工　具

第2篇 搜 索 与 求 解

第3篇 知 识 与 推 理

第4篇　学习与发现

第 5 篇　感　知　与　交　流

第 6 篇　系　统　与　建　造

第1篇　概述与工具

何为人工智能？如何实现人工智能？人工智能有何用？人工智能如何用？……，这些问题和知识是我们学习人工智能，研究人工智能，应用人工智能所需要首先考虑和了解的。本篇将简要阐述这些问题并引导读者概览人工智能的学科领域和历史渊源。

第 1 章 人工智能概述

1.1 什么是人工智能

1.1.1 人工智能概念的一般描述

顾名思义，人工智能就是人造智能，其英文表示是"Artificial Intelligence"，简称 AI。"人工智能"一词目前是指用计算机模拟或实现的智能，因此人工智能又称机器智能。当然，这只是对人工智能的字面解释或一般解释。关于人工智能的科学定义，学术界目前还没有统一的认识。下面是部分学者对人工智能概念的描述，可以看做是他们各自对人工智能所下的定义。

——人工智能是那些与人的思维相关的活动，诸如决策、问题求解和学习等的自动化(Bellman，1978 年)。

——人工智能是一种计算机能够思维，使机器具有智力的激动人心的新尝试(Haugeland，1985 年)。

——人工智能是研究如何让计算机做现阶段只有人才能做得好的事情(Rich Knight，1991 年)。

——人工智能是那些使知觉、推理和行为成为可能的计算的研究(Winston，1992 年)。

——广义地讲，人工智能是关于人造物的智能行为，而智能行为包括知觉、推理、学习、交流和在复杂环境中的行为(Nilsson，1998 年)。

——Stuart Russell 和 Peter Norvig 则把已有的一些人工智能定义分为 4 类：像人一样思考的系统、像人一样行动的系统、理性地思考的系统、理性地行动的系统(2003 年)。

可以看出，这些定义虽然都指出了人工智能的一些特征，但用它们却难以界定一台计算机是否具有智能。因为要界定机器是否具有智能，必然要涉及到什么是智能的问题，但这却是一个难以准确回答的问题。所以，尽管人们给出了关于人工智能的不少说法，但都没有完全或严格地用智能的内涵或外延来定义人工智能。

1.1.2 图灵测试和中文屋子

关于如何界定机器智能，早在人工智能学科还未正式诞生之前的 1950 年，计算机科学创始人之一的英国数学家阿兰·图灵(Alan Turing)就提出了现称为"图灵测试"(Turing Test)的方法。简单来讲，图灵测试的做法是：让一位测试者分别与一台计算机和一个人进行交谈(当时是用电传打字机)，而测试者事先并不知道哪一个被测者是人，哪一个是计算机。如果交谈后测试者分不出哪一个被测者是人，哪一个是计算机，则可以认为这台被测的计算机具有智能。

对于"图灵测试"，美国哲学家约翰·西尔勒(John Searle，1980 年)提出了异议。他用一个现在称为"中文屋子"的假设，试图说明即便是一台计算机通过了图灵测试，也不能说它就真的具有智能。中文屋子假设是说：有一台计算机阅读了一段故事并且能正确回答相关问题，这样这台计算就通过了图灵测试。而西尔勒设想将这段故事和问题改用中文描述（因为他本人不懂中文），然后将自己封闭在一个屋子里，代替计算机阅读这段故事并且回答相关问题。描述这段故事和问题的一连串中文符号只能通过一个很小的缝隙被送到屋子里。西尔勒则完全按照原先计算机程序的处理方式和过程（如符号匹配、查找、照抄等）对这些符号串进行操作，然后把得到的结果即问题答案通过小缝隙送出去。因为西尔勒根本不懂中文，不可能通过阅读理解来回答问题，但按照计算机程序的处理方法也得到了问题的正确答案。于是，西尔勒认为尽管计算机用这种符号处理方式也能正确回答问题，并且也可通过图灵测试，但仍然不能说计算机就有了智能。

可见，由于智能没有确切的定义就使得机器智能难以界定，这显然不利于人工智能的研究和发展。那么，如果能够给出智能的确切定义，则人工智能的确切定义和机器智能的界定问题就不难解决，而且对人工智能的研究内容和研究方法也有直接的指导意义。

1.1.3　脑智能和群智能

我们知道，人的智能源于人脑。但由于人脑是由大约 $10^{11} \sim 10^{12}$ 个神经元组成的一个复杂的、动态的巨系统，其奥秘至今还未完全被揭开，因而就导致了人们对智能的模糊认识。但从整体功能来看，人脑的智能表现还是可以辨识出来的，例如学习、发现、创造等能力就是明显的智能表现。进一步分析可以发现，人脑的智能及其发生过程都是在其心理层面上可见的，即以某种心理活动和思维过程表现的。这就是说，基于宏观心理层次，我们就可以定义智能和研究智能。基于这一认识，我们把脑（主要指人脑）的这种宏观心理层次的智能表现称为**脑智能**(Brain Intelligence，BI)。

令人惊奇的是，人们发现一些生物群落或者更一般的生命群体的群体行为或者社会行为也表现出一定的智能，例如蚂蚁群、蜜蜂群、鸟群、鱼群等等。在这些群体中，个体的功能都很简单，但它们的群体行为却会表现出相当的智慧，例如蚂蚁觅食时总会走最短路径。进一步人们发现，人体内免疫系统中淋巴细胞群也具有学习、寻优等能力。

让我们再用群的眼光来考察脑，可以发现，脑中的神经网络其实也就是由神经细胞组成的细胞群体。当我们在进行思维时，大脑中的相关神经元只是在各负其责，各司其职，至于它们在传递什么信息甚至在做什么，神经元自己则并不知道。然而由众多神经元所组成的群体——神经网络却具有自组织、自学习、自适应等智能表现。现在人们把这种由群体行为所表现出的智能称为**群智能**(Swarm Intelligence，SI)。

可以看出，群智能是有别于脑智能的。事实上，它们是属于不同层次的智能。脑智能是一种**个体智能**(Individual Intelligence，II)，而群智能是一种**社会智能**(Social Intelligence，SI)，或者说是**系统智能**(System Intelligence，SI)。但对于人脑来说，宏观心理（或者语言）层次上的脑智能与神经元层次上的群智能又有密切的关系——正是微观生理层次上低级的神经元的群智能形成了宏观心理层次上高级的脑智能（但二者之间的具体关系如何，却仍然是个迷，这个问题的解决需要借助于系统科学）。

1.1.4　符号智能和计算智能

我们已知，智能可分为脑智能和群智能。那么，通过模拟、借鉴脑智能和群智能就可以研究和实现人工智能。事实上，现在所称的符号智能（Symbolic Intelligence，SI）和计算智能（Computational Intelligence，CI）正是这样做的。

1. 符号智能

符号智能就是符号人工智能，它是模拟脑智能的人工智能，也就是所说的传统人工智能或经典人工智能。符号智能以符号形式的知识和信息为基础，主要通过逻辑推理，运用知识进行问题求解。符号智能的主要内容包括知识获取（knowledge acquisition）、知识表示（knowledge representation）、知识组织与管理和知识运用等技术（这些构成了所谓的知识工程（Knowledge Engineering，KE））以及基于知识的智能系统等。

2. 计算智能

计算智能就是计算人工智能，它是模拟群智能的人工智能。计算智能以数值数据为基础，主要通过数值计算，运用算法进行问题求解。计算智能的主要内容包括：神经计算（Neural Computation，NC）、进化计算（亦称演化计算，Evolutionary Computation，EC，包括遗传算法（Genetic Algorithm，GA）、进化规划（Evolutionary Planning，EP）、进化策略（Evolutionary Strategies，ES）等）、免疫计算（immune computation）、粒群算法（Particle Swarm Algorithm，PSA）、蚁群算法（Ant Colony Algorithm，ACA）、自然计算（Natural Computation，NC）以及人工生命（Artificial Life，AL）等。计算智能主要研究各类优化搜索算法，是当前人工智能学科中一个十分活跃的分支领域。

1.2　人工智能的研究意义、目标和策略

1.2.1　为什么要研究人工智能

我们知道，计算机是迄今为止最有效的信息处理工具，以至于人们称它为"电脑"。但现在的普通计算机系统的智能还相当低下，譬如缺乏自适应、自学习、自优化等能力，也缺乏社会常识或专业知识等，而只能是被动地按照人为它事先安排好的工作步骤进行工作。因而它的功能和作用就受到很大的限制，难以满足越来越复杂和越来越广泛的社会需求。既然计算机和人脑一样都可进行信息处理，那么是否能让计算机同人脑一样也具有智能呢？这正是人们研究人工智能的初衷。

事实上，如果计算机自身也具有一定智能的话，那么，它的功效将会发生质的飞跃，成为名副其实的电"脑"。这样的电脑将是人脑更为有效的扩大和延伸，也是人类智能的扩大和延伸，其作用将是不可估量的。例如，用这样的电脑武装起来的机器人就是智能机器人。智能机器人的出现，标志着人类社会进入一个新的时代。

研究人工智能也是当前信息化社会的迫切要求。我们知道，人类社会现在已经进入了信息化时代。信息化的进一步发展，就必须有智能技术的支持。例如，当前迅速发展着的

互联网(Internet)、万维网(WWW)和网格(Grid)就强烈地需要智能技术的支持。也就是说，人工智能技术在 Internet、WWW 和 Grid 上将发挥重要作用。

智能化也是自动化发展的必然趋势。自动化发展到一定水平，再向前发展就必然是智能化。事实上，智能化将是继机械化、自动化之后，人类生产和生活中的又一个技术特征。

另外，研究人工智能，对探索人类自身智能的奥秘也可提供有益的帮助。因为我们可以通过电脑对人脑进行模拟，从而揭示人脑的工作原理，发现自然智能的渊源。事实上，现在有一门称为"计算神经科学"的学科正迅速崛起，它从整体水平、细胞水平和分子水平对大脑进行模拟研究，以揭示其智能活动的机理和规律。

1.2.2　人工智能的研究目标和策略

人工智能作为一门学科，其研究目标就是制造智能机器和智能系统，实现智能化社会。具体来讲，就是要使计算机不仅具有脑智能和群智能，还要具有看、听、说、写等感知和交流能力。简言之，就是要使计算机具有自主发现规律、解决问题和发明创造的能力，从而大大扩展和延伸人的智能，实现人类社会的全面智能化。

但由于理论和技术的原因，这一宏伟目标一时还难以完全实现。因此，人工智能学科的研究策略则是先部分地或某种程度地实现机器的智能，并运用智能技术解决各种实际问题特别是工程问题，从而使现有的计算机更灵活、更好用和更有用，成为人类的智能化信息处理工具，从而逐步扩展和不断延伸人的智能，逐步实现智能化。

需指出的是，人工智能的长远目标虽然现在还不能全部实现，但在某些方面，当前的机器智能已表现出相当高的水平。例如，在机器博弈、自动推理、定理证明、模式识别、机器学习、知识发现以及规划、调度、控制等方面，当前的机器智能的确已达到或接近能同人类抗衡和媲美的水平，在有些方面甚至已经超过了人类。

1.3　人工智能的学科范畴

现在，人工智能已构成信息技术领域的一个重要学科。因为该学科研究的是如何使机器(计算机)具有智能或者说如何利用计算机实现智能的理论、方法和技术，所以，当前的人工智能既属于计算机科学技术的一个前沿领域，也属于信息处理和自动化技术的一个前沿领域。但由于其研究内容涉及到"智能"，因此，人工智能又不局限于计算机、信息和自动化等学科，还涉及到智能科学、认知科学、心理科学、脑及神经科学、生命科学、语言学、逻辑学、行为科学、教育科学、系统科学、数理科学以及控制论、哲学甚至经济学等众多学科领域。所以，人工智能实际上是一门综合性的交叉学科和边缘学科。

1.4　人工智能的研究内容

综合考虑人工智能的定义、目标、研究层次和方法，以及智能系统和工程应用等，我们发现，人工智能的研究内容可以归纳为：搜索与求解、学习与发现、知识与推理、发明与创造、感知与交流、记忆与联想、系统与建造、应用与工程等八个方面。这八个方面也就是人工智能的八个主题，它们构成了人工智能的八个纵向分支领域。

1.4.1 搜索与求解

所谓搜索，就是为了达到某一目标而多次地进行某种操作、运算、推理或计算的过程。事实上，搜索是人在求解问题时而不知现成解法的情况下所采用的一种普遍方法。这可以看做是人类和其他生物所具有的一种元知识。另一方面，人工智能的研究实践也表明，许多问题(包括智力问题和实际工程问题)的求解都可以描述为或者归结为对某种图或空间的搜索问题。进一步人们发现，许多智能活动(包括脑智能和群智能)的过程，甚至几乎所有智能活动的过程，都可以看做或者抽象为一个基于搜索的问题求解过程。因此，搜索技术就成为人工智能最基本的研究内容。

1.4.2 学习与发现

学习与发现是指机器的知识学习和规律发现。事实上，经验积累能力、规律发现能力和知识学习能力都是智能的表现。那么，要实现人工智能就应该赋予机器这些能力。因此，关于机器的学习和发现技术就是人工智能的重要研究内容。

1.4.3 知识与推理

我们知道"知识就是力量"。在人工智能中，人们则更进一步领略到了这句话的深刻内涵。的确，对智能来说，知识太重要了，以致可以说"知识就是智能"。事实上，能发现客观规律是一种有智能的表现，能运用知识解决问题也是有智能的表现，而且是最为基本的一种表现。而发现规律和运用知识本身还需要知识。因此可以说，知识是智能的基础和源泉。所以，要实现人工智能，计算机就必须拥有知识和运用知识的能力。为此，就要研究面向机器的知识表示形式和基于各种表示的机器推理技术。知识表示要求便于计算机的接受、存储、处理和运用，机器的推理方式与知识的表示又息息相关。由于推理是人脑的一个基本功能和重要功能，因此，在符号智能中几乎处处都与推理有关。这样，知识的表示和推理技术就成为人工智能的一个重要研究内容。

1.4.4 发明与创造

不言而喻，发明创造应该是最具智能的体现。或者可以说，发明创造能力是最高级的智能，所以，关于机器的发明创造能力也应该是人工智能研究的重要内容。这里的发明创造是广义的，它既包括我们通常所说的发明创造，如机器、仪器、设备等的发明和革新，也包括创新性软件、方案、规划、设计等的研制和技术、方法的创新以及文学、艺术的创作，还包括思想、理论、法规的建立和创新等等。我们知道，发明创造不仅需要知识和推理，还需要想象和灵感。它不仅需要逻辑思维，而且还需要形象思维。所以，这个领域应该说是人工智能中最富挑战性的一个研究领域。目前，人们在这一领域已经开展了一些工作，并取得了一些成果，例如已展开了关于形象信息的认知理论、计算模型和应用技术的研究，已开发出了计算机辅助创新软件，还尝试用计算机进行文艺创作等等。但总的来讲，原创性的机器发明创造进展甚微，甚至还是空白。

1.4.5　感知与交流

感知与交流是指计算机对外部信息的直接感知和人机之间、智能体之间的直接信息交流。机器感知就是计算机直接"感觉"周围世界，就像人一样通过"感觉器官"直接从外界获取信息，如通过视觉器官获取图形、图像信息，通过听觉器官获取声音信息。所以，机器感知包括计算机视觉、听觉等各种感觉能力。机器信息交流涉及通信和自然语言处理等技术。自然语言处理又包括自然语言理解和表达。感知和交流是拟人化智能个体或智能系统（如 Agent 和智能机器人）所不可缺少的功能组成部分，所以这也是人工智能的研究内容之一。

1.4.6　记忆与联想

记忆是智能的基本条件，不管是脑智能还是群智能，都以记忆为基础。记忆也是人脑的基本功能之一。在人脑中，伴随着记忆的就是联想，联想是人脑的奥秘之一。

仔细分析人脑的思维过程，可以发现，联想实际是思维过程中最基本、使用最频繁的一种功能，例如当听到一段乐曲，我们头脑中可能会立即浮现出几十年前的某一个场景，甚至一段往事，这就是联想。所以，计算机要模拟人脑的思维就必须具有联想功能。要实现联想无非就是建立事物之间的联系。在机器世界里面就是有关数据、信息或知识之间的联系。当然，建立这种联系的办法很多，比如用指针、函数、链表等等。我们通常的信息查询就是这样做的。但传统方法实现的联想，只能对于那些完整的、确定的（输入）信息，联想起（输出）有关的信息。这种"联想"与人脑的联想功能相差甚远。人脑能对那些残缺的、失真的、变形的输入信息，仍然可以快速准确地输出联想响应。例如，多年不见的老朋友（面貌已经变化），仍能一眼认出。

从机器内部的实现方法来看，传统的信息查询是基于传统计算机的按地址存取方式进行的。而研究表明，人脑的联想功能是基于神经网络的按内容记忆方式进行的。也就是说，只要是内容相关的事情，不管在哪里（与存储地址无关），都可由其相关的内容被想起。例如，苹果这一概念，一般有形状、大小、颜色等特征，我们所要介绍的内容记忆方式就是由形状（比如苹果是圆形的）想起颜色、大小等特征，而不需要关心其内部地址。

当前，在机器联想功能的研究中，人们就是利用这种按内容记忆原理，采用一种称为"联想存储"的技术来实现联想功能。联想存储的特点是：

——可以存储许多相关（激励，响应）模式对。

——通过自组织过程可以完成这种存储。

——以分布、稳健的方式（可能会有很高的冗余度）存储信息。

——可以根据接收到的相关激励模式产生并输出适当的响应模式。

——即使输入激励模式失真或不完全时，仍然可以产生正确的响应模式。

——可在原存储中加入新的存储模式。

联想存储可分为矩阵联想存储、全息联想存储、Walsh 联想存储和网络联想存储等。

联想是最基本、最基础的思维活动，它与许多 AI 技术都息息相关。联想的前提是联想记忆或联想存储，这也是一个富有挑战性的技术领域。

1.4.7　系统与建造

系统与建造是指智能系统的设计和实现技术。它包括智能系统的分类、硬/软件体系结构、设计方法、实现语言工具与环境等。由于人工智能一般总要以某种系统的形式来表现和应用，因此关于智能系统的设计和实现技术也是人工智能的研究内容之一。

1.4.8　应用与工程

应用与工程是指人工智能的应用和工程研究，这是人工智能技术与实际应用的接口。它主要研究人工智能的应用领域、应用形式、具体应用工程项目等。其研究内容涉及问题的分析、识别和表示，相应求解方法和技术的选择等。

1.5　人工智能的研究途径与方法

基于脑智能的符号智能和基于群智能的计算智能就可算是人工智能的两种研究途径与方法，但这样划分过于笼统和粗糙。下面，我们将人工智能的研究途径和方法作进一步细分。

1.5.1　心理模拟，符号推演

"心理模拟，符号推演"就是从人脑的宏观心理层面入手，以智能行为的心理模型为依据，将问题或知识表示成某种逻辑网络，采用符号推演的方法，模拟人脑的逻辑思维过程，实现人工智能。

采用这一途径与方法的原因是：① 人脑的可意识到的思维活动是在心理层面上进行的（如我们的记忆、联想、推理、计算、思考等思维过程都是一些心理活动），心理层面上的思维过程是可以用语言符号显式表达的，从而人的智能行为就可以用逻辑来建模。② 心理学、逻辑学、语言学等实际上也是建立在人脑的心理层面上的，从而这些学科的一些现成理论和方法就可供人工智能参考或直接使用。③ 当前的数字计算机可以方便地实现语言符号型知识的表示和处理。④ 可以直接运用人类已有显式知识（包括理论知识和经验知识）直接建立基于知识的智能系统。

基于心理模拟和符号推演的人工智能研究，被称为心理学派、逻辑学派、符号主义。早期的代表人物有纽厄尔(Allen Newell)、肖(Shaw)、西蒙(Herbert Simon)等，后来还有费根宝姆(E. A. Feigenbaum)、尼尔逊(Nilsson)等。其代表性的理念是所谓的"物理符号系统假设"，即认为人对客观世界的认知基元是符号，认知过程就是符号处理的过程；而计算机也可以处理符号，所以就可以用计算机通过符号推演的方式来模拟人的逻辑思维过程，实现人工智能。

符号推演法是人工智能研究中最早使用的方法之一。人工智能的许多重要成果也都是用该方法取得的，如自动推理、定理证明、问题求解、机器博弈、专家系统等等。由于这种方法模拟人脑的逻辑思维，利用显式的知识和推理来解决问题，因此，它擅长实现人脑的高级认知功能，如推理、决策等。

1.5.2　生理模拟，神经计算

"生理模拟，神经计算"就是从人脑的生理层面，即微观结构和工作机理入手，以智能行为的生理模型为依据，采用数值计算的方法，模拟脑神经网络的工作过程，实现人工智能。具体来讲，就是用人工神经网络作为信息和知识的载体，用称为神经计算的数值计算方法来实现网络的学习、记忆、联想、识别和推理等功能。

我们知道，人脑的生理结构是由大约 $10^{11} \sim 10^{12}$ 个神经元（细胞）组成的神经网络，而且是一个动态的、开放的、高度复杂的巨系统，以致于人们至今对它的生理结构和工作机理还未完全弄清楚。因此，对人脑的真正和完全模拟，一时还难以办到。所以，目前的生理模拟只是对人脑的局部或近似模拟，也就是从群智能的层面进行模拟，实现人工智能。

这种方法一般是通过神经网络的"自学习"获得知识，再利用知识解决问题。神经网络具有高度的并行分布性、很强的鲁棒性和容错性。它擅长模拟人脑的形象思维，便于实现人脑的低级感知功能，例如图像、声音信息的识别和处理。

生理模拟和神经计算的方法早在 20 世纪 40 年代就已出现，但由于种种原因而发展缓慢，甚至一度出现低潮，直到 80 年代中期才重新崛起，现已成为人工智能研究中不可或缺的重要途径与方法。

采用生理模拟和神经计算方法的人工智能研究，被称为生理学派、连接主义。其代表人物有 McCulloch，Pitts，F. Rosenblatt，T. Kohonen，J. Hopfield 等。

1.5.3　行为模拟，控制进化

除了上述两种研究途径和方法外，还有一种基于"感知—行为"模型的研究途径和方法，我们称其为行为模拟法。这种方法是用模拟人和动物在与环境的交互、控制过程中的智能活动和行为特性，如反应、适应、学习、寻优等，来研究和实现人工智能。基于这一方法研究人工智能的典型代表要算 MIT 的 R. Brooks 教授，他研制的六足行走机器人（亦称为人造昆虫或机器虫），曾引起人工智能界的轰动。这个机器虫可以看做是新一代的"控制论动物"，它具有一定的适应能力，是一个运用行为模拟即控制进化方法研究人工智能的代表作。事实上，R. Brooks 教授的工作代表了称为"现场（situated）AI"的人工智能新方向。现场 AI 强调智能系统与环境的交互，认为智能取决于感知和行动，智能行为可以不需要知识，提出"没有表示的智能"，"没有推理的智能"的观点，主张智能行为的"感知—动作"模式，认为人的智能、机器智能可以逐步进化，但只能在现实世界中与周围环境的交互中体现出来。智能只能放在环境中才是真正的智能，智能的高低主要表现在对环境的适应性上。

基于行为模拟方法的人工智能研究，被称为行为主义、进化主义、控制论学派。行为主义曾强烈地批评传统的人工智能（主要指符号主义，也涉及连接主义）对真实世界的客观事物和复杂境遇，作了虚假的、过分简化的抽象。沿着这一途径，人们研制具有自学习、自适应、自组织特性的智能控制系统和智能机器人，进一步展开了人工生命（AL）的研究。

1.5.4　群体模拟，仿生计算

"群体模拟，仿生计算"就是模拟生物群落的群体智能行为，从而实现人工智能。例如，模拟生物种群有性繁殖和自然选择现象而出现的遗传算法，进而发展为进化计算；模拟人体免疫细胞群而出现的免疫计算、免疫克隆计算及人工免疫系统；模拟蚂蚁群体觅食活动过程的蚁群算法；模拟鸟群飞翔的粒群算法和模拟鱼群活动的鱼群算法等等。这些算法在解决组合优化等问题中表现出卓越的性能。而对这些群体智慧的模拟是通过一些诸如遗传、变异、选择、交叉、克隆等所谓的算子或操作来实现的，所以我们统称其为仿生计算。

仿生计算的特点是，其成果可以直接付诸应用，解决工程问题和实际问题。目前这一研究途径正方兴未艾，展现出诱人的前景。

1.5.5　博采广鉴，自然计算

其实，人工智能的这些研究途径和方法的出现并非偶然。因为至今人们对智能的科学原理还未完全弄清楚，所以在这种情况下研究和实现人工智能的一个自然的思路就是模拟自然智能。起初，人们知道自然智能源于人脑，于是，模拟人脑智能就是研究人工智能的一个首要途径和方法。后来，人们发现一些生命群体的群体行为也会表现出某些智能，于是，模拟这些群体智能，就成了研究人工智能的又一个重要途径和方法。现在，人们则进一步从生命、生态、系统、社会、数学、物理、化学、甚至经济等众多学科和领域寻找启发和灵感，展开人工智能的研究。

例如，人们从热力学和统计物理学所描述的高温固体材料冷却时，其原子的排列结构与能量的关系中得到启发，提出了"模拟退火算法"。该算法已是解决优化搜索问题的有效算法之一。又如，人们从量子物理学中的自旋和统计机理中得到启发，而提出了量子聚类算法。再如，1994 年阿德曼(Addman)使用现代分子生物技术，提出了解决哈密顿路径问题的 DNA 分子计算方法，并在试管里求出了此问题的解。

这些方法一般称为自然计算(NC)。自然计算就是模仿或借鉴自然界的某种机理而设计计算模型，这类计算模型通常是一类具有自适应、自组织、自学习、自寻优能力的算法。如神经计算、进化计算、免疫计算、生态计算、量子计算、分子计算、DNA 计算和复杂自适应系统等都属于自然计算。自然计算实际是传统计算的扩展，它是自然科学和计算科学相交叉而产生的研究领域，目前正方兴未艾。自然计算能够解决传统计算方法难于解决的各种复杂问题，在大规模复杂系统的最优化设计、优化控制、网络安全、创造性设计等领域具有很好的应用前景。

1.5.6　原理分析，数学建模

"原理分析，数学建模"就是通过对智能本质和原理的分析，直接采用某种数学方法来建立智能行为模型。例如，人们用概率统计原理(特别是贝叶斯定理)处理不确定性信息和知识，建立了统计模式识别、统计机器学习和不确定性推理的一系列原理和方法。又如，人们用数学中的距离、空间、函数、变换等概念和方法，开发了几何分类、支持向量机等模式识别和机器学习的原理和方法。人工智能的这一研究途径和方法的特点也就是纯粹用人的智能去实现机器智能。

以上我们给出了当前人们研究人工智能的 6 种途径和方法，它们各有所长，也都有一定的局限性，因此这些研究途径和方法并不能互相取代，而是并存和互补的关系。

1.6　人工智能的基本技术

尽管人工智能可分为符号智能和计算智能，但二者仍有许多共同或相似之处，其中最显著的相似之处是：

(1) 二者都涉及表示和运算。

(2) 二者都是通过搜索进行问题求解的。

事实上，符号智能的表示是知识表示，运算是基于知识表示的推理或符号操作；计算智能的表示一般是对象表示，运算是基于对象表示的操作或计算。符号智能采用搜索方法进行问题求解，一般是在问题空间搜索；计算智能也采用搜索方法进行问题求解，一般是在解空间搜索。

再从人工智能的研究内容来看，不论是直接的问题求解，还是机器学习、知识发现、模式识别甚至发明创造，几乎处处都要用到表示、运算和搜索。

所以我们说，实现人工智能的方法虽然很多，但归纳起来，"表示"、"运算"和"搜索"则是人工智能的三个最基本、最核心的技术。

1.7　人工智能的应用

人工智能的应用十分广泛，下面我们仅给出其中一些重要的应用领域和研究课题。

1.7.1　难题求解

这里的难题，主要指那些没有算法解，或虽有算法解但在现有机器上无法实施或无法完成的困难问题，例如智力性问题中的梵塔问题、n 皇后问题、旅行商问题、博弈问题等等，就是这样的难题。又如，现实世界中复杂的路径规划、车辆调度、电力调度、资源分配、任务分配、系统配置、地质分析、数据解释、天气预报、市场预测、股市分析、疾病诊断、故障诊断、军事指挥、机器人行动规划等等，也是这样的难题。在这些难题中，有些是组合数学理论中所称的非确定型多项式(Nondeterministic Polynomial，NP)问题或 NP 完全(Nondeterministic Polynomial Complete，NPC)问题。NP 问题是指那些既不能证明其算法复杂性超出多项式界，但又未找到有效算法的一类问题。而 NP 完全问题又是 NP 问题中最困难的一种问题，例如有人证明过排课表问题就是一个 NP 完全性问题。

研究工程难题的求解是人工智能的重要课题，而研究智力难题的求解则具有双重意义：一方面，可以找到解决这些难题的途径；另一方面，由解决这些难题而发展起来的一些技术和方法可用于人工智能的其他领域。这也正是人工智能研究初期，研究内容基本上都集中于游戏世界的智力性问题的重要原因，例如博弈问题就可为搜索策略、机器学习等研究提供很好的实际背景。

1.7.2 自动规划、调度与配置

在上述的难题求解中，规划、调度与配置问题是实用性、工程性最强的一类问题。规划一般指设计制定一个行动序列，例如机器人行动规划、交通路线规划。调度就是一种任务分派或者安排，例如车辆调度、电力调度、资源分配、任务分配。调度的数学本质是给出两个集合间的一个映射。配置则是设计合理的部件组合结构，即空间布局，例如资源配置、系统配置、设备或设施配置。

从问题求解角度看，规划、调度、配置三者又有一定的内在联系，有时甚至可以互相转化。事实上，它们都属于人工智能的经典问题之一的约束满足问题（Constraint Satisfaction Problems，CSP）。这类问题的解决体现了计算机的创造性，所以，规划、调度、配置问题求解也是人工智能的一个重要研究领域。

自动规划的研究始于 20 世纪 60 年代，最早的自动规划系统可以说就是 Simon 的通用问题求解系统 GPS 和 Green 方法。1969 年斯坦福研究所设计了著名的机器人动作规划系统 STRIPS，成为人工智能界的经典自动规划技术。之后，人们又开发了许多非经典规划技术，如排序（或分层）规划技术、动态世界规划、专用目的规划器等。进一步，人们又将机器学习和专家系统技术引入自动规划。在自动配置方面，1982 年卡内基-梅隆大学为 DEC 公司开发的计算机自动配置系统 XCOM（亦称 R1）堪称一个典型代表。

另一方面，迅速发展的约束程序设计（Constraint Programming，CP）特别是约束逻辑程序设计（Constraint Logic Programming，CLP）也将为规划、调度和配置技术提供强大的技术支持。

1.7.3 机器定理证明

机器定理证明也是人工智能的一个重要的研究课题，它也是人工智能最早的研究领域之一。定理证明是最典型的逻辑推理问题，它在发展人工智能方法上起过重大作用。如关于谓词演算中推理过程机械化的研究，帮助我们更清楚地了解到某些机械化推理技术的组成情况。很多非数学领域的任务如医疗诊断、信息检索、规划制定和难题求解，都可以转化成一个定理证明问题。所以机器定理证明的研究具有普遍的意义。

机器定理证明的方法主要有四类：

（1）自然演绎法，其基本思想是依据推理规则，从前提和公理中可以推出许多定理，如果待证的定理恰在其中，则定理得证。

（2）判定法，即对一类问题找出统一的计算机上可实现的算法解。在这方面一个著名的成果是我国数学家吴文俊教授 1977 年提出的初等几何定理证明方法。

（3）定理证明器，它研究一切可判定问题的证明方法。

（4）计算机辅助证明，它是以计算机为辅助工具，利用机器的高速度和大容量，帮助人完成手工证明中难以完成的大量计算、推理和穷举。证明过程中所得到的大量中间结果，又可以帮助人形成新的思路，修改原来的判断和证明过程，这样逐步前进直至定理得证。这种证明方法的一个重要成果就是，1976 年 6 月美国的阿普尔（K. Appeel）等人证明了 124 年未能解决的四色定理，引起了全世界的轰动。

1.7.4　自动程序设计

自动程序设计就是让计算机设计程序。具体来讲，就是人只要给出关于某程序要求的非常高级的描述，计算机就会自动生成一个能完成这个要求目标的具体程序。所以，这相当于给机器配置了一个"超级编译系统"，它能够对高级描述进行处理，通过规划过程，生成所需的程序。但这只是自动程序设计的主要内容，它实际是程序的自动综合。自动程序设计还包括程序自动验证，即自动证明所设计程序的正确性。这样，自动程序设计也是人工智能和软件工程相结合的研究课题。

1.7.5　机器翻译

机器翻译就是完全用计算机作为两种语言之间的翻译。机器翻译由来已久，早在电子计算机问世不久，就有人提出了机器翻译的设想，随后就开始了这方面的研究。当时人们总以为只要用一部双向词典及一些语法知识就可以实现两种语言文字间的机器互译，结果遇到了挫折。例如当把"光阴似箭"的英语句子"Time flies like an arrow"翻译成日语，然后再翻译回来的时候，竟变成了"苍蝇喜欢箭"；又如，当把"心有余而力不足"的英语句子"The spirit is willing but the flesh is weak"翻译成俄语，然后再翻译回来时竟变成了"酒是好的，肉变质了"，即"The wine is good but the meat is spoiled"。这些问题的出现才使人们发现，机器翻译并非想像的那么简单，并使得人们认识到，单纯地依靠"查字典"的方法不可能解决翻译问题，只有在对语义理解的基础上，才能做到真正的翻译，所以机器翻译的真正实现，还要靠自然语言理解方面的突破。

1.7.6　智能控制

智能控制就是把人工智能技术引入控制领域，建立智能控制系统。智能控制具有两个显著的特点：第一，智能控制是同时具有知识表示的非数学广义世界模型和传统数学模型混合表示的控制过程，也往往是含有复杂性、不完全性、模糊性或不确定性以及不存在已知算法的过程，并以知识进行推理，以启发来引导求解过程；第二，智能控制的核心在高层控制，即组织级控制，其任务在于对实际环境或过程进行组织，即决策与规划，以实现广义问题求解。

智能控制系统的智能可归纳为以下几方面：

(1) 先验智能：有关控制对象及干扰的先验知识，可以从一开始就考虑在控制系统的设计中。

(2) 反应性智能：在实时监控、辨识及诊断的基础上，对系统及环境变化的正确反应能力。

(3) 优化智能：包括对系统性能的先验性优化及反应性优化。

(4) 组织与协调智能：表现为对并行耦合任务或子系统之间的有效管理与协调。

智能控制的开发，目前认为有以下途径：

——基于专家系统的专家智能控制。

——基于模糊推理和计算的模糊控制。

——基于人工神经网络的神经网络控制。

——综合以上三种方法的综合型智能控制。

1.7.7 智能管理

智能管理就是把人工智能技术引入管理领域，建立智能管理系统。智能管理是现代管理科学技术发展的新动向。智能管理是人工智能与管理科学、系统工程、计算机技术及通信技术等多学科、多技术互相结合、互相渗透而产生的一门新技术、新学科。它研究如何提高计算机管理系统的智能水平，以及智能管理系统的设计理论、方法与实现技术。

智能管理系统是在管理信息系统、办公自动化系统、决策支持系统的功能集成和技术集成的基础上，应用人工智能专家系统、知识工程、模式识别、人工神经网络等方法和技术，进行智能化、集成化、协调化，设计和实现的新一代的计算机管理系统。

1.7.8 智能决策

智能决策就是把人工智能技术引入决策过程，建立智能决策支持系统。智能决策支持系统是在 20 世纪 80 年代初提出来的。它是决策支持系统与人工智能，特别是专家系统相结合的产物。它既充分发挥了传统决策支持系统中数值分析的优势，也充分发挥了专家系统中知识及知识处理的特长，既可以进行定量分析，又可以进行定性分析，能有效地解决半结构化和非结构化的问题，从而扩大了决策支持系统的范围，提高了决策支持系统的能力。

智能决策支持系统是在传统决策支持系统的基础上发展起来的，由传统决策支持系统再加上相应的智能部件就构成了智能决策支持系统。智能部件可以有多种模式，例如专家系统模式、知识库系统模式等。专家系统模式是把专家系统作为智能部件，这是目前比较流行的一种模式。该模式适合于以知识处理为主的问题，但它与决策支持系统的接口比较困难。知识库系统模式是以知识库作为智能部件。在这种情况下，决策支持系统就是由模型库、方法库、数据库、知识库组成的四库系统。这种模式接口比较容易实现，其整体性能也较好。

一般来说，智能部件中可以包含如下一些知识：

——建立决策模型和评价模型的知识。

——如何形成候选方案的知识。

——建立评价标准的知识。

——如何修正候选方案，从而得到更好候选方案的知识。

——完善数据库，改进对它的操作及维护的知识。

1.7.9 智能通信

智能通信就是把人工智能技术引入通信领域，建立智能通信系统。智能通信就是在通信系统的各个层次和环节上实现智能化。例如在通信网的构建、网管与网控、转接、信息传输与转换等环节，都可实现智能化。这样，网络就可运行在最佳状态，使呆板的网变成活化的网，使其具有自适应、自组织、自学习、自修复等功能。

1.7.10　智能仿真

智能仿真就是将人工智能技术引入仿真领域，建立智能仿真系统。我们知道，仿真是对动态模型的实验，即行为产生器在规定的实验条件下驱动模型，从而产生模型行为。具体地说，仿真是在三种类型知识——描述性知识、目的性知识及处理知识的基础上产生另一种形式的知识——结论性知识。因此可以将仿真看做是一个特殊的知识变换器，从这个意义上讲，人工智能与仿真有着密切的关系。

利用人工智能技术能对整个仿真过程（包括建模、实验运行及结果分析）进行指导，能改善仿真模型的描述能力，在仿真模型中引进知识表示将为研究面向目标的建模语言打下基础，提高仿真工具面向用户、面向问题的能力。从另一方面来讲，仿真与人工智能相结合可使仿真更有效地用于决策，更好地用于分析、设计及评价知识库系统，从而推动人工智能技术的发展。正是基于这些方面，近年来，将人工智能特别是专家系统与仿真相结合，就成为仿真领域中一个十分重要的研究方向，引起了大批仿真专家的关注。

1.7.11　智能 CAD

智能 CAD（简称 ICAD）就是把人工智能技术引入计算机辅助设计领域，建立智能 CAD 系统。事实上，AI 几乎可以应用到 CAD 技术的各个方面，从目前发展的趋势来看，至少有以下四个方面：

（1）设计自动化。

（2）智能交互。

（3）智能图形学。

（4）自动数据采集。

从具体技术来看，ICAD 技术大致可分为以下几种方法：

（1）规则生成法。

（2）约束满足方法。

（3）搜索法。

（4）知识工程方法。

（5）形象思维方法。

1.7.12　智能制造

智能制造就是在数控技术、柔性制造技术和计算机集成制造技术的基础上，引入智能技术。智能制造系统由智能加工中心、材料传送检测和实验装置等智能设备组成。它具有一定的自组织、自学习和自适应能力，能在不可预测的环境下，基于不确定、不精确、不完全的信息，完成拟人的制造任务，形成高度自动化生产。

1.7.13　智能 CAI

智能 CAI 就是把人工智能技术引入计算机辅助教学领域，建立智能 CAI 系统，即 ICAI。ICAI 的特点是能对学生因才施教地进行指导。为此，ICAI 应具备下列智能特征：

——自动生成各种问题与练习。

——根据学生的水平和学习情况自动选择与调整教学内容和进度。

——在理解教学内容的基础上自动解决问题生成解答。

——具有自然语言的生成和理解能力。

——对教学内容有解释咨询能力。

——能诊断学生错误,分析原因并采取纠正措施。

——能评价学生的学习行为。

——能不断地在教学中改善教学策略。

为了实现上述 ICAI 系统,一般把整个系统分成专门知识、教导策略和学生模型等三个基本模块和一个自然语言的智能接口。

ICAI 已是人工智能的一个重要应用领域和研究方向,已引起了人工智能界和教育界的极大关注和共同兴趣。

1.7.14　智能人机接口

智能人机接口就是智能化的人机交互界面,也就是将人工智能技术应用于计算机与人的交互界面,使人机界面更加灵性化、拟人化、个性化。显然,这也是当前人机交互的迫切需要和人机接口技术发展的必然趋势。事实上,智能人机接口已成为计算机、网络和人工智能等学科共同关注和通力合作的研究课题。该课题涉及到机器感知特别是图形图像识别与理解、语音识别、自然语言处理、机器翻译等诸多 AI 技术,另外,还涉及到多媒体、虚拟现实等技术。

1.7.15　模式识别

识别是人和生物的基本智能信息处理能力之一。事实上,我们几乎无时无刻都在对周围世界进行着识别。而所谓模式识别,则指的是用计算机进行物体识别。这里的物体一般指文字、符号、图形、图像、语音、声音及传感器信息等形式的实体对象,而并不包括概念、思想、意识等抽象或虚拟对象,后者的识别属于心理、认知及哲学等学科的研究范畴。也就是说,这里所说的模式识别是狭义的模式识别,它是人和生物的感知能力在计算机上的模拟和扩展。经过多年的研究,模式识别已发展成为一个独立的学科,其应用十分广泛,诸如信息、遥感、医学、影像、安全、军事等领域,模式识别已经取得了重要成效,特别是基于模式识别而出现的生物认证、数字水印等新技术正方兴未艾。

1.7.16　数据挖掘与数据库中的知识发现

随着计算机、数据库、互联网等信息技术的飞速发展,人类社会所拥有的各种各样的数据与日俱增。例如,企业中出现了以数据仓库为存储单位的海量数据,互联网上的 Web 页面更以惊人的速度不断增长。面对这些堆积如山、浩如烟海的数据,人们已经无法用人工方法或传统方法从中获取有用的信息和知识。而事实上这些数据中不仅承载着大量的信息,同时也蕴藏着丰富的知识。于是,如何从这些数据中归纳、提取出高一级的更本质更有用的规律性信息和知识,就成了人工智能的一个重要研究课题。也正是在这样的背景下,数据挖掘(Data Mining, DM)与数据库中的知识发现(Knowledge Discovery in Databases, KDD)技术便应运而生。

其实，数据挖掘（也称数据开采、数据采掘等）和数据库中的知识发现的本质含义是一样的，只是前者主要流行于统计、数据分析、数据库和信息系统等领域，后者则主要流行于人工智能和机器学习等领域，所以现在有关文献中一般都把二者同时列出。

DM 与 KDD 现已成为人工智能应用的一个热门领域和研究方向，其涉及范围非常广泛，如企业数据、商业数据、科学实验数据、管理决策数据、Web 数据等的挖掘和发现。

1.7.17　计算机辅助创新

计算机辅助创新（Computer Aided Innovation，CAI）是以"发明问题解决理论（TRIZ）"为基础，结合本体论（Ontology）、现代设计方法学、计算机技术而形成的一种用于技术创新的新手段。近年来，CAI 在欧美国家迅速发展，成为新产品开发中的一项关键性基础技术。计算机辅助创新可以看做是机器发明创造的初级形式。

TRIZ 是由俄语拼写的单词首字母组成，用英语也可缩写为 TIPS（Theory of Inventive Problem Solving）。TRIZ 是由前苏联的 Genrich Altshuller 等人，在分析了全世界近 250 万件高水平的发明专利，并综合多学科领域的原理和法则后而建立起来的一种发明创造理论和方法。TRIZ 是由解决技术问题和实现创新开发的各种方法、算法组成的综合理论体系。TRIZ 的基本原理是：企业和科学技术领域中的问题和解决方案是重复出现的；企业和科学技术领域的发展变化也是重复出现的；高水平的创新活动经常应用到专业领域以外的科学知识。因此技术系统的进化遵循客观的法则群，人们可以应用这些进化法则预测产品的未来发展趋势，把握新产品的开发方向。在解决技术问题时，如果不明确应该使用哪些科学原理法则，则很难找到问题的解决对策。TRIZ 就是提供解决问题的科学原理并指明解决问题的探索方向的有效工具。同时，产品创新需要和自然科学与工程技术领域的基本原理以及人类已有的科研成果建立千丝万缕的联系，而各学科领域知识之间又具有相互关联的特性。显然，对这些关联特性的有效利用会大大加快创新进程。

基于 TRIZ，人们已经开发出了不少计算机辅助创新软件，例如：

——发明机器（Invention Machine）公司开发出 TechOptimizer 就是一个计算机辅助创新软件系统。TechOptimizer 软件是基于知识的创新工具，它以 TRIZ 为基础，结合现代设计方法学、计算机辅助技术及多学科领域的知识，以分析解决产品及其制造过程中遇到的矛盾为出发点，从而可解决新产品开发过程中遇到的技术难题而实现创新，并可为工程技术领域新产品、新技术的创新提供科学的理论指导，并指明探索方向。

——IWINT，Inc.（亿维讯）公司的计算机辅助创新设计平台（Pro/Innovator），它基于 TRIZ 将发明创造方法学、现代设计方法学与计算机软件技术融为一体。它能够帮助设计者在概念设计阶段有效地利用多学科领域的知识，打破思维定势、拓宽思路、准确发现现有技术中存在的问题，找到创新性的解决方案，保证产品开发设计方向正确的同时实现创新。它已成为全球研究机构、知名大学、企业解决工程技术难题、实现创新的有效工具。这种基于知识的创新工具能帮助技术人员在不同工程领域产品的方案设计阶段，根据市场需求，正确地发现并迅速解决产品开发中的关键问题，高质量、高效率地提出可行的创新设计方案，并将设计引向正确方向，为广大企业提高自主创新能力和实现系统化创新提供行之有效的方法和方便实用的创新工具。

——基于知识发现的计算机辅助创新智能系统（CAIISKD），这是国内学者研制的一个以创新工程与价值工程为理论基础，以知识发现为技术手段，以专家求解问题的认知过程为主线，以人机交互为贯穿的多层递阶、综合集成的计算机辅助创新智能系统。

1.7.18 计算机文艺创作

在文艺创作方面，人们也尝试开发和运用人工智能技术。事实上，现在计算机创作的诗词、小说、乐曲、绘画时有报道，例如下面的两首"古诗"就是计算机创作的。

云松

銮仙玉骨寒，

松虬雪友繁。

大千收眼底，

斯调不同凡。

（无题）

白沙平舟夜涛声，

春日晓露路相逢。

朱楼寒雨离歌泪，

不堪肠断雨乘风。

下面的这篇小说也是计算机创作的。

Betrayal

Dave Striver loved the university. He loved its ivy-covered clocktowers, its ancient and sturdy brick, and its sun-splashed verdant greens and eager youth. He also loved the fact that the university is free of the stark unforgiving trials of the business world — only this isn't a fact: Academia has its own tests, and some are as merciless as any in the marketplace. A prime example is the dissertation defense: To earn the PhD, to become a doctor, one must pass an oral examination on one's dissertation. This was a test Professor Edward Hart enjoyed giving.

Dave wanted desperately to be a doctor. But he needed the signatures of three people on the first page of his dissertation, the priceless inscriptions that, together, would certify that he had passed his defense. One of the signatures had to come from Professor Hart, and Hart had often said — to others and to himself -that he was honored to help Dave secure his well—earned dream.

Well before the defense, Striver gave Hart a penultimate copy of his thesis. Hart read it and told Dave that it was absolutely first rate, and that he would gladly sign it at the defense. They even shook hands in Hart's book-lined office. Dave noticed that Hart's eyes were bright and trustful, and his bearing paternal.

At the defense, Dave thought that he eloquently summarized chapter 3 of his dissertation. There were two questions, one from Professor Rodman and one from Dr. Teer; Dave answered both, apparently to everyone's satisfaction. There were no further objections.

Professor Rodman signed. He slid the tome to Teer; she too signed, and then slid it in front of Hart. Hart didn't move.

"Ed?" Rodman said.

Hart still sat motionless. Dave felt slightly dizzy.

"Edward, are you going to sign?"

Later, Hart sat alone in his office in his big leather chair, saddened by Dave's failure. He tried to think of ways he could help Dave achieve his dream.

其中文译文为

背 叛

戴夫·斯特赖维尔喜爱这所大学。他喜爱校园里爬满常青藤的钟楼，那古色古香而又坚固的砖块，还有那洒满阳光的碧绿草坪和热情的年轻人。使他感到欣慰的还有这样一件事，即大学里完全没有商场上那些冷酷无情的考验——但事实恰恰并非如此：做学问也要通过考试，而且有的考试与市场上的考验一样不留情面。最好的例子就是论文答辩：为了取得博士学位，为了成为博士，博士生必须通过论文的口试，爱德华·哈特教授就喜欢主持这样的答辩考试。

戴夫迫切希望成为一名博士。但他需要让 3 个人在他论文的第一页上签上他们的名字，这 3 个千金难买的签名能够证明他通过了答辩。其中一个签名是哈特教授的。哈特常常对戴夫本人和其他人说，对于帮助戴夫实现他应该有的梦想，他感到很荣幸。

答辩之前，斯特赖维尔早早给哈特送去了他论文的倒数第二稿。哈特阅读后告诉戴夫，论文水平绝对一流，答辩时他会很高兴地在论文上签名。在哈特那四壁摆满书橱的办公室里，两人甚至还握了手。戴夫注意到，哈特两眼放光，充满信任，神情宛如慈父一般。

在答辩时，戴夫觉得自己流利地概括了论文的第三章。评审者提了两个问题，一个是罗德曼教授提的，另一个是蒂尔博士提的。戴夫分别做了回答，并且显然让每个人都心悦诚服，再没有人提出异议。

罗德曼教授签了名。他把论文推给蒂尔，她也签上了名字，接着便把本子推到了哈特跟前。哈特没有动。

"爱德华？"罗德曼问道。

哈特仍然坐在那儿，毫无表情。戴夫感到有点眩晕。"爱德华，你打算签名吗？"

过后，哈特一个人呆在办公室里，坐在那张宽大的皮椅里，他为戴夫未能通过答辩感到难过。他试图想出帮助戴夫实现他梦想的办法。

1.7.19 机器博弈

机器博弈是人工智能最早的研究领域之一，而且一直久经不衰。

早在人工智能学科建立的当年——1956 年，塞缪尔就研制成功了一个跳棋程序。三年后的 1959 年，装有这个程序的计算机就击败了塞缪尔本人，1962 年又击败了美国一个州的冠军。1997 年 IBM 的"深蓝"计算机以 2 胜 3 平 1 负的战绩击败了蝉联 12 年之久的世界国际象棋冠军加里·卡斯帕罗夫，轰动了全世界。2001 年，德国的"更弗里茨"国际象棋软件更是击败了当时世界排名前 10 位棋手中的 9 位，计算机的搜索速度达到创纪录的 600 万步每秒。

机器人足球赛是机器博弈的另一个战场。近年来，国际大赛不断，盛况空前。现在这一赛事已波及到全世界的许多大专院校，激起了大学生们的极大兴趣和热情。

事实表明，机器博弈现在已经不再仅仅是人工智能专家们研究的课题，而且已经进入了人们的文化生活。机器博弈是对机器智能水平的测试和检验，它的研究将有力推动人工智能技术的发展。

1.7.20　智能机器人

智能机器人也是当前人工智能领域一个十分重要的应用领域和热门的研究方向。由于它直接面向应用，社会效益强，所以，其发展非常迅速。事实上，有关机器人的报道，近年来在媒体上已频频出现。诸如工业机器人、太空机器人、水下机器人、家用机器人、军用机器人、服务机器人、医疗机器人、运动机器人、助理机器人、机器人足球赛、机器人象棋赛……，几乎应有尽有。

智能机器人的研制几乎需要所有的人工智能技术，而且还涉及其他许多科学技术部门和领域。所以，智能机器人是人工智能技术的综合应用，其能力和水平已经成为人工智能技术水平甚至人类科学技术综合水平的一个代表和体现。

需要指出的是，以上我们仅给出了人工智能应用的部分领域和课题。其实，当今的人工智能研究与实际应用的结合越来越紧密，受应用的驱动越来越明显。现在的人工智能技术已同整个计算机科学技术紧密地结合在一起了，其应用也与传统的计算机应用越来越相互融合了，有的则直接面向应用。归纳起来，形成了以下几条主线：

　　——从专家（知识）系统到 Agent 系统和智能机器人系统。

　　——从机器学习到数据挖掘和数据库中的知识发现。

　　——从基于图搜索的问题求解到基于各种智能算法的问题求解。

　　——从单机环境下的智能程序到以 Internet 和 WWW 为平台的分布式智能系统。

　　——从智能技术的单一应用到各种各样的智能产品和智能工程（如智能交通、智能建筑）。

1.8　人工智能的分支领域与研究方向

经过 50 余年的发展，人工智能现在已经成为一个大学科了，而且目前正迅猛发展，还在不断分化新的分支领域和研究方向，同时有些技术和方法又互相结合、互相渗透。所以，要想完全彻底理清人工智能的分支领域与研究方向并非易事。但弄清分支领域与研究方向显然对于学习、研究和应用人工智能来说又是很有益的。下面我们从不同的视角对人工智能的分支领域与研究方向作一简介。

　　——从模拟的智能层次和所用的方法来看，人工智能可分为符号智能和计算智能两大主要分支领域。而这两大领域各自又有一些子领域和研究方向。如符号智能中又有图搜索、自动推理、不确定性推理、知识工程、符号学习等。计算智能中又有神经计算、进化计算、免疫计算、蚁群算法、粒群算法、自然计算等。另外，智能 Agent 也是人工智能的一个新兴的重要领域。智能 Agent(或者说 Agent 智能)是以符号智能和计算智能为基础的更高一级的人工智能。

——从模拟的脑智能或脑功能来看，AI 中有机器学习、机器感知、机器联想、机器推理、机器行为等分支领域。而机器学习又可分为符号学习、连接学习、统计学习等许多研究领域和方向。机器感知又可分为计算机视觉、计算机听觉、模式识别、图像识别与理解、语音识别、自然语言处理等领域和方向。

——从应用角度看，如 1.7 节所述，AI 中有难题求解等数十种分支领域和研究方向。

——从系统角度看，AI 中有智能计算机系统和智能应用系统两大领域。智能计算机系统又可分为：智能硬件平台、智能操作系统、智能网络系统等。智能应用系统又可分为：基于知识的智能系统、基于算法的智能系统和兼有知识和算法的智能系统等。另外，还有分布式人工智能系统。

——从基础理论看，AI 中有数理逻辑和多种非标准逻辑、图论、人工神经网络、模糊集、粗糙集、概率统计(贝叶斯统计决策理论)和贝叶斯网络、统计学习理论与支持向量机、形式语言与自动机等领域和方向。

1.9　人工智能的发展概况

1.9.1　人工智能学科的产生

现在公认，人工智能学科正式诞生于 1956 年。1956 年夏季，由美国达特莫斯(Dartmouth)大学的麦卡锡(John McCarthy)、哈佛大学的明斯基(Marvin Minsky)、IBM 公司信息研究中心的洛切斯特(Nathaniel Rochester)、贝尔实验室的申农(Claude Shannon)共同发起，邀请 IBM 公司的莫尔(T. More)和塞缪尔(Allen Samuel)、麻省理工学院的塞尔夫里奇(O. Selfridge)和索罗门夫(R. Solomonff)以及兰德公司和卡内基工科大学的纽厄尔(A. Newell)、西蒙(H. A. Simon)等，共十位来自数学、心理学、神经生理学、信息论和计算机等方面的学者和工程师，在达特莫斯大学召开了一次历时两个月的研究会，讨论关于机器智能的有关问题。会上经麦卡锡提议正式采用了"人工智能"这一术语。从此，一门新兴的学科便正式诞生了。

需要指出的是，人工智能学科虽然正式诞生于 1956 年的这次学术研讨会，但实际上它是逻辑学、心理学、计算机科学、脑科学、神经生理学、信息科学等学科发展的必然趋势和必然结果。单就计算机来看，其功能从数值计算到数据处理，再下去必然是知识处理。实际上就其当时的水平而言，也可以说计算机已具有某种智能的成分了。能自动地进行复杂的数值计算和数据处理，难道这不是具有智能的表现吗？

另一方面，实现人工智能这也是人类自古以来的渴望和梦想。据史书《列子·汤问》篇记载，远在公元前九百多年前的我国西周时期，周穆王曾路遇一个名叫偃师的匠人，他献给穆王一个"机器人"，这个"机器人"能走路、唱歌、跳舞，使穆王误以为是一个真人。这虽然是一个传说，但却反映了人类很早就有人工智能的设想。在现代，当电子计算机刚问世不久，天才的英国科学家图灵就于 1950 年发表了题为"计算机与智能"的论文，提出了著名的"图灵测验"，为人工智能提出了更为明确的设计目标和测试准则。

1.9.2　符号主义途径发展概况

1956 年之后的 10 多年间，人工智能的研究取得了许多引人瞩目的成就。从符号主义的研究途径来看，主要有：

——1956 年，美国的纽厄尔、肖和西蒙合作编制了一个名为逻辑理论机（Logic Theory Machine，简称 LT）的计算机程序系统。该程序模拟了人用数理逻辑证明定理时的思维规律。利用 LT 纽厄尔等人证明了怀特海和罗素的名著——《数学原理》第 2 章中的 38 条定理（1963 年在另一台机器上证明了全部 52 条定理）。而美籍华人、数理逻辑学家王浩于 1958 年在 IBM - 704 计算机上用 3～5 分钟证明了《数学原理》中有关命题演算的全部定理（220 条），并且还证明了谓词演算中 150 条定理的 85%。

——1956 年，塞缪尔研制成功了具有自学习、自组织、自适应能力的跳棋程序。这个程序能从棋谱中学习，也能从下棋实践中提高棋艺，1959 年它击败了塞缪尔本人，1962 年又击败了美国一个州的冠军。

——1959 年，籍勒洛特发表了证明平面几何问题的程序，塞尔夫里奇推出了一个模式识别程序；1965 年罗伯特（Roberts）编制出了可以分辨积木构造的程序。

——1960 年，纽厄尔、肖和西蒙等人通过心理学试验总结出了人们求解问题的思维规律，编制了通用问题求解程序（General Problem Solving，GPS）。该程序可以求解 11 种不同类型的问题。

——1960 年，麦卡锡研制成功了面向人工智能程序设计的表处理语言 LISP。该语言以其独特的符号处理功能，很快在人工智能界风靡起来。它武装了一代人工智能学者，至今仍然是人工智能研究的一个有力工具。

——1965 年，鲁宾逊（Robinson）提出了消解原理（resolution principle），为定理的机器证明做出了突破性的贡献。

在这一时期，虽然人工智能的研究取得了不少成就，但就所涉及的问题来看，大都是一些可以确切定义并具有良好结构的问题；就研究的内容来看，主要集中于问题求解中的搜索策略或算法，而轻视了与问题有关的领域知识。当时人们朴素地认为，只要能找到几个推理定律，就可解决人工智能的所有问题。所以，这一时期人工智能的研究主要是以推理为中心。因此，有人将这一时期称为人工智能的推理期。

推理期的人工智能，基本上是停留在实验室，没有面向真实世界的复杂问题。之后，在认真考察了现实世界中的各种复杂问题后，人们发现要实现人工智能，除了推理搜索方法外，还需要知识。于是人工智能的研究又开始转向知识。

1965 年，美国斯坦福大学的费根鲍姆（E. A. Feigenbaum）教授领导研制的基于领域知识和专家知识的名为 DENDRAL 的程序系统，标志着人工智能研究的一个新时期的开始。该系统能根据质谱仪的数据并利用有关知识，推断出有机化合物的分子结构。该系统当时的能力已接近、甚至超过有关化学专家的水平，后来在英、美等国得到了实际应用。由于 DENDRAL 系统的特点主要是依靠其所拥有的专家知识解决问题，因此，后来人们就称它为专家系统（Expert System，ES）。继 DENDRAL 之后，还有一些著名的专家系统，如医学专家系统 MYCIN、地质勘探专家系统 PROSPECTOR、计算机配置专家系统 R1 等也相继问世。这些专家系统一方面进一步完善了专家系统的理论和技术基础，同时也扩大了专家系统的应用范围。

　　由于专家系统走出了实验室，能解决现实世界中的实际问题，被誉为"应用人工智能"，所以，专家系统很快也就成为人工智能研究中的热门课题，并受到企业界和政府部门的关注和支持。

　　在这一时期，还发生了一些重大学术事件，如 1969 年国际人工智能联合会议（International Joint Conferences on Artificial Intelligence，简称 IJCAI）宣告成立；1970 年国际性的人工智能专业杂志《Artificial Intelligence》创刊；1972 年法国马赛大学的科麦瑞尔（A. Colmerauer）在 Horn 子句的基础上提出了逻辑程序设计语言 PROLOG；1977 年，在第五届国际人工智能会议上，费根鲍姆进一步提出了知识工程（KE）的概念。这样，人工智能的研究便从以推理为中心转向以知识为中心，进入了所称的知识期。

　　从此以后，专家系统与知识工程便成为人工智能的一个最重要的分支领域。同时，知识是智能的基础和源泉的思想也逐渐渗透到人工智能的其他分支领域，如自然语言理解、景物分析、文字识别和机器翻译等。从而，运用知识（特别是专家知识）进行问题求解，便成为一种新的潮流。

　　20 世纪 80 年代后，专家系统与知识工程在理论、技术和应用方面都有了长足的进步和发展。专家系统的建造进入应用高级开发工具时期。专家系统结构和规模也在不断扩大，出现了所谓的多专家系统、大型专家系统、微专家系统和分布式专家系统等等。同时，知识表示、不精确推理、机器学习等方面也都取得了重要进展。各个应用领域的专家系统更如雨后春笋般地在世界各地不断涌现。进一步，还出现了不限于专家知识的所谓基于知识的系统（Knowledge Based System，KBS）和知识库系统（Knowledge Base System，KBS）。现在，专家系统、知识工程的技术已应用于各种计算机应用系统，出现了智能管理信息系统、智能决策支持系统、智能控制系统、智能 CAD 系统、智能 CAI 系统、智能数据库系统、智能多媒体系统等等。

1.9.3　连接主义途径发展概况

　　从连接主义的研究途径看，早在 20 世纪 40 年代，就有一些学者开始了神经元及其数学模型的研究。例如，1943 年心理学家 McCulloch 和数学家 Pitts 提出了形式神经元的数学模型——现在称之为 MP 模型，1944 年 Hebb 提出了改变神经元连接强度的 Hebb 规则。MP 模型和 Hebb 规则至今仍在各种神经网络中起重要作用。

　　20 世纪 50 年代末到 60 年代初，开始了人工智能意义下的神经网络系统的研究。一群研究者结合生物学和心理学研究的成果，开发出一批神经网络，开始用电子线路实现，后来较多的是用更灵活的计算机模拟。如 1957 年罗圣勃莱特（F. Rosenblatt）开发的称为感知器（Perceptron）单层神经网络、1962 年维特罗（B. Windrow）提出的自适应线性元件（Adaline）等。这些神经网络已可用于诸如天气预报、电子线路板分析、人工视觉等许多问题。当时，人们似乎感到智能的关键仅仅是如何构造足够大的神经网络的方法问题，但这种设想很快就消失了。类似的网络求解问题的失败和成功同时并存，造成无法解释的困扰。人工神经网络开始了一个失败原因的分析阶段。作为人工智能创始人之一的著名学者明斯基（Minsky）应用数学理论对以感知器为代表的简单网络作了深入的分析，于 1969 年他与白伯脱（Papert）共同发表了颇有影响的《Perceptrons》一书。书中证明了那时使用的单层人工神经网络，无法实现一个简单的异或门（XOR）所完成的功能。因而明斯基本人也对神经网络的前景持悲观态度。

由于明斯基的理论证明和个人的威望，这本书的影响很大，使许多学者放弃了在该领域中的继续努力，政府机构也改变基金资助的投向。另一方面，由于在此期间，人工智能的基于逻辑与符号推理途径的研究不断取得进展和成功，也掩盖了发展新途径的必要性和迫切性，于是，神经网络的研究进入低谷。

然而，仍有少数杰出科学家，如寇耐（T. Kohonen）、葛劳斯伯格（S. Grossberg）、安特生（J. Andenson）等，在极端艰难的环境下仍坚韧不拔地继续努力。

经过这些科学家的艰苦探索，神经网络的理论和技术在经过近 20 年的暗淡时期后终于有了新的突破和惊人的成果。1985 年美国霍布金斯大学的赛诺斯（T. Sejnowsk）开发了名为 NETtalk 英语读音学习用的神经网络处理器，输入为最多由 7 个字母组成的英语单词，输出为其发音，由于该处理器自己可以学习许多发音规则，因此从一无所知起步，经过 3 个月的学习所达到的水平已可同经过 20 年研制成功的语音合成系统相媲美。同年，美国物理学家霍普菲尔特（J. Hopfield）用神经网络迅速求得了巡回推销员路线问题（即旅行商问题）的准优解，显示它在求解"难解问题"上的非凡能力。实际上，早在 1962 年，霍普菲尔特就提出了著名的 HNN 模型。在这个模型中，他引入了"计算能量函数"的概念，给出了网络稳定性判据，从而开拓了神经网络用于联想记忆和优化计算的新途径。此外，还有不少成功的例子，这些重大突破和成功，轰动了世界，人们开始对冷落了近 20 年的神经网络又刮目相看了。另一方面，在这一时期，虽然在符号主义途径上，人工智能在专家系统、知识工程等方面取得很大的进展，但在模拟人的视觉、听觉和学习、适应能力方面，却遇到了很大的困难。这又使人们不得不回过头来对人工智能的研究途径作新的反思，不得不寻找新的出路。正是在这样的背景下，神经网络研究的热潮又再度出现。

1987 年 6 月，第一届国际神经网络会议（ICNN）在美国圣第亚哥召开。会议预定 800 人，但实际到会达 2000 多人。会上气氛之热烈，群情之激昂，据报导是国际学术会议前所未有的。例如，会上有人竟喊出了"AI is dead. Long live Neural Networks"的口号。会议决定成立国际神经网络学会，并出版会刊《Neural Networks》。

从此之后，神经网络便东山再起，其研究活动的总量急剧增长，理论与技术继续进展，应用成果不断涌现，新的研究机构、实验室、商业公司与日俱增，世界各国政府也在组织与实施有关的科研攻关项目。

神经网络研究的再度繁荣极大地推进了机器学习的发展。现在，神经网络已在机器学习、模式识别、联想存储、最优化问题求解、智能控制、智能计算机、智能机器人等领域发挥着十分重要甚至不可替代的作用，成为人工智能的重要研究领域和方向之一。

1.9.4 计算智能异军突起

继模拟人脑微观结构的神经计算之后，1962 年福格尔（Fogel）受物竞天择的生物进化过程的启发，提出了进化程序设计（Evolutionary Programming，EP），亦称进化规划的概念和方法，开创了从脑和神经系统以外的生命世界中寻找智慧机理之先河。1964 年雷切伯格（Rechenberg）、施韦费尔（Schwefel）和比纳特（Bienert）提出了又一个称为进化策略（ES）的搜索算法。1967 年 Bagley 和 Rosengerg 提出了遗传算法（GA）的初步思想。1975 年霍兰德(Holland)的出色工作奠定了遗传算法的理论基础,使这个模拟生物有性繁殖、遗传变异和优胜劣汰现象的优化搜索算法付诸了实际应用。至此,现在称为进化计算的研究方向基本形成。1980 年后 Holland 教授实现了第一个基于遗传算法的机器学习系统——分类器系统(Classifier System,CS)。1989 年 D. J. Goldberg 总结了遗传法的主要成果,全面论述了遗传算法的基本原理及其应用,奠定了现代遗传算法的科学基础。1992 年 Koza 将遗传算法应用于计算机程序设计,提出了遗传程序设计(Genetic Programming,GP)的新概念和新方法。

1965 年美国学者 L. A. Zadeh 推广了传统集合的定义提出了模糊集合(fuzzy set)的概念。基于模糊集合人们又发展了模糊逻辑、模糊推理、模糊控制等,形成了一系列处理不确切性信息和知识的理论和方法,构成了现在所称的模糊理论、模糊技术或模糊计算。

1994 年,关于神经网络、进化程序设计和模糊系统的三个 IEEE 国际会议联合举行了首届计算智能大会"The First IEEE World Congress on Computational Intelligence"。这标志着一个有别于符号智能的人工智能新领域——计算智能正式形成。

另外,在 20 世纪 90 年代前后,又涌现出了一批计算智能的新理论和新算法:

——20 世纪 90 年代初,意大利学者多里戈(M. Dorigo)、马尼佐(V. Maniezzo)和科洛龙(A. Colorni)等人研究蚂蚁寻找路径的群体行为,提出了蚁群优化算法(Ant Colony Optimization,ACO)。

——1986 年,Farmer 首次将人体免疫机理和人工智能结合起来。1990 年伯西尼(Bersini)首次使用免疫算法(Immune Algorithm,IA)来解决实际问题。20 世纪末,福雷斯特(Forrest)等将免疫系统中抗体识别抗原的机理与遗传算法相结合,提出了免疫遗传法,并将其用于计算机安全。同期,de Castro 和 Gaspar 分别从克隆选择原理出发建立了克隆选择算法和模式跟踪算法;Dasgupta 设计了阴性选择算法,并用于入侵检测问题;亨特(Hunt)等人又将免疫算法用于机器学习领域。

——源于对鸟群捕食的行为研究,Eberhart 和 Kennedy 开发了粒群优化算法(Particle Swarm Optimization,PSO)。

——1991 年波兰数学家 Pawlak 提出了粗糙集(Rough Set,RS)理论。

——1995 年 Vapnik 提出了"统计学习理论"和支持向量机(Support Vector Machine,SVM)的机器学习新技术。

这些新理论和新算法的出现,进一步扩充了计算智能的内涵和外延。另外,在 Zadeh 的倡导下,模糊逻辑、神经计算、概率推理、遗传算法、混沌系统和信任网络等合起来又被称为软计算(Soft Computing,SC)。

进入 21 世纪后,计算智能从理论上和应用上都取得了长足的发展。特别是进化计算、免疫算法、蚁群算法、粒群算法等又构成了一个称为智能计算或智能算法的新领域,且出现了蓬勃发展的局面。其应用遍及网络安全、机器学习、数据挖掘和知识发现、模式识别、自动规划、自动配置、自动控制、故障诊断、加工调度、聚类分类和计量化学等众多领域,大大推进了人工智能技术的研究和发展,也大大扩展和加快了人工智能技术的实际应用。

1.9.5　智能 Agent 方兴未艾

20 世纪 80 年代中期,智能主体 Agent 的概念被(明斯基)引入人工智能领域,形成了基于 Agent 的人工智能新理念。Agent 的出现，标志着人们对智能认识的一个飞跃，从而开创了人工智能技术的新局面。从此，智能系统的结构形式和运作方式发生了重大变化，传统的"知识＋推理"的脑智能模式发展为以 Agent 为基本单位的个体智能和社会智能新模式。20 世纪 90 年代以后，Agent 技术蓬勃发展。当前，Agent 与 Internet 和 WWW 相结合，更是相得益彰——人工智能的应用范围大为扩展，社会效益日益明显；同时也促进了人工智能技术的进一步发展。

1.9.6　现状与发展趋势

首先指出，由于人工智能技术的飞速发展和作者水平及视野的限制，因此很难在这样一个小节的篇幅里，对人工智能的现状和发展趋势作出全面、准确的评估。但概括地讲，我们认为，人工智能的现状和发展呈现出如下特点：

——多种途径齐头并进，多种方法协作互补。

——新思想、新技术不断涌现，新领域、新方向不断开拓。特别是在人工智能的总体研究方向上，我国的涂序彦教授提出的"广义智能信息系统论"、潘云鹤院士提出的"人工形象智能"和李德毅院士提出的"不确定性人工智能"值得一提。

——理论研究更加深入，应用研究愈加广泛。

——研究队伍日益壮大，社会影响越来越大。主要表现为：大专院校和科研院所中与智能相关的学科、专业和研究方向越来越多（国内的许多大学甚至已开设了智能科学与技术专业）；社会上与人工智能有关的组织、团体、刊物、网站、公司日渐增多，相关活动、会议日益频繁；人工智能的产品、系统、工程几乎应有尽有；人工智能的有关新闻报道频频出现。

总之，以上特点展现了人工智能学科的繁荣景象和光明前景。它表明，虽然在通向其最终目标的道路上，还有不少困难、问题和挑战，但前进和发展毕竟是大势所趋。

习　题　一

1. 谈谈你对于人工智能的认识。
2. 人工智能有哪些研究途径和方法？它们的关系如何？
3. 人工智能有哪些研究内容？
4. 人工智能有哪些分支领域和研究方向？
5. 人工智能有哪些应用领域或课题？试举出实例。
6. 简述人工智能的发展概况。

第 2 章　逻辑程序设计语言 PROLOG

PROLOG 语言是一种逻辑型智能程序设计语言，它与人工智能的知识表示、自动推理、图搜索技术、产生式系统和专家(知识)系统等有着天然的联系。故本书把 PROLOG 语言作为全书的例程语言。

本章首先介绍 PROLOG 语言的基本原理，然后较详细地介绍 Turbo PROLOG 语言。选择 Turbo PROLOG 是因为它是一个功能较齐全的逻辑程序语言，其程序的可读性也很好，又简单易学，因而是一个很好的教学语言。另外，Turbo PROLOG 程序既可以在 Turbo PROLOG 和 PDC PROLOG 环境下运行或编译，又可以在当前流行的可视化语言 Visual Prolog 的环境下运行或编译。

2.1　基本 PROLOG

虽然 PROLOG 有许多版本和方言，但它们的核心部分是一样的。我们称这个核心部分为基本 PROLOG。本节我们介绍基本 PROLOG 的程序结构及运行机理。

2.1.1　PROLOG 的语句

PROLOG 语言只有三种语句，分别称为事实、规则和问题。

1. 事实(fact)

格式　〈谓词名〉(〈项表〉).

其中谓词名是以小写英文字母打头的字母、数字、下划线等组成的字符串，项表是以逗号隔开的项序列。PROLOG 中的项包括由常量或变量表示的简单对象以及函数、结构和表等，即事实的形式是一个原子谓词公式。

例如：

　　　　student(john).

　　　　like(mary,music).

就是 PROLOG 中的两个合法事实。

可以看出，在这里事实就是 Horn 子句逻辑中的无条件子句，但形式略有不同。(关于 Horn 子句逻辑将在 3.6 节中介绍。)

功能　一般表示对象的性质或关系。

例如上面的两个事实就分别表示"约翰是学生"和"玛丽喜欢音乐"。

作为特殊情形，一个事实也可以只有谓词名而无参量。

例如：

abc.

repeat.

等也是允许的。

2. 规则(rule)

格式 〈谓词名〉(〈项表〉):-〈谓词名〉(〈项表〉){,〈谓词名〉(〈项表〉)}.

其中":-"号表示"if"(也可以直接写为 if),其左部的谓词是规则的结论(亦称为头),右部的谓词是规则的前提(亦称为体),{ }表示零次或多次重复,逗号表示 and(逻辑与),即规则的形式是一个逻辑蕴含式。

例如:

bird(X):-animal(X),has(X,feather).

grandfather(X,Y):-father(X,Z),father(Z,Y).

就是 PROLOG 的合法规则。

可以看出,PROLOG 的规则也就是 Horn 子句逻辑中的条件子句,只是形式略有不同。

功能 一般表示对象间的因果关系、蕴含关系或对应关系。

例如,上面的第一条规则就表示"如果 X 是动物,并且 X 有羽毛,则 X 是鸟";第二条规则就表示"X 是 Y 的祖父,如果存在 Z,X 是 Z 的父亲并且 Z 又是 Y 的父亲"。

作为特殊情形,规则中的谓词也可以只有谓词名而无参量。

例如:

run:-start,step1(X),step2(X),end.

也是一个合法规则。

3. 问题(question)

格式 ?-〈谓词名〉(〈项表〉){,〈谓词名〉(〈项表〉)}.

例如:

?-student(john).

?-like(mary,X).

就是两个合法的问题。

可以看出,这里的问题也就是 Horn 子句逻辑中的目标子句,只是形式略有不同。

功能 问题表示用户的询问,它就是程序运行的目标。

问题可以与规则及事实同时一起给出,也可以在程序运行时临时给出。

例如,上面的第一个问题的意思是"约翰是学生吗?",第二个问题的意思是"玛丽喜欢谁?"

2.1.2 PROLOG 的程序

PROLOG 程序一般由一组事实、规则和问题组成。问题是程序执行的起点,称为程序的目标。例如下面就是一个 PROLOG 程序。

likes(bell,sports).

likes(mary,music).

```
likes(mary,sports).
likes(jane,smith).
friend(john,X):-likes(X,reading),likes(X,music).
friend(john,X):-likes(X,sports),likes(X,music).
?-friend(john,Y).
```

可以看出，这个程序中有四条事实、两条规则和一个问题。其中事实、规则和问题都分行书写。规则和事实可连续排列在一起，其顺序可随意安排，但同一谓词名的事实或规则必须集中排列在一起。问题不能与规则及事实排在一起，它作为程序的目标要么单独列出，要么在程序运行时临时给出。

这个程序的事实描述了一些对象（包括人和事物）间的关系；而规则则描述了 john 交朋友的条件，即如果一个人喜欢读书并且喜欢音乐（或者喜欢运动和喜欢音乐），则这个人就是 john 的朋友（当然，这个规则也可看作是 john 朋友的定义）；程序中的问题是"约翰的朋友是谁?"。

当然，PROLOG 程序中的目标可以变化，也可以含有多个语句（上例中只有一个）。如果有多个语句，则这些语句称为子目标。例如对上面的程序，其问题也可以是

```
?-likes(mary,X).
```

或

```
?-likes(mary,music).
```

或

```
?-friend(X,Y).
```

或

```
?-likes(bell,sports),
  likes(mary,music),
  friend(john,X).
```

等等。当然，对于不同的问题，程序运行的结果一般是不一样的。

还需说明的是，PROLOG 程序中的事实或规则一般称为它们对应谓词的子句。例如上面程序中的前四句都是谓词 likes 的子句。PROLOG 规定，同一谓词的子句应排在一起。从语句形式和程序组成来看，PROLOG 就是一种基于 Horn 子句的逻辑程序。这种程序要求用事实和规则来求证询问，即证明所给出的条件子句和无条件子句与目标子句是矛盾的，或者说程序中的子句集是不可满足的。这就是所谓的 PROLOG 的说明性语义。

从 PROLOG 的语句来看，PROLOG 语言的文法结构相当简单。但由于它的语句是 Horn 子句，而 Horn 子句的描述能力是很强的，所以 PROLOG 的描述能力也是很强的。例如，当它的事实和规则描述的是某一学科的公理，那么问题就是待证的命题；当事实和规则描述的是某些数据和关系，那么问题就是数据查询语句；当事实和规则描述的是某领域的知识，那么问题就是利用这些知识求解的问题；当事实和规则描述的是某初始状态和状态变化规律，那么问题就是目标状态。所以，PROLOG 语言实际是一种应用相当广泛的智能程序设计语言。

从上面最后一个目标可以看出，同过程性语言相比，一个 PROLOG 程序，其问题就相当于主程序，其规则就相当于子程序，而其事实就相当于数据。

2.1.3 PROLOG 程序的运行机理

既然 PROLOG 程序是基于 Horn 子句的逻辑程序，那么其运行机理自然就是基于归结原理的演绎推理(归结原理将在第 5 章介绍)。下面我们就来看 PROLOG 程序是怎样运行的。

PROLOG 程序的运行是从目标出发，并不断进行匹配、合一、归结，有时还要回溯，直到目标被完全满足或不能满足时为止。那么，什么是匹配、合一和回溯呢？下面我们就先介绍这几个概念。

1. 自由变量与约束变量

PROLOG 中称无值的变量为自由变量，有值的变量为约束变量。一个变量取了某值就说该变量约束于某值，或者说该变量被某值所约束，或者说该变量被某值实例化了。在程序运行期间，一个自由变量可以被实例化而成为约束变量，反之，一个约束变量也可被解除其值而成为自由变量。

2. 匹配合一

两个谓词可匹配合一，是指两个谓词的名相同，参量项的个数相同，参量类型对应相同，并且对应参量项还满足下列条件之一：

(1) 如果两个都是常量，则必须完全相同。

(2) 如果两个都是约束变量，则两个约束值必须相同。

(3) 如果其中一个是常量，一个是约束变量，则约束值与常量必须相同。

(4) 至少有一个是自由变量。

例如：下面的两个谓词

      pre1("ob1","ob2",Z)

      pre1("ob1",X,Y)

只有当变量 X 被约束为"ob2"，且 Y、Z 的约束值相同或者至少有一个是自由变量时，它们才是匹配合一的。

可见 PROLOG 的匹配合一，与归结原理中的合一的意思基本一样。但这里的合一同时也是一种操作。这种操作可使两个能匹配的谓词合一起来，即为参加匹配的自由变量和常量，或者两个自由变量建立一种对应关系，使得常量作为对应变量的约束值，使得两个对应的自由变量始终保持一致，即若其中一个被某值约束，则另一个也被同一值约束；反之，若其中一个的值被解除，则另一个的值也被解除。合一操作是 PROLOG 的一个特有机制。

3. 回溯

所谓回溯，就是在程序运行期间，当某一个子目标不能满足(即谓词匹配失败)时，控制就返回到前一个已经满足的子目标(如果存在的话)，并撤消其有关变量的约束值，然后再使其重新满足。成功后，再继续满足原子目标。如果失败的子目标前再无子目标，则控制就返回到该目标的上一级目标(即该子目标谓词所在规则的头部)使它重新匹配。回溯也是 PROLOG 的一个重要机制。

下面，我们介绍 PROLOG 程序的运行过程。我们仍以上面的程序为例。设所给的询

问是

　　　　? —friend(john,Y).　　　(john 和谁是朋友?)

则求解目标为

　　　　friend(john,Y).

这时,系统对程序进行扫描,寻找能与目标谓词匹配合一的事实或规则头部。显然,程序中前面的四条事实均不能与目标匹配,而第五个语句的左端即规则

　　　　friend(john,X):—likes(X,reading),likes(X,music).

的头部可与目标谓词匹配合一。但由于这个语句又是一个规则,所以其结论要成立则必须其前提全部成立。于是,对原目标的求解就转化为对新目标

　　　　likes(X,reading),likes(X,music).

的求解。这实际是经归结,规则头部被消去,而目标子句变为

　　　　? —likes(X,reading),likes(X,music).

现在依次对子目标

　　　　likes(X,reading)和 likes(X,music)

求解。

　　子目标的求解过程与主目标完全一样,也是从头对程序进行扫描,不断进行测试和匹配合一等,直到匹配成功或扫描完整个程序为止。

　　可以看出,对第一个子目标 like(X,reading) 的求解因无可匹配的事实和规则而立即失败,进而导致规则

　　　　friend(john,X):—likes(X,reading),likes(X,music).

的整体失败。于是,刚才的子目标

　　　　likes(X,reading)和 likes(X,music)

被撤消,系统又回溯到原目标 friend(john,X)。这时,系统从该目标刚才的匹配语句处(即第五句)向下继续扫描程序中的子句,试图重新使原目标匹配,结果发现第六条语句的左部,即规则

　　　　friend(john,X):—likes(X,sports),likes(X,music).

的头部可与目标为谓词匹配。但由于这个语句又是一个规则,于是,这时对原目标的求解,就又转化为依次对子目标

　　　　likes(X,sports)和 likes(X,music)

的求解。这次子目标 likes(X,sports)与程序中的事实立即匹配成功,且变量 X 被约束为bell。于是,系统便接着求解第二个子目标。由于变量 X 已被约束,所以这时第二个子目标实际上已变成了

　　　　likes(bell,music).

由于程序中不存在事实 likes(bell,music),所以该目标的求解失败。于是,系统就放弃这个子目标,并使变量 X 恢复为自由变量,然后回溯到第一个子目标,重新对它进行求解。由于系统已经记住了刚才已同第一子目标谓词匹配过的事实的位置,所以重新求解时,便从下一个事实开始测试。易见,当测试到程序中第三个事实时,第一个子目标便求解成功,且变量 X 被约束为 mary。这样,第二个子目标也就变成了

　　　　likes(mary,music).

再对它进行求解。这次很快成功。

由于两个子目标都求解成功，所以，原目标 friend(john,Y)也成功，且变量 Y 被约束为 mary（由 Y 与 X 的合一关系）。于是，系统回答：

　　　　Y＝mary

程序运行结束。

上面只给出了问题的一个解。如果需要和可能的话，系统还可把 john 的所有朋友都找出来。我们把上述程序的运行过程再用示意图（图 2－1）描述如下：

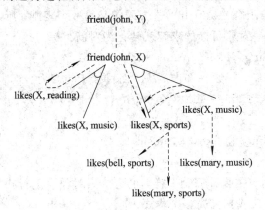

图 2－1　PROLOG 程序运行机理示例

上述程序的运行是一个通过推理实现的求值过程。我们也可以使它变为证明过程。例如，把上述程序中的询问改为

　　　　friend(john,mary)

则系统会回答：yes

若将询问改为：

　　　　friend(john,smith)

则系统会回答：no

从上述程序的运行过程可以看出，PROLOG 程序的执行过程是一个（归结）演绎推理过程。其特点是：推理方式为反向推理，控制策略是深度优先，且有回溯机制。其具体实现方法是：匹配子句的顺序是自上而下；子目标选择顺序是从左向右；（归结后）产生的新子目标总是插入被消去的目标处（即目标队列的左部）。PROLOG 的这种归结演绎方法被称为 SLD(Linear resolution with Selection function for Definite clause)归结，或 SLD 反驳－消解法。SLD 归结就是 PROLOG 程序的运行机理，它也就是所谓的 PROLOG 语言的过程性语义。

2.2　Turbo PROLOG 程序设计

上面我们对 PROLOG 语言的基本概念作了一般性介绍。但 PROLOG 问世至今，已出现了许多的版本和方言，配置在从大型到微型的各种机器上。早期的 PROLOG 版本基本上都是解释型的，而 1986 年美国的 BORLAND 公司推出的 Turbo PROLOG 则是一个编译型语言，它运行在 IBM PC 系列机及其兼容机上。Turbo PROLOG 以其速度快、功能强、具有集成化开发环境、可同其它语言接口、能实现动态数据库和大型外部数据库、可直接访问机器系统硬软件和图形、窗口等一系列特点而独树一帜，很快就在世界范围内流行起来，成为 PROLOG 家族和人工智能领域中的主流语言。

Turbo PROLOG 的版本从 1.0 到 2.0，2.0 以后的版本改名为 PDC PROLOG（ PDC 是美国 PROLOG Development Center 的缩写）。本节就以 Turbo PROLOG 为例，介绍 PROLOG 程序设计。

2.2.1　程序结构

一个完整的 Turbo PROLOG（2.0 版）程序一般包括常量段、领域段、数据库段、谓词段、目标段和子句段等六个部分。各段以其相应的关键字 constants、domains、database、predicates、goal 和 clauses 开头加以标识。另外，在程序的首部还可以设置指示编译程序执行特定任务的编译指令；在程序的任何位置都可设置注解。总之，一个完整的 Turbo PROLOG（2.0 版）程序的结构如下：

```
/ * 〈注  释〉* /
〈编译指令〉
constants
    〈常量说明〉
domains
    〈域说明〉
database
    〈数据库说明〉
predicates
    〈谓词说明〉
goal
    〈目标语句〉
clauses
    〈子句集〉
```

当然，一个程序不一定要包括上述所有段，但一个程序至少要有一个 predicates 段、clauses 段和 goal 段。在大多数情形中，还需要一个 domains 段，以说明表、复合结构及用户自定义的域名。如若省略 goal 段，则可在程序运行时临时给出，但这仅当在开发环境中运行程序时方可给出。若要生成一个独立的可执行文件，则在程序中必须包含 goal 段。另一方面，一个程序也只能有一个 goal 段。

在模块化程序设计中，可以在关键字 domains，predicates 及 database 前加上 global，以表明相应的说明是全局的，以便作用于几个程序模块。

例 2.1　如果把上节中的程序要作为 Turbo PROLOG 程序，则应改写为：

```
/ *   例子程序—1   * /
DOMAINS
    name＝symbol
PREDICATES
    likes(name,name)
```

```
    friend(name,name)
GOAL
    friend(john,Y)，write("Y=", Y).
CLAUSES
    likes(bell,sports).

    likes(mary,music).

    likes(mary,sports).

    likes(jane,smith).

    friend(john,X)：—likes(X,sports),likes(X,music).

    friend(john,X)：—likes(X,reading),likes(X,music).
```

结合上例，我们再对上述程序结构中的几个主要段的内容和作用加以说明（其余段在后面用到时再作说明）：

领域段　该段说明程序谓词中所有参量项所属的领域。领域的说明可能会出现多层说明，直到最终说明到 Turbo PROLOG 的标准领域为止（如上例所示）。Turbo PROLOG 的标准领域即标准数据类型，包括整数、实数、符号、串和符号等，其具体说明如表 2.1 所示。

表 2.1　Turbo PROLOG 的标准领域

领域名称	标识符	取 值 范 围	例　　子
整数	integer	$-32\ 768 \sim -32\ 767$	
实数	real	$\pm 1E-307 \sim \pm 1E+308$	
字符	char	用单引号括住的所有可能的字符	'a','b','3','(',' #'
串	string	用一对双引号括住的任意字符序列。程序中的串最长可达 255 个字符，而文件中的最长可为 64 k	"abc","789","Turbo","prog—11"
符号	symbol	① 以小写字母打头的字母、数字和下划线序列 ② 串	"prolog programing",name,age,addressstr_check_a

谓词段　该段说明程序中用到的谓词的名和参量项的名（但 Turbo PROLOG 的内部谓词无须说明）。

子句段　该段是 Turbo PROLOG 程序的核心，程序中的所有事实和规则就放在这里，系统在试图满足程序的目标时就对它们进行操作。

目标段　该段是放置程序目标的地方。目标段可以只有一个目标谓词，例如上面的例子中就只有一个目标谓词；也可以含有多个目标谓词，如

```
    goal
    readint(X),Y=X+3,write("Y=",Y).
```

就有三个目标谓词。这种目标称为复合目标。

另外，一般称程序目标段中的目标为内部目标，而称在程序运行时临时给出的目标为外部目标。

2.2.2　数据与表达式

1.　领域

1）标准领域

Turbo PROLOG 中不定义变量的类型，只说明谓词中各个项的取值域。由上节我们知道，Turbo PROLOG 有整数、实数、字符、串和符号等五种标准域。另外，它还有结构、表和文件等三种复合域。

2）结构

结构也称复合对象，它是 Turbo PROLOG 谓词中的一种特殊的参量项（类似于谓词逻辑中的函数）。结构的一般形式为

〈函子〉(〈参量表〉)

其中函子及参量的标识符与谓词相同。注意，这意味着结构中还可包含结构。所以，复合对象可表达树形数据结构。例如下面的谓词

likes("Tom", sports(football, basketball, table_tennis)).

中的

sports(football, basketball, table_tennis)

就是一个结构，即复合对象。又如：

person("张华", student("西安石油大学"), address("中国", "陕西", "西安")).
reading("王宏", book("人工智能技术导论", "西安电子科技大学出版社")).
friend(father("Li"), father("Zhao")).

这几个谓词中都有复合对象。

复合对象在程序中的说明，需分层进行。例如，对于上面的谓词

likes("Tom", sports(football, basketball, table_tennis)).

在程序中可说明如下：

domains
        name＝symbol
        sy＝symbol
        sp＝sports(sy, sy, sy)
predicates
        likes(name, sp)

3）表

表的一般形式是

$[x_1, x_2, \cdots, x_n]$

其中 $x_i (i＝1, 2, \cdots, n)$ 为 PROLOG 的项，一般要求同一个表的元素必须属于同一领域。不含任何元素的表称为空表，记为[ ]。例如下面就是一些合法的表：

[1, 2, 3]
[apple, orange, banana, grape, cane]
["PROLOG", "MAENS", "PROGRAMMING", "in logic"]

$$[[a, b], [c, d], [e]]$$

$$[\ ]$$

表的最大特点是其元素个数可在程序运行期间动态变化。表的元素也可以是结构或表，且这时其元素可以属于不同领域。例如：

$$[name(''LiMing''), age(20), sex(male), address(xian)]$$

$$[[1, 2], [3, 4, 5], [6, 7]]$$

都是合法的表。后一个例子说明，表也可以嵌套。

实际上，表是一种特殊的结构。它是递归结构的另一种表达形式。这个结构的函数名取决于具体的 PROLOG 版本。这里我们就用一个圆点来表示。下面就是一些这样的结构及它们的表表示形式：

结构形式	表形式
·(a, [])	[a]
·(a, ·(b, []))	[a, b]
·(a, ·(b, ·(c, [])))	[a, b, c]

表的说明方法是在其组成元素的说明符后加一个星号 *。如：

```
domains
    lists＝string *
predicates
    pl(lists)
```

就说明谓词 pl 中的项 lists 是一个由串 string 组成的表。

对于由结构组成的表，至少分三步说明。例如对于下面谓词 p 中的表

$$p([name(''Liming''), age(20)])$$

则需这样说明：

```
domains
    rec＝seg *
    seg＝name(string);age(integer)
predicates
    p(rec)
```

2. 常量与变量

由上面的领域可知，Turbo PROLOG 的常量有整数、实数、字符、串、符号、结构、表和文件这八种数据类型。同理，Turbo PROLOG 的变量也就有这八种取值。另外，变量名要求必须是以大写字母或下划线开头的字母、数字和下划线序列，或者只有一个下划线。这后一种变量称为无名变量。

3. 算术表达式

Turbo PROLOG 提供了五种最基本的算术运算：加、减、乘、除和取模，相应运算符号为＋、－、*、/、mod。这五种运算的顺序为：*、/、mod 优先于＋、－。同级从左到右按顺序运算，括号优先。

算术表达式的形式与数学中的形式基本一样。例如：

数学中的算术表达式　　　　PROL OG 中的算术表达式

x＋yz　　　　　　　　　　X＋Y＊Z

ab－c/d　　　　　　　　　A＊B－C/D

u mod v　　　　　　　　　U mod V（表示求 U 除以 V 所得的余数）

即是说，Turbo PROLOG 中算术表达式采用通常数学中使用的中缀形式。这种算术表达式为 PROLOG 的一种异体结构，若以 PROLOG 的结构形式来表示，则它们应为

＋(X, ＊(Y, Z))

－(＊(A, B), /(C, D))

mod(U, V)

所以，运算符＋、－、＊、/和 mod 实际也就是 PROLOG 内部定义好了的函数符。

在 Turbo PROLOG 程序中，如果一个算术表达式中的变元全部被实例化（即被约束），则这个算术表达式的值就会被求出。求出的值可用来实例化某变量，也可用来同其他数量进行比较，用一个算术表达式的值实例化一个变量的方法是用谓词"is"或"＝"来实现。例如：

$$Y \text{ is } X＋5$$

或

$$Y＝X＋5 \qquad\qquad (＊)$$

就使变量 Y 实例化为 X＋5 的值（当然 X 也必须经已被某值实例化），可以看出，这里对变量 Y 的实例化方法类似于其他高级程序语言中的"赋值"，但又不同于赋值。例如，在 PROLOG 中下面的式子是错误的：

$$X＝X＋1$$

需要说明的是，虽然 PROLOG 是一种逻辑程序设计语言，但在目前的硬件条件下却非突破逻辑框架不可。这是因为有些实用操作是无法用逻辑描述的（如输入输出），有些算术运算在原则上可用逻辑描述，但这样做效率太低。为此，PROLOG 提供了若干内部谓词（亦称预定义谓词），来实现算术运算、输入输出等操作。所谓内部谓词，就是 PROLOG 的解释程序中，预先用实现语言定义好的用户可直接作为子目标调用的谓词。一般的 PROLOG 实用系统都配有 100 个以上的内部谓词，这些内部谓词涉及输入输出、算术运算、搜索控制、文件操作和图形声音等方面，它们是实用 PROLOG 程序设计所必不可少的。这样，上面的(＊)式以及下面的关系表达式称为异体谓词。

4. 关系表达式

Turbo PROLOG 提供了六种常用的关系运算，即小于、小于或等于、等于、大于、大于或等于和不等于，其运算符依次为

$$<, <＝, ＝, >, >＝, <>$$

Turbo PROLOG 的关系表达式的形式和数学中的也基本一样，例如：

数学中的关系式　　　　　Turbo PROLOG 中的关系式

X＋1≥Y　　　　　　　　　X＋1>＝Y

X≠Y　　　　　　　　　　X<>Y

即是说，Turbo PROLOG 中的关系式也用中缀形式。当然，这种关系式为 Turbo PROLOG 中的异体原子。若按 Turbo PROLOG 中的原子形式来表示，则上面的两个例子为

$$>=(X+1，Y) \text{ 和 } <>(X，Y)$$

所以上述六种关系运算符，实际上也就是 Turbo PROLOG 内部定义好了的六个谓词。这六个关系运算符可用来比较两个算术表达式的大小。例如：

$$\text{brother(Name1，Name2)}:-\text{person(Name1，man，Age1)，}$$
$$\text{person(Name2，man，Age2)，}$$
$$\text{mother(Z，Name1)，mother(Z，Name2)，}$$
$$\text{Age1} > \text{Age2.}$$

需要说明的是，"＝"的用法比较特殊，它既可以表示比较，也可以表示约束值，即使在同一个规则中的同一个"＝"也是如此。例如：

$$\text{p(X，Y，Z)}:-Z=X+Y.$$

当变量 X、Y、Z 全部被实例化时，"＝"就是比较符。如：对于问题

$$\text{Goal：p(3，5，8).}$$

机器回答：yes。而对于

$$\text{Goal：p(3，5，7).}$$

机器回答：no。即这时机器把 X＋Y 的值与 Z 的值进行比较。但当 X，Y 被实例化，而 Z 未被实例化时，"＝"号就是约束符。如：

$$\text{Goal：p(3，5，Z).}$$

机器回答：Z＝8

这时，机器使 Z 实例化为 X＋Y 的结果。

2.2.3　输入与输出

虽然 PROLOG 能自动输出目标子句中的变量的值，但这种输出功能必定有限，往往不能满足实际需要；另一方面，对通常大多数的程序来说，运行时从键盘上输入有关数据或信息也是必不可少的。为此每种具体 PROLOG 一般都提供专门的输入和输出谓词，供用户直接调用。例如，下面就是 Turbo PROLOG 的几种输入输出谓词：

（1）readln (X)。这个谓词的功能是从键盘上读取一个字符串，然后约束给变量 X。

（2）readint (X)。这个谓词的功能是从键盘上读取一个整数，然后约束给变量 X，如果键盘上打入的不是整数则该谓词失败。

（3）readreal (X)。这个谓词的功能是从键盘上读取一个实数，然后约束给变量 X，如果键盘上打入的不是实数则该谓词失败。

（4）readchar (X)。这个谓词的功能是从键盘上读取一个字符，然后约束给变量 X，如果键盘上打入的不是单个字符，则该谓词失败。

（5）write $(X_1，X_2，\cdots，X_n)$。这个谓词的功能是把项 $X_i(i=1，2，\cdots，n)$ 的值显示在屏幕上或者打印在纸上，当有某个 X_i 未实例化时，该谓词失败，其中的 X_i 可以是变量，也可以是字符串或数字。例如：

$$\text{write(}''\text{computer}''，''\text{PROLOG}''，Y，1992)$$

（6）nl(换行谓词)。它使后面的输出(如果有的话)另起一行。另外，利用 write 的输出项"\n"也同样可起换行作用。例如：

$$\text{write(}''\text{name}''），\text{nl，write(}''\text{age}''）$$

与

　　　　　　write("name"，"\n"，"age")

的效果完全一样。

　　例 2.2　用上面的输入输出谓词编写一个简单的学生成绩数据库查询程序。

　　　PREDICATES

　　　　student(integer, string，real)

　　　　grade

　　　GOAL

　　　　grade.

　　　CLAUSES

　　　　student(1，"张三"，90.2).

　　　　student(2，"李四"，95.5).

　　　　student(3，"王五"，96.4).

　　　　grade：—write("请输入姓名:")，readln(Name)，

　　　　　　　student(_, Name, Score)，

　　　　　　　nl，write(Name，"的成绩是"，Score).

　　　　grade：—write("对不起，找不到这个学生!").

下面是程序运行时的屏幕显示：

　　　请输入姓名：王五↓

　　　王五的成绩是 96.4。

2.2.4　分支与循环

　　PROLOG 中并无专门的分支和循环语句，但 PROLOG 也可实现分支和循环程序结构。

　　1. 分支

　　对于通常的 IF—THEN—ELSE 分支结构，PROLOG 可用两条同头的并列规则实现。例如，将

　　　IF x＞0 THEN x：＝1

　　　ELSE x：＝0

用 PROLOG 实现则是

　　　br：—x＞0，x＝1.

　　　br：—x＝0.

　　类似地，对于多分支，可以用多条规则实现。例如：

　　　br：—x＞0，x＝1.

　　　br：—x＝0，x＝0.

　　　br：—x＜0，x＝—1.

　　2. 循环

　　PROLOG 可以实现计循环次数的 FOR 循环，也可以实现不计循环次数的 DO 循环。例如下面的程序段就实现了循环，它使得 write 语句重复执行了三次，而打印输出了三个

学生的记录。

```
student(1,"张三",90.2).
student(2,"李四",95.5).
student(3,"王五",96.4).
print:-student(Number, Name, Score),
        write(Number, Name, Score), nl,
        Number=3.
```

可以看出，程序第一次执行，student 谓词与第一个事实匹配，write 语句便输出了张三同学的记录。但当程序执行到最后一句时，由于 Number 不等于 3，则该语句失败，于是，引起回溯。而 write 语句和 nl 语句均只能执行一次，所以继续向上回溯到 student 语句。这样，student 谓词则因失败而重新匹配。这一次与第二个事实匹配，结果输出了李四的记录。同理，当执行到最后一句时又引起了回溯。write 语句第三次执行后，由于number 已等于 3，所以最后一个语句成功，程序段便运行结束。

这个例子可以看做是计数循环。当然，也可以通过设置计数器而实现真正的计数循环。下面的程序段实现的则是不计数的 DO 循环。

```
student(1,"张三",90.2).
student(2,"李四",95.5).
student(3,"王五",96.4).
print:-student(Number, Name, Score),
        write(Number, Name, Score), nl,
        fail.
print:-.
```

这个程序段中的 fail 是一个内部谓词，它的语义是恒失败。这个程序段与上面的程序段的差别仅在于把原来用计数器(或标记数)循环控制语句变成了恒失败谓词 fail，另外再增加了一个 print 语句。增加这个语句的目的是为程序设置一个出口。因为 fail 是恒失败，下面若无出口的话，将引起 print 本身的失败。进而又会导致程序中的连锁失败。

还需说明的是，用 PROLOG 的递归机制也可以实现循环，不过用递归实现循环通常需与表相配合。另外，递归的缺点是容易引起内存溢出。故通常的循环多是用上述方法实现的。

2.2.5 动态数据库

动态数据库就是在内存中实现的动态数据结构。它由事实组成，程序可以对它操作，所以在程序运行期间它可以动态变化。Turbo PROLOG 提供了三个动态数据库操作谓词：

```
asserta(〈fact〉).
assertz(〈fact〉).
retract(〈fact〉).
```

其中 fact 表示事实。这三个谓词的功能是：

asserta(〈fact〉). 把 fact 插入当前动态数据库中的同名谓词的事实之前；

assertz(〈fact〉). 把 fact 插入当前动态数据库中的同名谓词的事实之后；

retract(〈fact〉). 把 fact 从当前动态数据库中删除。

例如语句

　　　　asserta(student(20，"李明"，90.5)).

将在内存的谓词名为 student 的事实前插入一个新事实：

　　　　student(20，"李明"，90.5)

如果内存中还没有这样的事实，则它就是第一个。又如语句

　　　　retract(student(20，_，_)).

将从内存的动态数据库中的删除事实

　　　　student(20，_，_)

它可解释为学号为 20 的一个学生的记录。注意，这里用了无名变量_。

　　可以看出，PROLOG 提供的动态数据库机制，可非常方便地实现堆栈、队列等动态数据结构，提供的数据库操作谓词大大简化了编程。

　　另外，PROLOG 还提供了谓词

　　　　save(〈filename〉).

　　　　consult(〈filename〉).

前者可将当前的动态数据库存入磁盘文件，后者则可将磁盘上的一个事实数据文件调入内存。

2.2.6　表处理与递归

　　表是 PROLOG 中一种非常有用的数据结构。表的表述能力很强，数字中的序列、集合，通常语言中的数组、记录等均可用表来表示。表的最大特点是其长度不固定，在程序的运行过程中可动态地变化。具体来讲，就是在程序运行时，可对表施行一些操作，如给表中添加一个元素，或从中删除一个元素，或者将两个表合并为一个表等等。用表还可以方便地构造堆栈、队列、链表、树等动态数据结构。

　　表还有一个重要特点，就是它可分为头和尾两部分。表头是表中第一个元素，而表尾是表中除第一个元素外的其余元素按原来顺序组成的表。例如下面的表 2.2 就是一个例子：

表 2.2　表 的 示 例

表	表　头	表　尾
[1，2，3，4，5]	1	[2，3，4，5]
[apple，orange，banana]	apple	[orange，banana]
[[a，b]，[c]，[d，e]]	[a，b]	[[c]，[d，e]]
["PROLOG"]	"PROLOG"	[]
[]	无定义	无定义

　　在程序中是用竖线"|"来区分表头和表尾的，而且还可以使用变量。例如一般地用[H|T] 来表示一个表，其中 H、T 都是变量，H 为表头，T 为表尾。注意，此处 H 是一个元素(表中第一个元素)，而 T 则是一个表(除第一个元素外的表中其余元素按原来顺序组成的表)。表的这种表示法很有用，它为表的操作提供了极大的方便。表 2.3 即为用这种表示法通过匹配合一提取表头和表尾的例子。

表 2.3　表的匹配合一示例

表 1	表 2	合一后的变量值
[X｜Y]	[a, b, c]	X=a, Y=[b, c]
[X｜Y]	[a]	X=a, Y=[]
[a｜Y]	[X, b]	X=a, Y=[b]
[X, Y, Z]	[a, b, c]	X=a, Y=b, Z=c
[[a, Y]｜Z]	[[X, b], [c]]	X=a, Y=b, Z=[[c]]

还需说明的是,表中的竖杠"｜"后面只能有一个变量。例如写法 [X｜Y, Z] 就是错误的。但竖杠的前面的变量可以多于一个。例如写法[X, Y｜Z]是允许的。这样,这个表同[a, b, c]匹配合一后,有

$$X=a, \quad Y=b, \quad Z=[c]$$

另外,竖杠的前面和后面也可以是常量,例如[a｜Y]和[X｜b]都是允许的,但注意,后一个表称为无尾表,如果它同表[a｜Y]匹配,则有

$$X=a, \quad Y=b \text{ (而不是 } Y=[b])$$

如果无竖杠"｜",则不能分离出表尾。例如,表[X, Y, Z]与[a, b, c]合一后得 X=a, Y=b, Z=c。其中变量 Z 并非等于[c]。

下面我们给出关于表的两个最常用的程序。

例 2.3　设计一个能判断对象 X 是表 L 的成员的程序。

我们可以这样设想:

(1) 如果 X 与表 L 中的第一个元素(即表头)是同一个对象,则 X 就是 L 的成员。

(2) 如果 X 是 L 的尾部的成员,则 X 也就是 L 的成员。

根据这种逻辑关系,于是有下面的 PROLOG 程序:

```
member(X, [X｜Tail]).
member(X, [Head｜Tail]):−member(X, Tail).
```

其中第一个子句的语义就是上面的第一句话,第二个子句的语义就是上面的第二句话。可以看出,这个程序中使用了递归技术,因为谓词 member 的定义中又含有它自身。利用这个程序我们就可以判定任意给定的一个对象和一个表之间是否具有 member(成员)关系。例如,我们取表 L 为[a, b, c, d],取 X 为 a,对上面的程序提出如下询问:

```
Goal：member(a, [a, b, c, d]).
```

则有回答：yes

同样对于询问:

```
Goal：member(b, [a, b, c, d]).
Goal：member(c, [a, b, c, d]).
Goal：member(d, [a, b, c, d]).
```

都有回答：yes

但若询问

```
Goal：member(e, [a, b, c, d]).
```

则回答：no

如果我们这样询问

　　　　　Goal：member(X, [a, b, c, d]).

意思是要证明存在这样的 X，它是该表的成员，这时系统返回 X 的值，即

　　　　　X＝a

如果需要的话，系统还会给出 X 的其他所有值。

　　例 2.4　表的拼接程序，即把两个表连接成一个表。

　　　append([], L, L).

　　　append([H|T], L2, [H|Tn]):－append(T, L2, Tn).

程序中第一个子句的意思是空表同任一表 L 拼接的结果仍为表 L；第二个子句的意思是说，一个非空的表 L1 与另一个表 L2 拼接的结果 L3 是这样一个表，它的头是 L1 的头，它的尾是由 L1 的尾 T 同 L2 拼接的结果 Tn。这个程序刻划了两个表与它们的拼接表之间的逻辑关系。

　　可以看出，谓词 append 是递归定义的，子句 append([], L, L). 为终结条件，即递归出口。

　　对于这个程序，如果我们询问

　　　　　Goal：append([1, 2, 3], [4, 5], L).

则系统便三次递归调用程序中的第二个子句，最后从第一个子句终止，然后反向依次求出每次的拼接表，最后输出

　　　　　L＝[1, 2, 3, 4, 5]

当然，对于这个程序也可以给出其他各种询问，如：

　　　　　Goal：append([1, 2, 3], [4, 5], [1, 2, 3, 4, 5]).

系统回答：yes

　　　　　Goal：append([1, 2, 3], [4, 5], [1, 2, 3, 4, 5, 6]).

系统回答：no

　　　　　Goal：append([1, 2, 3], Y, [1, 2, 3, 4, 5]).

系统回答：Y＝[4, 5]

　　　　　Goal：append(X, [4, 5], [1, 2, 3, 4, 5]).

系统回答：X＝[1, 2, 3]

　　　　　Goal：append(X, Y, [1, 2, 3, 4, 5]).

系统回答：

　　　　　X＝[], Y＝[1, 2, 3, 4, 5]

　　　　　X＝[1], Y＝[2, 3, 4, 5]

　　　　　X＝[1, 2], Y＝[3, 4, 5]

　　　　　X＝[1, 2, 3], Y＝[4, 5]

　　　　　　⋮

等等（如果需要所有解的话）。

　　从上例可以看出，PROLOG 具有递归机制。递归技术在表处理中特别有用，几乎所有的表处理程序都要用到递归。但在一般程序中，使用递归却要谨慎，或者应尽量不用递归，而用迭代循环。因为递归很容易导致堆栈溢出。

　　例 2.5　表的输出。

　　　print([]).

print([H|T]):−write(H),print(T).

例 2.6 表的倒置,即求一个表的逆序表。

reverse([],[]).

reverse([H|T],L):−reverse(T,L1),append(L1,[H],L).

这里,reverse 的第一个项是输入,即原表;第二个项是输出,即原表的倒置。

2.2.7 回溯控制

PROLOG 在搜索目标解的过程中,具有回溯机制,即当某一个子目标 G_i 不能满足时,就返回到该子目标的前一个子目标 G_{i-1},并放弃 G_{i-1} 的当前约束值,使它重新匹配合一。在实际问题中,有时却不需要回溯,为此 PROLOG 中就专门定义了一个阻止回溯的内部谓词——"!",称为截断谓词。

截断谓词的语法格式很简单,就是一个感叹号"!"。! 的语义是:

(1) 若将"!"插在子句体内作为一个子目标,它总是立即成功。

(2) 若"!"位于子句体的最后,则它就阻止对它所在子句的头谓词的所有子句的回溯访问,而让回溯跳过该头谓词(子目标),去访问前一个子目标(如果有的话)。

(3) 若"!"位于其他位置,则当其后发生回溯且回溯到"!"处时,就在此处失败,并且"!"还使它所在子句的头谓词(子目标)整个失败(即阻止再去访问头谓词的其余子句(如果有的话)),即迫使系统直接回溯到该头谓词(子目标)的前一个子目标(如果有的话))。

下面我们通过例子对"!"的语义及用法再作进一步说明。

例 2.7 考虑下面的程序:

$$p(a). \tag{2-1}$$
$$p(b). \tag{2-2}$$
$$q(b). \tag{2-3}$$
$$r(X):−p(X),q(X). \tag{2-4}$$
$$r(c).$$

对于目标:r(Y).

可有一个解

$$Y=b$$

但当我们把式(2-4)改为

$$r(X):−p(X),!,q(X). \tag{2-4'}$$

时,却无解。为什么呢?

这是由于添加了截断谓词"!"。因为式(2-4')中求解子目标 p(X)时,X 被约束到 a,然后跳过"!",但在求解子目标 q(a)时遇到麻烦,于是又回溯到"!",而"!"阻止了对 p(X)的下一个子句 p(b)和 r 的下一个定义子句 r(c)的访问。从而,导致整个求解失败。

例 2.8 设有程序:

$$g0:−g11,g12,g13. \tag{2-5}$$
$$g0:−g14. \tag{2-6}$$
$$g12:−g21,!,g23. \tag{2-7}$$
$$g12:−g24,g25. \tag{2-8}$$
$$…………$$

给出目标：g0.

　　假设运行到子目标 g23 时失败，这时如果子句(2−7)中无！的话，则会回溯到 g21，并且，如果 g21 也失败的话，则会访问下面的子句(2−8)。但由于有！存在，所以不能回溯到 g21，而直接宣告 g12 失败。于是，由子句(2−5)，这时则回溯到 g11。如果我们把子句(2−7)改为

$$g12:-g21, g23, !.\qquad\qquad(2-9)$$

当然这时若 g23 失败时，便可回溯到 g21，而当 g21 也失败时，便回溯到 g12，即子句(2−8)被"激活"。但对于修改后的程序，如果 g13 失败，则虽然可回溯到 g12，但对 g12 不做任何事情，便立即跳过它，而回溯到 g11，如果子句(2−9)中无！，则当 g13 失败时，回溯到 g12 便去考虑子句(2−8)，只有当子句(2−8)再失败时才回溯到 g11。

　　截断谓词不仅能避免不必要的回溯，节约机器的时空，而且对有些实用程序来说，则简直是必不可少。否则，系统将无法正常运行。所以，从某种意义上说，只有学会了使用截断谓词！，才能自由地驾驭 PROLOG。编程实践告诉我们，除了有意安排的回溯外，对于程序中的其他子句，在最后一般都应加上一个截断谓词！。

2.2.8　程序举例

　　下面我们给出几个简单而又典型的例子程序。通过这些程序，读者可以进一步体会和理解 PROLOG 程序的风格和能力，也可以掌握一些基本的编程技巧。

　　例 2.9　下面是一个简单的路径查询程序。程序中的事实描述了如图 2−2 所示的有向图，规则是图中两节点间有通路的定义。

```
predicates
    road(symbol, symbol)
    path(symbol, symbol)
clauses
    road(a, b).
    road(a, c).
    road(b, d).
    road(c, d).
    road(d, e).
    road(b, e).
    path(X, Y):−road(X, Y).
    path(X, Y):−road(X, Z), path(Z, Y).
```

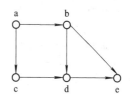

图 2−2　有向图

　　程序中未含目标，所以运行时需给出外部目标。例如当给出目标

```
    path(a, e).
```

时，系统将回答：yes

但当给出目标：

```
    path(e, a).
```

时，系统则回答：no

如果给出目标：

```
    run.
```

且在程序中增加子句

```
    run:-path(a, X), write("X=", X), nl, fail.
    run.
```

屏幕上将会输出：

```
    X=b
    X=c
    X=d
    X=e
    X=d
    X=e
    X=e
```

即从 a 出发到其他节点的全部路径。

例 2.10　下面是一个求阶乘程序,程序中使用了递归。

```
/ *  a Factorial Program  * /
domains
  n, f = integer
predicates
  factorial(n, f)
goal
  readint(I),
  factorial(I, F),
  write(I, "! =", F).
clauses
  factorial(1, 1).
  factorial (N, Res):-
        N>0,
        N1=N-1,
        factorial(N1, FacN1),
        Res=N * FacN1.
```

程序运行时,从键盘上输入一个整数,屏幕上将显示其阶乘数。

例 2.11　下面是一个表的排序程序,采用插入排序法。

```
/ *     insert sort     * /
domains
    listi=integer *
predicates
    insert_sort(listi, listi)
    insert(integer, listi, listi)
    asc_order(integer, integer)
clauses
    insert_sort([], []).
    insert_sort([H|Tail], Sorted_list):-
                            insert_sort(Tail, Sorted_Tail),
                            insert(H, Sorted_Tail, Sorted_list).
    insert(X, [Y|Sorted_list], [Y|Sorted_list1]):-
```

$$\text{asc\_order}(X, Y), !,$$
$$\text{insert}(X, \text{Sorted\_list}, \text{Sorted\_list1}).$$

insert(X, Sorted_list, [X|Sorted_list]).

asc_order(X, Y):−X>Y.

程序中对表处理使用了递归。程序中也未给出目标，需要在运行时临时给出。例如当给出目标：

insert_sort([5, 3, 4, 2, 6, 1, 7, 8, 9, 0], L).

时，系统将输出：

L=[0, 1, 2, 3, 4, 5, 6, 7, 8, 9]

习 题 二

1. 读程序，指出运行结果。

```
domains
  s＝symbol
predicates
  p(s) p1(s) p2(s) p3(s) p4(s) p5(s, s)
    p11(s) p12(s) p31(s)
goal
  p(X), write("the x is ", X).
clauses
  p(a1)：−p1(b), p2(c).
  p(a2)：−p1(b), p3(d), p4(e).
  p(a3)：−p1(b), p5(f, g).
  p1(b)：−p11(b1), p12(b2).
  p3(d)：−p31(d1).
  p2(c1).
  p4(e1).
  p5(f, g).
  p11(b1).
  p12(b2).
  p31(d11).
```

2. 试编写一个描述亲属关系的 PROLOG 程序，然后再给出一些事实数据，建立一个小型演绎数据库。

提示：可以以父亲和母亲为基本关系(作为基本谓词)，再由此来描述祖父、祖母、兄弟、姐妹以及其他亲属关系。

3. 修改 2.2 节例 2.9 的程序，使其能输出图中所有路径(path)。

第 2 篇　搜 索 与 求 解

　　搜索是人工智能技术中进行问题求解的基本技术，不管是符号智能还是计算智能，不管是解决具体应用问题（如证明、诊断、规划、调度、配置、优化）还是智能行为本身（如学习、识别），最终往往都归结为某种搜索，都要用某种搜索算法去实现。

　　符号智能中的搜索是运用领域知识，以符号推演的方式，顺序地在问题空间中进行的，其中的问题空间又可表示为某种状态图（空间）或者与或图的形式，所以这种搜索也称为图搜索。图搜索技术是人工智能中发展最早的技术，已取得了不少成果，例如"启发式"图搜索算法曾一度是人工智能的核心课题，著名的 A^* 算法和 AO^* 算法就是两个著名的启发式搜索算法。

　　计算智能中的搜索主要以计算的方法，随机地在问题的解空间中进行。早期开发的搜索算法有模拟退火算法、遗传算法等，近年来又涌现出了一批新的搜索算法，如免疫算法、蚁群算法、粒群算法等等，形成了称为智能算法的研究方向。这些搜索算法在解决优化问题中表现出了卓越的性能，使搜索技术达到了一个新的水平。

　　图搜索模拟的实际是人脑分析问题、解决问题的过程，它是基于领域知识的问题求解技术。计算智能中的搜索算法是借鉴或模拟某些自然现象或生命现象而实现的搜索和问题求解技术。这两种搜索各有特点，是问题求解中两种不可或缺的基本技术。

第 3 章　图搜索与问题求解

图搜索技术是人工智能中的核心技术之一，人工智能的许多分支领域都涉及到图搜索。这里的图是指由节点和有向边组成的网络。按连接同一节点的各边间的逻辑关系划分，图又可分为或图（也称直接图）和与或图两大类。从而，图搜索也就分为或图搜索和与或图搜索两大类。或图通常称为状态图。

3.1　状 态 图 搜 索

3.1.1　状态图

我们通过例子引入状态图的概念。

例 3.1　走迷宫是人们熟悉的一种游戏，如图 3-1 就是一个迷宫。如果我们把该迷宫的每一个格子以及入口和出口都作为节点，把通道作为边，则该迷宫可以由一个有向图表示（如图 3-2 所示）。那么，走迷宫其实就是从该有向图的初始节点（入口）出发，寻找目标节点（出口）的问题，或者是寻找通向目标节点（出口）的路径的问题。

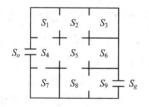

图 3-1　迷宫图

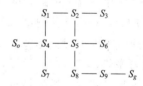

图 3-2　迷宫的有向图表示

例 3.2　在一个 3×3 的方格棋盘上放置着 1，2，3，4，5，6，7，8 八个数码，每个数码占一格，且有一个空格。这些数码可在棋盘上移动，其移动规则是：与空格相邻的数码方可移入空格。现在的问题是：对于指定的初始棋局和目标棋局（如图 3-3 所示），给出数码的移动序列。该问题称为八数码难题或重排九宫问题。

可以想象，如果我们把一个棋局作为一个节点，相邻的节点就可以通过移动数码，一个一个地产生出来。这样，所有节点就可由它们的相邻关系连成一个有向图。可以看出，图中的一条边（即相邻两个节点的连线）就对应一次数码移动，反之，一次数码移动也就对应着图中的一条边。而数码移动是按数码的移动规则进行的。所以，图中的一条边也就代表一个移动规则或者移动规则的一次执行。于是，这个八数码问题也就是要在该有向图中寻找目标节点，或找一条从初始节点到目标节点的路径问题。

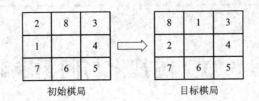

图 3-3 八数码问题示例

以上两个问题虽然内容不同，但抽象地来看，它们都是在某个有向图中寻找目标或路径的问题。在人工智能技术中，把这种描述问题的有向图称为**状态空间图**，简称**状态图**。之所以称为状态图，是因为图中的节点代表问题中的一种格局，一般称为问题的一个**状态**；边表示两节点之间的某种联系，如它可以是某种操作、规则、变换、算子、通道或关系等等。在状态图中，从初始节点到目标节点的一条路径，或者所找的目标节点，就是相应问题的一个解。根据实际需要，路径解可以表示为边的序列或节点的序列。例如，上面例3.1的解可以是节点序列，而例3.2的解可以是边（即棋步）序列。

状态图实际上是一类问题的抽象表示。事实上，有许多智力问题（如梵塔问题、旅行商问题、八皇后问题、农夫过河问题等）和实际问题（如路径规划、定理证明、演绎推理、机器人行动规划等）都可以归结为在某一状态图中寻找目标或路径的问题。因此，研究状态图搜索具有普遍意义。

3.1.2 状态图搜索

在状态图中寻找目标或路径的基本方法就是搜索。所谓搜索，顾名思义，就是从初始节点出发，沿着与之相连的边试探地前进，寻找目标节点的过程（也可以反向进行）。那么，当目标节点找到后，路径也就找到了。所以，寻找目标和寻找路径是一致的。可以想象，由于图中有许多节点和边，因此，搜索过程中经过的节点和边，按原图的连接关系，便会构成一个树型的有向图。这种树型有向图称为**搜索树**。随着搜索的进行，搜索树会不断地生长，直到当搜索树中出现目标节点时，搜索便停止。这时从搜索树中就可容易地找出从初始节点到目标节点的路径来。所以，在搜索过程中应当随时记录搜索轨迹。

上面，仅是对搜索的通俗描述。现在我们考虑如何用计算机来实现上述搜索。

1. 搜索方式

用计算机来实现状态图的搜索，有两种最基本的方式：**树式搜索**和**线式搜索**。

所谓树式搜索，形象地讲就是以"画树"的方式进行搜索。即从树根（初始节点）出发，一笔一笔地描出一棵树来。准确地讲，树式搜索就是在搜索过程中记录所经过的所有节点和边。所以，树式搜索所记录的轨迹始终是一棵"树"，这棵树也就是搜索过程中所产生的搜索树。

所谓线式搜索，形象地讲就是以"画线"的方式进行搜索。准确地讲，线式搜索在搜索过程中只记录那些当前认为是处在所找路径上的节点和边。所以，线式搜索所记录的轨迹始终是一条"线"（折线）。

线式搜索的基本方式又可分为不回溯的和可回溯的两种。不回溯的线式搜索就是每到一个"叉路口"仅沿一条路继续前进，即对每一个节点始终都仅生成一个子节点（如果有子节点的话）。生成一个节点的子节点也称对该节点进行扩展。这样，如果扩展到某一个节点，该节点恰好就是目标节点，则搜索成功；如果直到不能再扩展时，还未找到目标节点，则搜索失败。可回溯的线式搜索也是对每一个节点都仅扩展一条边，但当不能再扩展时，则退回一个节点，然后再扩展另一条边（如果有的话）。这样，要么最终找到了目标节点，搜索成功；要么一直回溯到初始节点也未找到目标节点，则搜索失败。

由上所述可以看出，树式搜索成功后，还需再从搜索树中找出所求路径，而线式搜索只要搜索成功，则"搜索线"就是所找的路径，即问题的解。

那么，又怎样从搜索树中找出所求路径呢？这只需在扩展节点时记住节点间的父子关系即可。这样，当搜索成功时，从目标节点反向沿搜索树按所作标记追溯回去一直到初始节点，便得到一条从初始节点到目标节点的路径，即问题的一个解。

2. 搜索策略

由于搜索具有探索性，所以要提高搜索效率（尽快地找到目标节点），或要找最佳路径（最佳解）就必须注意搜索策略。对于状态图搜索，已经提出了许多策略，它们大体可分为盲目搜索和启发式（heuristic）搜索两大类。

通俗地讲，盲目搜索就是无"向导"的搜索，启发式搜索就是有"向导"的搜索。那么，树式盲目搜索就是穷举式搜索，即从初始节点出发，沿连接边逐一考察各个节点（看是否为目标节点），或者反向进行；而线式盲目搜索，对于不回溯的就是随机碰撞式搜索，对于回溯的则也是穷举式的搜索。

启发式搜索则是利用"启发性信息"引导的搜索。所谓"启发性信息"就是与问题有关的有利于尽快找到问题解的信息或知识。例如："欲速则不达"、"知己知彼，百战不殆"、"学如逆水行舟不进则退"等格言，就是指导人们行为的启发性信息。常识告诉我们，如果有向导引路，则就会少走弯路而事半功倍。所以，启发式搜索往往会提高搜索效率，而且可能找到问题的最优解。根据启发性信息的内容和使用方式的不同，启发式搜索又可分为许多不同的策略，如全局择优、局部择优、最佳图搜索等等。

按搜索范围的扩展顺序的不同，搜索又可分为广度优先和深度优先两种类型。对于树式搜索，既可深度优先进行，也可广度优先进行。对于线式搜索则总是深度优先进行。

3. 搜索算法

由于搜索的目的是为了寻找初始节点到目标节点的路径，所以在搜索过程中就得随时记录搜索轨迹。为此，我们用一个称为 *CLOSED* 表的动态数据结构来专门记录考察过的节点。显然，对于树式搜索来说，*CLOSED* 表中存储的正是一棵不断成长的搜索树；而对于线式搜索来说，*CLOSED* 表中存储的是一条不断伸长的折线，它可能本身就是所求的路径（如果能找到目标节点的话）。

另一方面，对于树式搜索来说，还得不断地把待考查察的节点组织在一起，并做某种排列，以便控制搜索的方向和顺序。为此，我们采用一个称为 *OPEN* 表的动态数据结构，来专门登记当前待考察的节点。

OPEN 表和 *CLOSED* 表的结构如图 3 - 4 所示。

OPEN 表		CLOSED 表		
节　点	父节点编号	编　号	节　点	父节点编号

图 3 - 4　OPEN 表与 CLOSED 表示例

下面我们给出树式搜索和线式搜索的一般算法。

树式搜索算法：

步 1　把初始节点 S_0 放入 OPEN 表中。

步 2　若 OPEN 表为空，则搜索失败，退出。

步 3　移出 OPEN 表中第一个节点 N 放入 CLOSED 表中，并冠以顺序编号 n。

步 4　若目标节点 $S_g = N$，则搜索成功，结束。

步 5　若 N 不可扩展，则转步 2。

步 6　扩展 N，生成一组子节点，对这组子节点做如下处理：

(1) 删除 N 的先辈节点（如果有的话）。

(2) 对已存在于 OPEN 表的节点（如果有的话）也删除之；但删除之前要比较其返回初始节点的新路径与原路径，如果新路径"短"，则修改这些节点在 OPEN 表中的原返回指针，使其沿新路返回（如图 3 - 5 所示）。

(3) 对已存在于 CLOSED 表的节点（如果有的话），做与(2)同样的处理，并且再将其移出 CLOSED 表，放入 OPEN 表重新扩展（为了重新计算代价）。

(4) 对其余子节点配上指向 N 的返回指针后放入 OPEN 表中某处，或对 OPEN 表进行重新排序，转步 2。

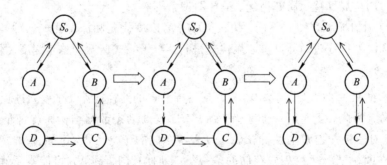

图 3 - 5　修改返回指针示例

说明：

(1) 这里的返回指针也就是父节点在 CLOSED 表中的编号。

(2) 步 6 中修改返回指针的原因是，因为这些节点又被第二次生成，所以它们返回初始节点的路径已有两条，但这两条路径的"长度"可能不同。那么，当新路短时自然要走新路。

(3) 这里对路径的长短是按路径上的节点数来衡量的，后面我们将会看到路径的长短也可以其"代价"（如距离、费用、时间等）衡量。若按其代价衡量，则在需修改返回指针的同时还要修改相应的代价值，或者不修改返回指针也要修改代价值（为了实现代价小者优先扩展）。

线式搜索算法：

· 不回溯的线式搜索

步 1 把初始节点 S_o 放入 CLOSED 表中。

步 2 令 $N = S_o$。

步 3 若 N 是目标节点，则搜索成功，结束。

步 4 若 N 不可扩展，则搜索失败，退出。

步 5 扩展 N，选取其一个未在 CLOSED 表中出现过的子节点 N_1 放入 CLOSED 表中，令 $N = N_1$，转步 3。

· 可回溯的线式搜索

步 1 把初始节点 S_o 放入 CLOSED 表中。

步 2 令 $N = S_o$。

步 3 若 N 是目标节点，则搜索成功，结束。

步 4 若 N 不可扩展，则移出 CLOSED 表的末端节点 N_e，若 $N_e = S_o$，则搜索失败，退出。否则，以 CLOSED 表新的末端节点 N_e 作为 N，即令 $N = N_e$，转步 4。

步 5 扩展 N，选取其一个未在 CLOSED 表用出现过的子节点 N_1 放入 CLOSED 表中，令 $N = N_1$，转步 3。

需说明的是，上述算法仅是搜索目标节点的算法，当搜索成功后，如果需要路径，则还须由 CLOSED 表再找出路径。找路径的方法是：对于树式搜索，从 CLOSED 表中序号最大的节点起，根据返回指针追溯至初始节点 S_o，所得的节点序列或边序列即为所找路径；对于线式搜索，CLOSED 表即是所找路径。

3.1.3 穷举式搜索

为简单起见，下面我们先讨论树型结构的状态图搜索，并仅限于树式搜索。

按搜索树生成方式的不同，树式穷举搜索又分为广度优先和深度优先两种搜索方式。这两种方式也是最基本的树式搜索策略，其他搜索策略都是建立在它们之上的。下面先介绍广度优先搜索。

1. 广度优先搜索

广度优先搜索就是始终先在同一级节点中考查，只有当同一级节点考查完之后，才考查下一级节点。或者说，是以初始节点为根节点，向下逐级扩展搜索树。所以，广度优先策略的搜索树是自顶向下一层一层逐渐生成的。

例 3.3 用广度优先搜索策略解八数码难题。

由于把一个与空格相邻的数码移入空格，等价于把空格向数码方向移动一位。所以，该题中给出的数码走步规则也可以简化为：对空格可施行左移、右移、上移和下移等四种操作。

设初始节点 S_0 和目标节点 S_g 分别如图 3 - 3 的初始棋局和目标棋局所示，我们用广度优先搜索策略，则可得到如图 3 - 6 所示的搜索树。

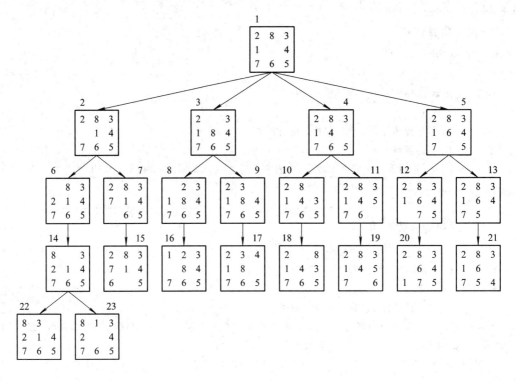

图 3 - 6　八数码问题的广度优先搜索

广度优先搜索算法：

步 1　把初始节点 S_0 放入 OPEN 表中。

步 2　若 OPEN 表为空，则搜索失败，退出。

步 3　取 OPEN 表中前面第一个节点 N 放在 CLOSED 表中，并冠以顺序编号 n。

步 4　若目标节点 $S_g = N$，则搜索成功，结束。

步 5　若 N 不可扩展，则转步 2。

步 6　扩展 N，将其所有子节点配上指向 N 的指针依次放入 OPEN 表尾部，转步 2。

其中 OPEN 表是一个队列，CLOSED 表是一个顺序表，表中各节点按顺序编号，正被考察的节点在表中编号最大。如果问题有解，OPEN 表中必出现目标节点 S_g，那么，当搜索到目标节点 S_g 时，算法结束，然后根据返回指针在 CLOSED 表中往回追溯，直至初始节点，所得的路径即为问题的解。

广度优先搜索亦称为宽度优先或横向搜索。这种策略是完备的，即如果问题的解存在，用它则一定能找到解，且找到的解还是最优解（即最短的路径）。这是广度优先搜索的优点。但它的缺点是搜索效率低。

2. 深度优先搜索

深度优先搜索就是在搜索树的每一层始终先只扩展一个子节点，不断地向纵深前进，直到不能再前进（到达叶子节点或受到深度限制）时，才从当前节点返回到上一级节点，沿另一方向又继续前进。这种方法的搜索树是从树根开始一枝一枝逐渐形成的。

深度优先搜索算法：

步 1　把初始节点 S_0 放入 OPEN 表中。

步 2　若 OPEN 表为空，则搜索失败，退出。

步 3　取 OPEN 表中前面第一个节点 N 放入 CLOSED 表中，并冠以顺序编号 n。

步 4　若目标节点 $S_g = N$，则搜索成功，结束。

步 5　若 N 不可扩展，则转步 2。

步 6　扩展 N，将其所有子节点配上指向 N 的返回指针依次放入 OPEN 表的首部，转步 2。

可以看出，这里的 OPEN 表为一个堆栈。这是与横向优先算法的唯一区别。

例 3.4　对于八数码问题，应用深度优先搜索策略，可得如图 3 - 7 所示的搜索树。

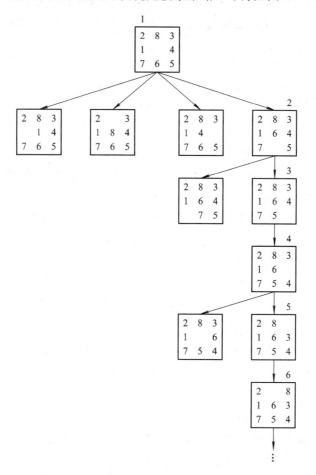

图 3 - 7　八数码问题的深度优先搜索

深度优先搜索亦称为纵向搜索。由于一个有解的问题树可能含有无穷分枝,深度优先搜索如果误入无穷分枝(即深度无限),则不可能找到目标节点。所以,深度优先搜索策略是不完备的。另外,应用此策略得到的解不一定是最佳解(最短路径)。

3. 有界深度优先搜索

广度优先和深度优先是两种最基本的穷举搜索方法,在此基础上,根据需要再加上一定的限制条件,便可派生出许多特殊的搜索方法。例如有界深度优先搜索。

有界深度优先搜索就是给出了搜索树深度限制,当从初始节点出发沿某一分枝扩展到一限定深度时,就不能再继续向下扩展,而只能改变方向继续搜索。节点 x 的深度(即其位于搜索树的层数)通常用 $d(x)$ 表示,则有界深度优先搜索算法如下:

步1 把 S_o 放入 OPEN 表中,置 S_o 的深度 $d(S_o)=0$。

步2 若 OPEN 表为空,则失败,退出。

步3 取 OPEN 表中前面第一个节点 N,放入 CLOSED 表中,并冠以顺序编号 n。

步4 若目标节点 $S_g=N$,则成功,结束。

步5 若 N 的深度 $d(N)=dm$(深度限制值),或者若 N 无子节点,则转步2。

步6 扩展 N,将其所有子节点 N_i 配上指向 N 的返回指针后依次放入 OPEN 表中前部,置 $d(N_i)=d(N)+1$,转步2。

3.1.4 启发式搜索

1. 问题的提出

前面我们讲的穷举搜索法,从理论上讲,似乎可以解决任何状态空间的搜索问题,但实践表明,穷举搜索只能解决一些状态空间很小的简单问题,而对于那些大状态空间问题,穷举搜索就不能胜任了。因为大空间问题往往会导致"组合爆炸"。例如梵塔问题,当阶数较小(如小于6)时,在计算机上求解并不难,但当阶数再增加时,其时空要求将会急剧地增加。例如当取 64 时,则其状态空间中就有 $3^{64}=0.94*10^{30}$ 个节点,最短的路径长度(节点数)$=2^{64}-1\approx2\times10^{19}$,这是现有的任何计算机都存放不下,也计算不了的。又如博弈问题,计算机为了取胜,它可以将所有算法都试一下,然后选择最佳走步。找到这样算法并不难,但计算时的时空消耗却大得惊人。例如:就可能有的棋局数讲,一字棋是 $9!\approx3.6\times10^5$,西洋棋是 10^{78},国际象棋是 10^{120},围棋是 10^{761}。假设每步可以选择一种棋局,用极限并行速度(10^{-104}秒/步)计算,国际象棋的算法也得 10^{16} 年,即 1 亿亿年才可以算完。

上述困难迫使人们不得不寻找更有效的搜索方法,即提出了启发式搜索策略。

2. 启发性信息

启发式搜索就是利用启发性信息进行制导的搜索。启发性信息就是有利于尽快找到问题之解的信息。按其用途划分,启发性信息一般可分为以下三类:

(1)用于扩展节点的选择,即用于决定应先扩展哪一个节点,以免盲目扩展。

(2)用于生成节点的选择,即用于决定应生成哪些后续节点,以免盲目地生成过多无用节点。

（3）用于删除节点的选择，即用于决定应删除哪些无用节点，以免造成进一步的时空浪费。

例如，由八数码问题的部分状态图可以看出，从初始节点开始，在通向目标节点的路径上，各节点的数码格局同目标节点相比较，其数码不同的位置个数在逐渐减少，最后为零。所以，这个数码不同的位置个数便是标志一个节点到目标节点距离远近的一个启发性信息，利用这个信息就可以指导搜索。可以看出，这种启发性信息属于上面的第一种类型。

需指出的是，不存在能适合所有问题的万能启发性信息，或者说，不同的问题有不同的启发性信息。

3. 启发函数

在启发式搜索中，通常用所谓启发函数来表示启发性信息。启发函数是用来估计搜索树上节点 x 与目标节点 S_g 接近程度的一种函数，通常记为 $h(x)$。

如何定义一个启发函数呢？启发函数并无固定的模式，需要具体问题具体分析。通常可以参考的思路有：一个节点到目标节点的某种距离或差异的度量；一个节点处在最佳路径上的概率；或者根据经验的主观打分，等等。例如，对于八数码难题，用 $h(x)$ 就可表示节点 x 的数码格局同目标节点相比数码不同的位置个数。

4. 启发式搜索算法

启发式搜索要用启发函数来导航，其搜索算法就要在状态图一般搜索算法基础上再增加启发函数值的计算与传播过程，并且由启发函数值来确定节点的扩展顺序。为简单起见，下面我们仅给出树型图的树式搜索的两种策略。

1) 全局择优搜索

全局择优搜索就是利用启发函数制导的一种启发式搜索方法。该方法亦称为最好优先搜索法，它的基本思想是：在 OPEN 表中保留所有已生成而未考察的节点，并用启发函数 $h(x)$ 对它们全部进行估价，从中选出最优节点进行扩展，而不管这个节点出现在搜索树的什么地方。

全局择优搜索算法如下：

步 1　把初始节点 S_0 放入 OPEN 表中，计算 $h(S_0)$。

步 2　若 OPEN 表为空，则搜索失败，退出。

步 3　移出 OPEN 表中第一个节点 N 放入 CLOSED 表中，并冠以序号 n。

步 4　若目标节点 $S_g = N$，则搜索成功，结束。

步 5　若 N 不可扩展，则转步 2。

步 6　扩展 N，计算每个子节点 x 的函数值 $h(x)$，并将所有子节点配以指向 N 的返回指针后放入 OPEN 表中，再对 OPEN 表中的所有子节点按其函数值大小以升序排序，转步 2。

例 3.5　用全局择优搜索法解八数码难题。初始棋局和目标棋局同例 3。

解　设启发函数 $h(x)$ 为节点 x 的格局与目标格局相比数码不同的位置个数。以这个函数制导的搜索树如图 3 - 8 所示。图中节点旁的数字就是该节点的估价值。由图可见此八数问题的解为：S_0，S_1，S_2，S_3，S_g。

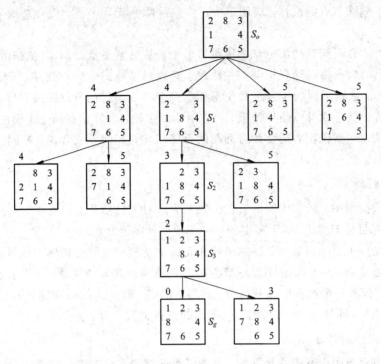

图 3-8 八数码问题的全局择优搜索

2）局部择优搜索

局部择优搜索与全局择优搜索的区别是，扩展节点 N 后仅对 N 的子节点按启发函数值大小以升序排序，再将它们依次放入 OPEN 表的首部。故算法从略。

3.1.5 加权状态图搜索

1. 加权状态图与代价树

例 3.6 图 3-9(a)是一个交通图，设 A 城是出发地，E 城是目的地，边上的数字代表两城之间的交通费。试求从 A 到 E 最小费用的旅行路线。

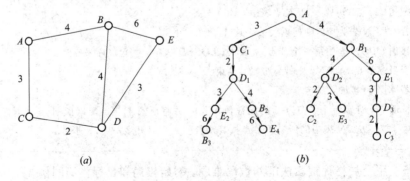

图 3-9 交通图及其代价树

可以看出，这个图与前面的状态图不同的地方是边上附有数值。它表示边的一种度量（此例中是交通费，当然也可以是距离）。一般地，称这种数值为权值，而把边上附有数值的状态图称之为**加权状态图**或**赋权状态图**。

显然，加权状态图的搜索与权值有关，并且要用权值来导航。具体来讲，加权状态图的搜索算法，要在一般状态图搜索算法基础上再增加权值的计算与传播过程，并且要由权值来确定节点的扩展顺序。

同样，为简单起见，我们先考虑树型的加权状态图——代价树的搜索。所谓代价，可以是两点之间的距离、交通费用或所需时间等等。通常用 $g(x)$ 表示从初始节点 S_o 到节点 x 的代价，用 $c(x_i, x_j)$ 表示父节点 x_i 到子节点 x_j 的代价，即边 (x_i, x_j) 的代价。从而有

$$g(x_j) = g(x_i) + c(x_i, x_j)$$

而

$$g(S_o) = 0$$

也可以将加权状态图转换成代价树来搜索，其转换方法是，从初始节点起，先把每一个与初始节点相邻的节点作为该节点的子节点；然后对其他节点依次类推，但对其他节点 x，不能将其父节点及祖先再作为 x 的子节点。例如，把图 $3-9(a)$ 所示的交通图转换成代价树如图 $3-9(b)$ 所示。

下面介绍两种代价树的搜索策略，即分支界限法和最近择优法。

2. 分支界限法(最小代价优先法)

其基本思想是：每次从 $OPEN$ 表中选出 $g(x)$ 值最小的节点进行考察，而不管这个节点在搜索树的什么位置上。

可以看出，这种搜索法与前面的最好优先法(即全局择优法)的区别仅是选取扩展节点的标准不同，一个是代价值 $g(x)$(最小)，一个是启发函数值 $h(x)$(最小)。这就是说，把最好优先法算法中的 $h(x)$ 换成 $g(x)$ 即得分支界限法的算法。所以，从算法角度考虑，这两种搜索法实际是一样的。但二者在计算节点的代价值与启发函数值的方法是有差别的。

事实上，一个节点 x 的代价值 $g(x)$ 是从初始节点 S_o 方向计算而来的，其计算方法为

$$g(S_o) = 0$$

$$g(x_j) = g(x_i) + c(x_i, x_j) \qquad (x_j \text{ 是 } x_i \text{ 的子节点})$$

而启发函数值 $h(x)$ 则是朝目标节点方向计算的；$g(x)$ 与 x 的父节点代价有关，与子节点代价无关，而 $h(x)$ 与 x 的父、子节点的启发值均无关。

3. 最近择优法(瞎子爬山法)

同上面的情形一样，这种方法实际同局部择优法类似，区别也仅是选取扩展节点的标准不同，一个是代价值 $g(x)$(最小)，一个是启发函数值 $h(x)$(最小)。这就是说，把局部择优法算法中的 $h(x)$ 换成 $g(x)$ 就可得最近择优法的算法。

现在我们用代价树搜索求解例 3.6 中给出的问题。我们用分支界限法得到的路径为

$$A \rightarrow C \rightarrow D \rightarrow E$$

这是一条最小费用路径(费用为 8)。

3.1.6 A 算法和 A* 算法

前面我们介绍了图搜索的一般算法，并着重讨论了树型图的各种搜索策略。本节我们给出图搜索的两种典型的启发式搜索算法。

1. 估价函数

利用启发函数 $h(x)$ 制导的启发式搜索，实际是一种深度优先的搜索策略。虽然它是很高效的，但也可能误入歧途。所以，为了更稳妥一些，人们把启发函数扩充为估价函数。估价函数的一般形式为

$$f(x) = g(x) + h(x)$$

其中 $g(x)$ 为从初始节点 S_0 到节点 x 已经付出的代价，$h(x)$ 是启发函数。即估价函数 $f(x)$ 是从初始节点 S_0 到达节点 x 处已付出的代价与节点 x 到达目标节点 S_g 的接近程度估计值之总和。

有时估价函数还可以表示为

$$f(x) = d(x) + h(x)$$

其中 $d(x)$ 表示节点 x 的深度。

可以看出，$f(x)$ 中的 $g(x)$ 或 $d(x)$ 有利于搜索的横向发展（因为 $g(x)$ 或 $d(x)$ 越小，则说明节点 x 越靠近初始节点 S_0），因而可提高搜索的完备性，但影响搜索效率；$h(x)$ 则有利于搜索的纵向发展（因为 $h(x)$ 越小，则说明节点 x 越接近目标节点 S_g），因而可提高搜索的效率，但影响完备性。所以，$f(x)$ 恰好是二者的一个折中。但在确定 $f(x)$ 时，要权衡利弊，使 $g(x)$（或 $d(x)$）与 $h(x)$ 的比重适当。这样，才能取得理想的效果。例如，我们只关心到达目标节点的路径，并希望有较高的搜索效率，则 $g(x)$ 可以忽略。当然，这样会影响搜索的完备性。

如果把 $h(x)$ 取为节点 x 到目标节点 S_g 的估计代价，则 $f(x)$ 就是节点 x 处的已知代价与未知估计代价之和。这时基于 $f(x)$ 的搜索就是最小代价搜索。

2. A 算法

A 算法是基于估价函数 $f(x)$ 的一种加权状态图启发式搜索算法。其具体步骤如下：

步 1　把附有 $f(S_0)$ 的初始节点 S_0 放入 OPEN 表。

步 2　若 OPEN 表为空，则搜索失败，退出。

步 3　移出 OPEN 表中第一个节点 N 放入 CLOSED 表中，并冠以顺序编号 n。

步 4　若目标节点 $S_g = N$，则搜索成功，结束。

步 5　若 N 不可扩展，则转步 2。

步 6　扩展 N，生成一组附有 $f(x)$ 的子节点，对这组子节点做如下处理：

 (1) 考察是否有已在 OPEN 表或 CLOSED 表中存在的节点；若有则再考察其中有无 N 的先辈节点，若有则删除之；对于其余节点，也删除之，但由于它们又被第二次生成，因而需考虑是否修改已经存在于 OPEN 表或 CLOSED 表中的这些节点及其后裔的返回指针和 $f(x)$ 值，修改原则是"抄 $f(x)$ 值小的路走"。

 (2) 对其余子节点配上指向 N 的返回指针后放入 OPEN 表中，并对 OPEN 表按 $f(x)$ 值以升序排序，转步 2。

算法中节点 x 的估价函数 $f(x)$ 的计算方法是

$$\begin{aligned} f(x_j) &= g(x_j) + h(x_j) \\ &= g(x_i) + c(x_i, x_j) + h(x_j) \quad\quad (x_j \text{ 是 } x_i \text{ 的子节点}) \end{aligned}$$

至于 $h(x)$ 的计算公式则需由具体问题而定。

可以看出，A 算法其实就是对于本节开始给出的图搜索一般算法中的树式搜索算法，再增加了估价函数 $f(x)$ 的一种启发式搜索算法。

3. A* 算法

如果对上述 A 算法再限制其估价函数中的启发函数 $h(x)$ 满足：对所有的节点 x 均有

$$h(x) \leqslant h^*(x)$$

其中 $h^*(x)$ 是从节点 x 到目标节点的最小代价，即最佳路径上的实际代价（若有多个目标节点则为其中最小的一个），则它就称为 A* 算法。

A* 算法中，限制 $h(x) \leqslant h^*(x)$ 的原因是为了保证取得最优解。理论分析证明，如果问题存在最优解，则这样的限制就可保证能找到最优解。虽然，这个限制可能产生无用搜索。实际上，不难想像，当某一节点 x 的 $h(x) > h^*(x)$，则该节点就可能失去优先扩展的机会，因而导致得不到最优解。

A* 算法也称为最佳图搜索算法。它是著名的人工智能学者 Nilsson 提出的。关于 A* 算法还有一些更深入的讨论，由篇幅所限，这里不再介绍。

3.1.7　状态图搜索策略小结

上述的状态图搜索策略可归纳如下：

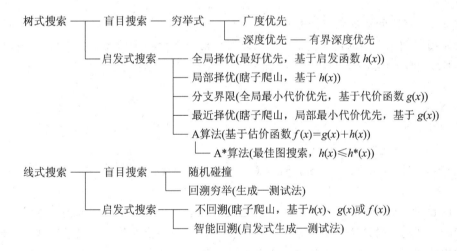

3.2　状态图搜索问题求解

上节我们从实际问题出发，抽象出了状态图的概念，然后讨论了一般的状态图搜索技术。本节我们就用这些状态图搜索技术，解决有关的实际问题。

研究表明，许多实际问题（如规划、设计、诊断、控制、预测、决策、证明等）都可以表示为（或归结为）状态图搜索问题。像旅行商和机器人行动规划等一类规划性问题是明显的图搜索问题，而像定理证明、故障诊断等一类推理问题，实际上也是图搜索问题，它们是在定理集合或知识空间中的搜索。

3.2.1 问题的状态图表示

1. 状态

状态就是问题在任一确定时刻的状况，它表征了问题特征和结构等。状态在状态图中表示为节点。状态一般用一组数据表示。在程序中用字符、数字、记录、数组、结构、对象等表示。

2. 状态转换规则

状态转换规则就是能使问题状态改变的某种操作、规则、行为、变换、关系、函数、算子、过程等等。状态转换规则也称为操作，问题的状态也只能经定义在其上的这种操作而改变。状态转换规则在状态图中表示为边。在程序中状态转换规则可用数据对、条件语句、规则、函数、过程等表示。

3. 状态图表示

一个问题的状态图是一个三元组

$$(S, F, G)$$

其中 S 是问题的初始状态集合，F 是问题的状态转换规则集合，G 是问题的目标状态集合。

一个问题的全体状态及其关系就构成一个空间，称为状态空间。所以，状态图也称为状态空间图。

例 3.7 迷宫问题的状态图表示。

我们仍以例 3.1 中的迷宫为例。我们以每个格子作为一个状态，并用其标识符作为其表示。那么，两个标识符组成的序对就是一个状态转换规则。于是，该迷宫的状态图表示为

$S：S_o$

$F：\{(S_o, S_4), (S_4, S_o), (S_4, S_1), (S_1, S_4), (S_1, S_2), (S_2, S_1), (S_2, S_3),$
$\quad (S_3, S_2), (S_4, S_7), (S_7, S_4), (S_4, S_5), (S_5, S_4), (S_5, S_6), (S_6, S_5),$
$\quad (S_5, S_8), (S_8, S_5), (S_8, S_9), (S_9, S_8), (S_9, S_g)\}$

$G：S_g$

可以看出，该问题中的状态转换规则也就是迷宫中两个格子间的通道，也就是对应状态图中的一条边，而这个规则集正好描述了图中的所有节点和边。类似于这样罗列出全部节点和边的状态图称为显式状态图，或者说是状态图的显式表示。

例 3.8 八数码难题的状态图表示。

我们将棋局

X_1	X_2	X_3
X_8	X_0	X_4
X_7	X_6	X_5

用向量

$$A = (X_0, X_1, X_2, X_3, X_4, X_5, X_6, X_7, X_8)$$

表示，X_i 为变量，X_i 的值就是方格 X_i 内的数字。于是，向量 A 就是该问题的状态表达式。

设初始状态和目标状态分别为

$$S_o = (0, 2, 8, 3, 4, 5, 6, 7, 1)$$
$$S_g = (0, 1, 2, 3, 4, 5, 6, 7, 8)$$

易见，数码的移动规则就是该问题的状态变换规则，即操作。经分析，该问题共有 24 条移码规则，可分为 9 组。

0 组规则：

$$r_1 (X_0 = 0) \wedge (X_2 = n) \rightarrow X_0 \Leftarrow n \wedge X_2 \Leftarrow 0;$$
$$r_2 (X_0 = 0) \wedge (X_4 = n) \rightarrow X_0 \Leftarrow n \wedge X_4 \Leftarrow 0;$$
$$r_3 (X_0 = 0) \wedge (X_6 = n) \rightarrow X_0 \Leftarrow n \wedge X_6 \Leftarrow 0;$$
$$r_4 (X_0 = 0) \wedge (X_8 = n) \rightarrow X_0 \Leftarrow n \wedge X_8 \Leftarrow 0;$$

1 组规则：

$$r_5 (X_1 = 0) \wedge (X_2 = n) \rightarrow X_1 \Leftarrow n \wedge X_2 \Leftarrow 0;$$
$$r_6 (X_1 = 0) \wedge (X_8 = n) \rightarrow X_1 \Leftarrow n \wedge X_8 \Leftarrow 0;$$

2 组规则：

$$r_7 (X_2 = 0) \wedge (X_1 = n) \rightarrow X_2 \Leftarrow n \wedge X_1 \Leftarrow 0;$$
$$r_8 (X_2 = 0) \wedge (X_3 = n) \rightarrow X_2 \Leftarrow n \wedge X_3 \Leftarrow 0;$$
$$r_9 (X_2 = 0) \wedge (X_0 = n) \rightarrow X_2 \Leftarrow n \wedge X_0 \Leftarrow 0;$$
$$\vdots$$

8 组规则：

$$r_{22} (X_8 = 0) \wedge (X_1 = n) \rightarrow X_8 \Leftarrow n \wedge X_1 \Leftarrow 0;$$
$$r_{23} (X_8 = 0) \wedge (X_0 = n) \rightarrow X_8 \Leftarrow n \wedge X_0 \Leftarrow 0;$$
$$r_{24} (X_8 = 0) \wedge (X_7 = n) \rightarrow X_8 \Leftarrow n \wedge X_7 \Leftarrow 0;$$

于是，八数码问题的状态图可表示为

$$(\{S_o\}, \{r_1, r_2, \cdots, r_{24}\}, \{S_g\})$$

当然，上述 24 条规则也可以简化为 4 条：即空格上移、下移、左移、右移。不过，这时状态（即棋局）就需要用矩阵来表示。

可以看出，这个状态图中仅给出了初始节点和目标节点，并未给出其余节点。而其余节点需用状态转换规则来产生。类似于这样表示的状态图称为隐式状态图，或者说状态图的隐式表示。

例 3.9　梵塔问题。传说在印度的贝那勒斯的圣庙中，主神梵天做了一个由 64 个大小不同的金盘组成的"梵塔"，并把它穿在一个宝石杆上。另外，旁边再插上两个宝石杆。然后，他要求僧侣们把穿在第一个宝石杆上的 64 个金盘全部搬到第三个宝石杆上。搬动金盘的规则是：一次只能搬一个；不允许将较大的盘子放在较小的盘子上。于是，梵天预言：一旦 64 个盘子都搬到了 3 号杆上，世界将在一声霹雳中毁灭。这就是梵塔问题。

经计算，把 64 个盘子全部搬到 3 号杆上，需要穿插搬动盘子

$$2^{64} - 1 = 18\ 446\ 744\ 073\ 709\ 511\ 615$$

次。所以直接考虑原问题，将过于复杂。

为了便于分析，我们仅考虑二阶梵塔（即只有两个金盘）问题。

设有三根宝石杆,在 1 号杆上穿有 A、B 两个金盘,A 小于 B,A 位于 B 的上面。要求把这两个金盘全部移到另一根杆上,而且规定每次只能移动一个盘子,任何时刻都不能使 B 位于 A 的上面。

设用二元组 (S_A, S_B) 表示问题的状态,S_A 表示金盘 A 所在的杆号,S_B 表示金盘 B 所在的杆号,这样,全部可能的状态有 9 种,可表示如下:

$$(1, 1), (1, 2), (1, 3)$$
$$(2, 1), (2, 2), (2, 3)$$
$$(3, 1), (3, 2), (3, 3)$$

如图 3 - 10 所示。

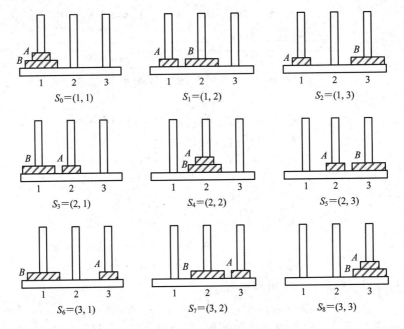

图 3 - 10 二阶梵塔的全部状态

这里的状态转换规则就是金盘的搬动规则,分别用 $A(i, j)$ 及 $B(i, j)$ 表示:$A(i, j)$ 表示把 A 盘从第 i 号杆移到第 j 号杆上;$B(i, j)$ 表示把 B 盘从第 i 号杆移到第 j 号杆上。经分析,共有 12 个操作,它们分别是:

$$A(1, 2), A(1, 3), A(2, 1), A(2, 3), A(3, 1), A(3, 2)$$
$$B(1, 2), B(1, 3), B(2, 1), B(2, 3), B(3, 1), B(3, 2)$$

当然,规则的具体形式应是:

IF〈条件〉THEN $A(i, j)$

IF〈条件〉THEN $B(i, j)$

(条件留给读者完成)

这样由题意,问题的初始状态为 $(1, 1)$,目标状态为 $(3, 3)$,则二阶梵塔问题可用状态图表示为

$$(\{(1, 1)\}, \{A(1, 2), \cdots, B(3, 2)\}, \{(3, 3)\})$$

由这 9 种可能的状态和 12 种操作,二阶梵塔问题的状态空间图如图 3 - 11 所示。

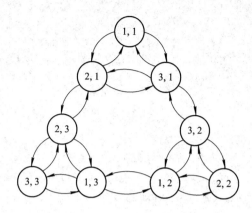

图 3 - 11　二阶梵塔状态空间图

例 3.10　旅行商问题(Traveling-Salesman Problem，TSP)。设有 n 个互相可直达的城市，某推销商准备从其中的 A 城出发，周游各城市一遍，最后又回到 A 城。要求为该推销商规划一条最短的旅行路线。

该问题的状态为以 A 打头的已访问过的城市序列：$A\cdots$

S_o：A。

S_g：A，$\cdots$，A。其中"$\cdots$"为其余 $n-1$ 个城市的一个序列。

状态转换规则：

规则 1　如果当前城市的下一个城市还未去过，则去该城市，并把该城市名排在已去过的城市名序列后端。

规则 2　如果所有城市都去过一次，则从当前城市返回 A 城，把 A 也添在去过的城市名序列后端。

3.2.2　状态图问题求解程序举例

例 3.11　下面是一个通用的状态图搜索程序。对于求解的具体问题，只需将其状态图的程序表示并入该程序即可。

```
/* 状态图搜索通用程序 */
DOMAINS
    state=<领域说明>            % 例如：state=symbol
DATABASE—mydatabase
    open(state,integer)         % 用动态数据库实现 OPEN 表
    closed(integer,state,integer)   % 和 CLOSED 表
    res(state)
    open1(state,integer)
    min(state,integer)
    mark(state)
    fail_
PREDICATES
    solve
    search(state,state)
    result
```

```
        searching
        step4(integer,state)
        step56(integer,state)
        equal(state,state)
        repeat
        resulting(integer)
        rule(state,state)
GOAL
    solve.
CLAUSES
    solve：－search(<初始状态>,<目标状态>),result.
/ * 例如
    solve：－
search(st(0,1,2,3,4,5,6,7,8),st(0,2,8,3,4,5,6,7,1)),result.
    * /
    search(Begin,End)：－                    % 搜索
        retractall(_,mydatabase),
        assert(closed(0,Begin,0)),
        assert(open(Begin,0)),                %步 1 将初始节点放入 OPEN 表
        assert(mark(End)),
        repeat,
        searching,!.
    result：－                                % 输出解
        not(fail_),
        retract(closed(0,_,0)),
        closed(M,_,_),
        resulting(M),!.
    result：－ beep,write("sorry don't find a road!").
    searching：－
        open(State,Pointer),                  %步 2 若 OPEN 表空，则失败，退出
        retract(open(State,Pointer)),         %步 3 取出 OPEN 表中第一个节点，给其
        closed(No,  _,  _),No2＝No+1,         % 编号
        asserta(closed(No2,State,Pointer)),   %放入 CLOSED 表
        !,step4(No2,State).
    searching：－assert(fail_).
                                              %步 4 若当前节点为目标节点，则成功
    step4(_,State)：－mark(End),equal(State,End).   %转步 2
    step4(No,State)：－step56(No,State),!,fail.
    step56(No ,StateX)：－                     %步 5 若当前节点不可扩展，转步 2
            rule(StateX,StateY),              %步 6 扩展当前节点 X 得 Y
            not(open(StateY,_)),              %考察 Y 是否已在 OPEN 表中
            not(closed(_,StateY,_)),          %考察 Y 是否已在 CLOSED 表中
            assertz(open(StateY,No)),         %可改变搜索策略
            fail.
    step56(_,_)：－!.
```

equal(X,X).

repeat.

repeat：－repeat.

resulting(N)：－closed(N,X,M),asserta(res(X)),resulting(M).

resulting(_)：－res(X),write(X),nl,fail.

resulting(_)：－!.

rule(X,Y)：－＜问题中的状态转换规则＞. ％ 例如：rule(X,Y)：－road(X,Y).

例 3.12 迷宫问题程序。下面仅给出初始状态、目标状态和状态转换规则集，程序用例 3.11 的通用程序。

DOMAINS

　　State＝symbol

CLAUSES

solve：－　　search(a,e), result.

／＊把该问题的状态转换规则挂接在通用程序的规则上＊／

　　rule(X,Y)：－road(X,Y).

／＊ 下面是该问题的状态转换规则(其实也就是迷宫图)集，需并入通用程序后 ＊／

　　road(a,b). road(a,c). road(b,f). road(f,g). road(f,ff). road(g,h).

　　road(g,i). road(b,d). road(c,d). road(d,e). road(e,b).

例 3.13 八数码问题程序。我们把前面给出的该问题的状态图表示，用 PROLOG 语言翻译如下，搜索程序用例 3.11 的通用程序。

DOMAINS

　　state＝st(integer,integer,integer,integer,integer,integer,integer,integer,integer)

CLAUSES

solve：－search(st(0,1,2,3,4,5,6,7,8),st(0,2,8,3,4,5,6,7,1)), result.

　　rule(X,Y)：－rule1(X,Y). ／＊把该问题的状态转换规则挂接在通用程序的规则上＊／

／＊ 下面是该问题的状态转换规则(即走步规则)集，需并入通用程序后 ＊／

　　rule1(st(X0,X1,X2,X3,X4,X5,X6,X7,X8),st(X2,X1,X0,X3,X4,X5,X6,X7,X8))：－X0＝0.

　　rule1(st(X0,X1,X2,X3,X4,X5,X6,X7,X8),st(X4,X1,X2,X3,X0,X5,X6,X7,X8))：－X0＝0.

　　rule1(st(X0,X1,X2,X3,X4,X5,X6,X7,X8),st(X6,X1,X2,X3,X4,X5,X0,X7,X8))：－X0＝0.

　　rule1(st(X0,X1,X2,X3,X4,X5,X6,X7,X8),st(X8,X1,X2,X3,X4,X5,X6,X7,X0))：－X0＝0.

　　rule1(st(X0,X1,X2,X3,X4,X5,X6,X7,X8),st(X0,X2,X1,X3,X4,X5,X6,X7,X8))：－X1＝0.

　　rule1(st(X0,X1,X2,X3,X4,X5,X6,X7,X8),st(X0,X2,X8,X3,X4,X5,X6,X7,X1))：－X1＝0.

　　rule1(st(X0,X1,X2,X3,X4,X5,X6,X7,X8),st(X0,X2,X1,X3,X4,X5,X6,X7,X8))：－X2＝0.

　　rule1(st(X0,X1,X2,X3,X4,X5,X6,X7,X8),st(X0,X1,X3,X2,X4,X5,X6,X7,X8))：－X2＝0.

　　rule1(st(X0,X1,X2,X3,X4,X5,X6,X7,X8),st(X2,X1,X0,X3,X4,X5,X6,X7,X8))：－X2＝0.

　　rule1(st(X0,X1,X2,X3,X4,X5,X6,X7,X8),st(X0,X1,X3,X2,X4,X5,X6,X7,X8))：－X3＝0.

　　rule1(st(X0,X1,X2,X3,X4,X5,X6,X7,X8),st(X0,X1,X2,X4,X3,X5,X6,X7,X8))：－X3＝0.

　　rule1(st(X0,X1,X2,X3,X4,X5,X6,X7,X8),st(X0,X1,X2,X4,X3,X5,X6,X7,X8))：－X4＝0.

　　rule1(st(X0,X1,X2,X3,X4,X5,X6,X7,X8),st(X4,X1,X2,X3,X0,X5,X6,X7,X8))：－X4＝0.

　　rule1(st(X0,X1,X2,X3,X4,X5,X6,X7,X8),st(X0,X1,X2,X3,X5,X4,X6,X7,X8))：－X4＝0.

　　rule1(st(X0,X1,X2,X3,X4,X5,X6,X7,X8),st(X0,X1,X2,X3,X5,X4,X6,X7,X8))：－X5＝0.

　　rule1(st(X0,X1,X2,X3,X4,X5,X6,X7,X8),st(X0,X1,X2,X3,X4,X6,X5,X7,X8))：－X5＝0.

rule1(st(X0,X1,X2,X3,X4,X5,X6,X7,X8),st(X6,X1,X2,X3,X4,X5,X0,X7,X8)):—X6=0.

rule1(st(X0,X1,X2,X3,X4,X5,X6,X7,X8),st(X0,X1,X2,X3,X4,X6,X5,X7,X8)):—X6=0.

rule1(st(X0,X1,X2,X3,X4,X5,X6,X7,X8),st(X0,X1,X2,X3,X4,X5,X7,X6,X8)):—X6=0.

rule1(st(X0,X1,X2,X3,X4,X5,X6,X7,X8),st(X0,X1,X2,X3,X4,X5,X7,X6,X8)):—X7=0.

rule1(st(X0,X1,X2,X3,X4,X5,X6,X7,X8),st(X0,X1,X2,X3,X4,X5,X6,X8,X7)):—X7=0.

rule1(st(X0,X1,X2,X3,X4,X5,X6,X7,X8),st(X0,X8,X2,X3,X4,X5,X6,X7,X1)):—X8=0.

rule1(st(X0,X1,X2,X3,X4,X5,X6,X7,X8),st(X8,X1,X2,X3,X4,X5,X6,X7,X0)):—X8=0.

rule1(st(X0,X1,X2,X3,X4,X5,X6,X7,X8),st(X0,X1,X2,X3,X4,X5,X6,X8,X7)):—X8=0.

例 3.14　旅行商问题程序。

```
/* 旅行商问题 */
DOMAINS
    State=st(lists,integer)
    lists=symbol *
    Gx,Grule,Fx=integer
      city1,city2=symbol
    distance=integer
    StartingCity=symbol
    CitySum=integer
DATABASE—mydatabase
    open(State,integer,Gx,Fx)
    closed(integer,State,integer,Gx)
    open1(State,integer,integer,integer)
    min(State,integer,integer,integer)
    mark(string,integer)
    minD(integer)
    fail_
PREDICATES
    road(city1,city2,distance)
    search(StartingCity,CitySum)
    searching
    step4(integer,State,Gx)
    step56(integer,State,Gx)
    calculator(integer,integer,integer,integer,integer)
    repeat
    sort
    p1
    p12(State,integer,integer,integer)
    p2
    rule(State,State,Grule)
    member(symbol,lists)
    append(lists,lists,lists)
    mindist(integer)
```

```
      mindist1
      pa(integer)
      result
GOAL
      clearwindow,
      write("Please inout starting city name："),
      readln(Start),
      write("Please input the sum of citys in the map："),
      readint(Sum),
      search(Start,Sum),
      result.
CLAUSES
search(StartingCity,CitySum)：—
        retractall(_,mydatabase),assert(closed(0,st([],0),0,0)),
        assert(open(st([StartingCity],0),0,0,0)),
        assert(mark(StartingCity,CitySum)),
        repeat,
        searching,!.

searching：—
          open(State,BackPointer,Gx,_),
          retract(open(State,_,_,_)),
          closed(No,_,_,_),No2=No+1,
          asserta(closed(No2,State,BackPointer,Gx)),
          !,step4(No2,State,Gx).
searching：—assert(fail_).

result：—not(fail_),closed(_,st(L,_),_,G),write(L,G).
result：—beep,write("sorry don't find a road!").

step4(_,st(L,N),_)：—mark(_,StateSum),N=StateSum.
step4(No,State,Gx)：—step56(No,State,Gx),!,fail.
step56(No,st(L,N),Gx)：—              %Gx 为当前节点的代价
          rule(st(L,N),StateY,Grule),   %Grule 为规则的代价(即边代价)
          not(open(StateY,_,_,_)),     %StateY 为扩展得到的子节点
          not(closed(_,StateY,_,_)),
          calculator(N,Gx,Grule,Gy,Fy),
          asserta(open(StateY,No,Gy,Fy)),
          fail.
step56(_,  _,  _)：—sort,!.        % 按估价函数值对 OPEN 表以升序排序

calculator(N,Gx,Grule,Gy,Fy)：—
          Gy=Gx+Grule,              %计算子节点的代价值 g(y)
          mark(_,CitySum),
          mindist(MinD),
          Hy=(CitySum−N−1) * MinD,   %计算子节点的启发函数值 h(y)
```

　　　　　　　Fy＝Gy＋Hy,!.　　％计算子节点的估价函数值 f(y)＝g(y)＋h(y)

mindist(MinD)：—

road(_,_,D1),assert(minD(D1)),mindist1,minD(MinD),!.

mindist1：—road(_,_,D),pa(D),fail.

mindist1：—!.

pa(D)：—minD(Do),Do＞D,retract(minD(_)),assert(minD(D)),!.

pa(_)：—!.

sort：—not(open(_,_,_,_)),!.

sort：—repeat,open(X,N,G,F),assert(min(X,N,G,F)),p1,not(open(_,_,_,_)),p2.

p1：—open(X,N,G,F),p12(X,N,G,F),fail.

p1：—min(X,N,G,F),

　　assertz(open1(X,N,G,F)),retract(open(X,N,G,F)),retract(min(_,_,_,_)),!.

p12(_,_,G,Fn)：—min(_,_,_,Fo),Fo＜＝Fn,!.

p12(X,N,G,Fn)：—retract(min(_,_,_,_)),assert(min(X,N,G,Fn)),!.

p2：—open1(X,N,G,F),assertz(open(X,N,G,F)),fail.

p2：—retractall(open1(_,_,_,_)),!.

repeat.

repeat：—repeat.

member(X,[X|_]).

member(X,[_|Y])：—member(X,Y).

append([],L,L).

append([H|T],L,[H|Tn])：—append(T,L,Tn).

rule(st([H|T],IN),st(OL,ON),Grule)：—　　％状态变换规则1

　　　　　　　　　　　　　　　mark(StartingCity,StateSum),

　　　　　　　　　　　　　　　IN＝StateSum－1,

　　　　　　　　　　　　　　　road(H,StartingCity,D),

　　　　　　　　　　　　　　　append([StartingCity],[H|T],OL),

　　　　　　　　　　　　　　　ON＝IN+1,

　　　　　　　　　　　　　　　Grule＝D.

rule(st([H|T],IN),st(OL,ON),Grule)：—　　％状态变换规则2

　　　　　　　　　　　　　　　road(H,Y,D),

　　　　　　　　　　　　　　　not(member(Y,[H|T])),

　　　　　　　　　　　　　　　append([Y],[H|T],OL),

　　　　　　　　　　　　　　　ON＝IN+1,

　　　　　　　　　　　　　　　Grule＝D.

/＊　　交通图　　（如）

road(xian,beijing,1165).

road(xian,shanghai,1511).

　　…　…　…

＊/

可以看出，该程序与例 3.11 的通用程序基本相同，但这是一个基于 A* 算法的启发式图搜索程序。估价函数 $f(x)$ 为代价函数 $g(x)$ 和启发函数 $h(x)$ 之和。其中代价函数的计算公式为

节点 $(A \cdots XY)$ 的代价＝起始城市到 X 城的代价＋X 城到 Y 城的代价

其中的代价可以是距离、费用或时间等（下同）。

启发函数值的计算公式为

节点 $(A \cdots XY)$ 的启发值＝（城市总数－已访问过的城市数－1）

$\times \min \{$所有两城间的代价$\}$

这里把一个节点的启发函数值定义为该节点到目标节点至少还要花费的代价。那么，随着访问城市数的增加，启发函数值则在逐渐减少。式中减 1 的原因是每次计算时，总是对刚才扩展到的子节点计算的，而该节点还未计入已扩展数中。

由于这个代价的实际值 $(h^*(x))$ 总不会小于所有城市间最小代价（距离）的整倍数 $(h(x))$，所以，符合 A* 算法的要求。代价值和启发值在搜索过程中的处理差别是，前者要不断进行传递和累加，而后者只是在需要时临时计算，且不进行传递和累计。

该程序实际是一个旅行商问题的通用程序。对于一个具体的旅行路径规划，还需也只需把具体的"地图"用谓词 road(City1，City2，Cost)描述出来，并作为事实并入该程序。

该程序还有一个特点是，它实际是进行双重搜索：一方面在显式图（地图）上进行搜索，同时又在由此产生的隐式图（以访问过的城市序列为状态节点的状态图）上进行搜索。而该问题的解，并不是隐式图中的路径，而是路径中的最后一个节点。这个节点恰好是地图上的一条路径。

3.3　与或图搜索

3.3.1　与或图

我们仍用例子引入与或图的概念。

例 3.15　如图 3-12 所示，设有四边形 $ABCD$ 和 $A'B'C'D'$，要求证明它们全等。

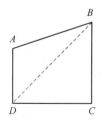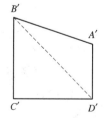

图 3-12　四边形 $ABCD$ 和 $A'B'C'D'$

分析：分别连接 B、D 和 B'、D'，则原问题可分解为两个子问题：

$\quad Q_1$：证明 $\triangle ABD \cong \triangle A'B'D'$

$\quad Q_2$：证明 $\triangle BCD \cong \triangle B'C'D'$

于是，原问题的解决可归结为这两个子问题的解决。换句话说，原问题被解决当且仅当这两个子问题都被解决。

进一步，问题 Q_1 还可再被分解为

$\quad Q_{11}$：证明 $AB=A'B'$

$\quad Q_{12}$：证明 $AD=A'D'$

$\quad Q_{13}$：证明 $\angle A=\angle A'$

或

$\quad Q_{11}'$：证明 $AB=A'B'$

$\quad Q_{12}'$：证明 $AD=A'D'$

$\quad Q_{13}'$：证明 $BD=B'D'$

问题 Q_2 还可再被分解为

$\quad Q_{21}$：证明 $BC=B'C'$

$\quad Q_{22}$：证明 $CD=C'D'$

$\quad Q_{23}$：证明 $\angle C=\angle C'$

或

$\quad Q_{21}'$：证明 $BC=B'C'$

$\quad Q_{22}'$：证明 $CD=C'D'$

$\quad Q_{23}'$：证明 $BD=B'D'$

现在考虑原问题与这两组子问题的关系，我们便得到图 3－13。图中的弧线表示所连边为"与"关系，不带弧线的边为或关系。这个图中既有与关系又有或关系，因此被称为**与或图**。但这个与或图是一种特殊的与或图，称为**与或树**。图 3－14 所示的则是一个典型的与或图。

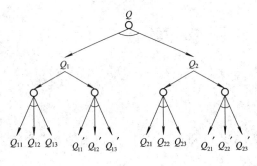

图 3－13 问题的分解与变换   图 3－14 一个典型的与或图

可以看出，从与、或关系来看，前面的状态图，实际就是或图。这就是说，与或图是状态图的推广，而状态图是与或图的特例。

由上例可以看出，与或图可以用来描述一类问题的求解过程。事实上，当我们把待解的原问题作为初始节点，把由原问题经一系列分解或变换而得到的直接可解的简单问题作为目标节点，那么，问题求解过程也就是在一个与或图中寻找一个从初始节点到目标节点的路径问题。例如上例，如果我们把 Q 作为初始节点，把子问题 Q_{11}、Q_{12}、$Q_{13}\cdots$作为目标节点，则对问题 Q 的求解就是在图 3－13 所示的与或图中寻找路径的问题。但可以看出，与或图中的路径一般不是像状态图中那样的线形路径，而是图或树形"路径"。因此，一般称这种路径为**解图**或**解树**。所以，求解与或图问题就是在与或图中搜索解图或解树的问题。

　　同状态图一样,与或图也是问题求解的一种抽象表示。事实上,许多问题的求解过程都可以用与或图搜索来描述。如梵塔问题、猴子摘香蕉问题、博弈问题、求不定积分问题、定理证明问题等等。所以,研究与或图搜索也具有普遍意义。

　　用与或图搜索来描述问题的求解过程,就是将原问题通过有关变换规则不断分解(为子问题)或变换(为等价问题),直到问题分解或变换为(即归约为)一些直接可解的子问题,或者不可解也不能再分解或变换的子问题为止。然后根据所得到的搜索树确定原问题的可解性。如果可解,则由搜索树找出解图或解树。

　　为了叙述方便,下面引入一些新概念:直接可解的简单问题称为**本原问题**,本原问题对应的节点称为**终止节点**,在与或图(树)中无子节点的节点称为**端节点**;一个节点的子节点如果是"与"关系,则该节点便称为**与节点**;一个节点的子节点如果是"或"关系,则该节点便称为**或节点**。注意,终止节点一定是端节点,但端节点不一定是终止节点。

3.3.2　与或图搜索

1. 搜索方式,解图(树)

　　同状态图(即或图)的搜索一样,与或图搜索也分为树式和"线"式两种类型。对于树式搜索来讲,其搜索过程也是不断地扩展节点,并配以返回指针,而形成一棵不断生长的搜索树。但与或图搜索解图(树),不像在或图中那样只是简单地寻找目标节点,而是边扩展节点边进行逻辑判断,以确定初始节点是否可解。一旦能够确定初始节点的可解性,则搜索停止。这时,根据返回指针便可从搜索树中得到一个解图(树)。所以,准确地说,解图(树)实际上是由可解节点形成的一个子图(树),这个子图(树)的根为初始节点,叶为终止节点,且这个子图(树)还一定是与图(树)。

2. 可解性判别

　　怎样判断一个节点的可解性呢? 下面我们给出判别准则。

　　(1) 一个节点是可解,则节点须满足下列条件之一:

　　　① 终止节点是可解节点。

　　　② 一个与节点可解,当且仅当其子节点全都可解。

　　　③ 一个或节点可解,只要其子节点至少有一个可解。

　　(2) 一个节点是不可解,则节点须满足下列条件之一:

　　　① 非终止节点的端节点是不可解节点。

　　　② 一个与节点不可解,只要其子节点至少有一个不可解。

　　　③ 一个或节点不可解,当且仅当其子节点全都不可解。

3. 搜索策略

　　与或图搜索也分为盲目搜索和启发式搜索两大类。前者又分为穷举搜索和盲目碰撞搜索。穷举搜索又分为深度优先和广度优先两种基本策略。

4. 搜索算法

　　同一般状态图搜索一样,一般与或图搜索也涉及一些复杂的处理。因篇幅所限,我们仅介绍特殊的与或图——与或树的搜索算法。与或树的树式搜索过程可概括为以下步骤:

步 1　把初始节点 Q_o 放入 OPEN 表。

步 2　移出 OPEN 表的第一个节点 N 放入 CLOSED 表，并冠以序号 n。

步 3　若节点 N 可扩展，则做下列工作：

(1) 扩展 N，将其子节点配上指向父节点的指针后放入 OPEN 表。

(2) 考察这些子节点中是否有终止节点。若有，则标记它们为可解节点，并将它们也放入 CLOSED 表，然后由它们的可解反向推断其先辈节点的可解性，并对其中的可解节点进行标记。如果初始节点也被标记为可解节点，则搜索成功，结束。

(3) 删去 OPEN 表中那些具有可解先辈的节点（因为其先辈节点已经可解，故已无再考察该节点的必要），转步 2。

步 4　若 N 不可扩展，则做下列工作：

(1) 标记 N 为不可解节点，然后由它的不可解反向推断其先辈节点的可解性，并对其中的不可解节点进行标记。如果初始节点 S_o 也被标记为不可解节点，则搜索失败，退出。

(2) 删去 OPEN 表中那些具有不可解先辈的节点（因为其先辈节点已不可解，故已无再考察这些节点的必要），转步 2。

同状态图搜索一样，搜索成功后，解树已经记录在 CLOSED 表中。这时需按指向父节点的指针找出整个解树。下面举一个广度优先搜索的例子。

例 3.16　设有与或树如图 3 - 15 所示，其中 1 号节点为初始节点，t_1、t_2、t_3、t_4 均为终止节点，A 和 B 是不可解的端节点。采用广度（优先）搜索策略，搜索过程如下：

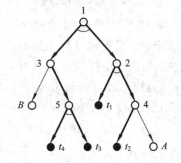

图 3 - 15　与或树及其解树

(1) 扩展 1 号节点，得 2 号和 3 号节点，依次放入 OPEN 表尾部。由于这两个节点都非终止节点，所以接着扩展 2 号节点。此时 OPEN 表中只有 3 号节点。

(2) 2 号节点扩展后，得 4 号节点和 t_1 节点。此时 OPEN 表中依次有 3 号、4 号和 t_1 节点。由于 t_1 是终止节点，故标记它为可解节点，并将它放入 CLOSED 表，再判断其先辈节点的可解性，但 t_1 的父节点 2 是一个与节点，故仅由 t_1 的可解还不能确定 2 号节点可解。所以，就继续搜索。

(3) 扩展 3 号节点，得 5 号节点和 B 节点。两者均非终止节点，所以继续扩展 4 号节点。

(4) 4 号节点扩展后得节点 A 和 t_2。t_2 是终止节点，标记为可解节点，放入 CLOSED 表。这时其先辈节点 4 和 2 也为可解节点，但 1 号节点还不能确定。这时从 OPEN 表中删去节点 A，因为其父节点 4 已经可解。

(5) 扩展 5 号节点得 t_3 和 t_4。由于 t_3 和 t_4 都为终止节点（放入 CLOSED 表），故可推得节点 5、3、1 均为可解节点。搜索成功，结束。

这时，由 CLOSED 表便得到由节点 1、2、3、4、5 和 t_1、t_2、t_3、t_4 构成的解树，如图 3 - 15 中的粗线所示。

3.3.3　启发式与或树搜索

广度优先搜索及深度优先搜索都是盲目搜索，其共同点是：

（1）搜索从初始节点开始，先自上而下地进行搜索，寻找终止节点及端节点，然后再自下而上地进行可解性标记，一旦初始节点被标记为可解节点或不可解节点，搜索就不再继续进行。

（2）搜索都是按确定路线进行的，当要选择一个节点进行扩展时，只是根据节点在与或树中所处的位置，而没有考虑要付出的代价，因而求得的解树不一定是代价最小的解树，即不一定是**最优解树**。

为了求得最优解树，就要在每次确定欲扩展的节点时，先往前多看几步，计算一下扩展这个节点可能要付出的代价，并选择代价最小的节点进行扩展。像这样根据代价决定搜索路线的方法称为与或树的**有序搜索**，它是一种重要的启发式搜索策略。

下面分别讨论与或树有序搜索的有关概念及其搜索过程。

1. 解树的代价

解树的代价就是树根的代价。树根的代价是从树叶开始自下而上逐层计算而求得的。而解树的根对应的是初始节点 Q_o。这就是说，在与或树的搜索过程中，代价的计算方向与搜索树的生长方向相反。这一点是与状态图不同的。具体来讲，有下面的计算方法：

设 $g(x)$ 表示节点 x 的代价，$c(x, y)$ 表示节点 x 到其子节点 y 的代价（即边 xy 的代价），则

（1）若 x 是终止节点，$g(x)=0$。

（2）若 x 是或节点，$g(x)= \min_{1 \leqslant i \leqslant n} \{c(x, y_i)+g(y_i)\}$。其中 $y_1, y_2, \cdots, y_n$ 是 x 的子节点。

（3）若 x 是与节点 x，则有两种计算公式。

① 和代价法：$g(x)= \sum_{i=1}^{n} \{c(x, y_i)+g(y_i)\}$。

② 最大代价法：$g(x)= \max_{1 \leqslant i \leqslant n} \{c(x, y_i)+g(y_i)\}$。其中 $y_1, y_2, \cdots, y_n$ 是 x 的子节点。

（4）对非终止的端节点 x，$g(x)=\infty$。

例 3.17　如图 3-16 所示的与或树，其中包括两棵解树，一棵解树由 Q_o，A，t_1 和 t_2 组成；另一棵解树由 Q_o，B，D，G，t_4 和 t_5 组成。在此与或树中，t_1，t_2，t_3，t_4，t_5 为终止节点；E，F 是非终止的端节点，其代价均为 ∞；边上的数字是该边的代价。

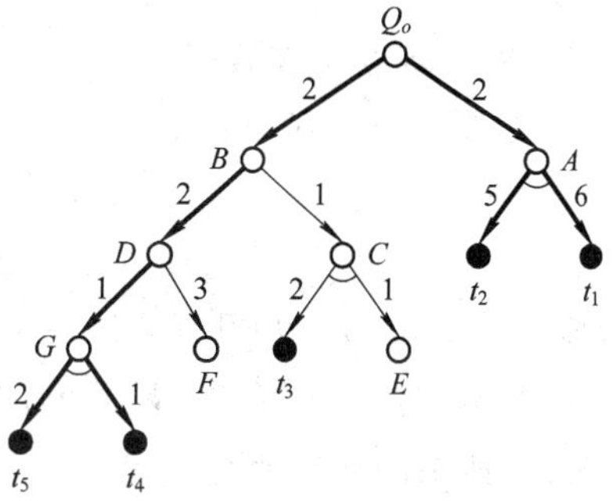

图 3-16　含代价的与或树

由右边的解树可得：

按和代价：$g(A)=11$，$g(Q_o)=13$

按最大代价：$g(A)=6$，$g(Q_o)=8$

由左边的解树可得：

按和代价：$g(G)=3$，$g(D)=4$，$g(B)=6$，$g(Q_o)=8$

按最大代价：$g(G)=2$，$g(D)=3$，$g(B)=5$，$g(Q_o)=7$

显然，若按和代价计算，左边的解树是最优解树，其代价为 8；若按最大代价计算，左边的解树仍然是最优解树，其代价是 7。但有时用不同的计算代价方法得到的最优解树不相同。

2. 希望树

无论是用和代价法还是最大代价法，当要计算任一节点 x 的代价 $g(x)$ 时，都要求已知其子节点 y_i 的代价 $g(y_i)$。但是，搜索是自上而下进行的，即先有父节点，后有子节点，除非节点 x 的全部子节点都是不可扩展节点，否则子节点的代价是不知道的。此时节点 x 的代价 $g(x)$ 如何计算呢？解决的办法是根据问题本身提供的启发性信息定义一个启发函数，由启发函数估算出子节点 y_i 的代价 $g(y_i)$，然后再按和代价或最大代价算出节点 x 的代价值 $g(x)$。有了 $g(x)$，节点 x 的父节点、祖父节点以及直到初始节点 S_0 的各先辈节点的代价 g 都可自下而上的地逐层推算出来。

当节点 y_i 被扩展后，也是先用启发函数估算出其子节点的代价，然后再算出 $g(y_i)$。此时算出的 $g(y_i)$ 可能与原先估算出的 $g(y_i)$ 不相同，这时应该用后算出的 $g(y_i)$ 取代原先估算出的 $g(y_i)$，并且按此 $g(y_i)$ 自下而上地重新计算各先辈节点的 g 值。当节点 y_i 的子节点又被扩展时，上述过程又要重复进行一遍。总之，每当有新一代的节点生成时，都要自下而上地重新计算其先辈节点的代价 g，这是一个自上而下地生成新节点，又自下而上地计算代价 g 的反复进行的过程。

有序搜索的目的是求出最优解树，即代价最小的解树。这就要求搜索过程中任一时刻求出的部分解树其代价都应是最小的。为此，每次选择欲扩展的节点时都应挑选有希望成为最优解树一部分的节点进行扩展。由于这些节点及其先辈节点（包括初始节点 S_0）所构成的与或树有可能成为最优解树的一部分，因此称它为"希望树"。

在搜索过程中，随着新节点的不断生成，节点的代价值是在不断变化的，因此希望树也在不断变化。在某一时刻，这一部分节点构成希望树，但到另一时刻，可能是另一些节点构成希望树。但不管如何变化，任一时刻的希望树都必须包含初始节点 S_0，而且希望树总是对最优解树近根部分的某种估计。

下面给出希望树的定义：

(1) 初始节点 Q_0 在希望树 T 中。

(2) 如果节点 x 在希望树 T 中，则一定有：

① 如果 x 是具有子节点 y_1，y_2，…，y_n 的"或"节点，则具有

$$\min_{1 \leqslant i \leqslant n} \{c(x,\ y_i) + g(y_i)\}$$

值的那个子节点 y_i 也应在 T 中。

② 如果 x 是"与"节点，则它的全部子节点都应在 T 中。

3. 与或树的有序搜索过程

与或树的有序搜索过程是一个不断选择、修正希望树的过程。如果问题有解，则经有序搜索将找到最优解树。

其搜索过程如下：

步 1　把初始节点 Q_0 放入 OPEN 表中。

步 2　求出希望树 T，即根据当前搜索树中节点的代价 g 求出以 Q_0 为根的希望树 T。

步 3　依次把 OPEN 表中 T 的端节点 N 选出放入 CLOSED 表中。

步4　如果节点 N 是终止节点,则做下列工作:

(1) 标示 N 为可解节点。

(2) 对 T 应用可解标记过程,把 N 的先辈节点中的可解节点都标记为可解节点。

(3) 若初始节点 Q_o 能被标记为可解节点,则 T 就是最优解树,成功退出。

(4) 否则,从 $OPEN$ 表中删去具有可解先辈的所有节点。

步5　如果节点 N 不是终止节点,且它不可扩展,则做下列工作:

(1) 标示 N 为不可解节点。

(2) 对 T 应用不可解标记过程,把 N 的先辈节点中的不可解节点都标记为不可解节点。

(3) 若初始节点 Q_o 也被标记为不可解节点,则失败退出。

(4) 否则,从 $OPEN$ 表中删去具有不可解先辈的所有节点。

步6　如果节点 N 不是终止节点,但它可扩展,则可做下列工作:

(1) 扩展节点 N,产生 N 的所有子节点。

(2) 把这些子节点都放入 $OPEN$ 表中,并为每一个子节点配置指向父节点(节点 N)的指针。

(3) 计算这些子节点的 g 值及其先辈节点的 g 值。

步7　转步2。

例 3.18　下面我们举例说明上述搜索过程。

设初始节点为 Q_o,每次扩展两层,并设 Q_o 经扩展后得到如图 3-17(a)所示的与或树,其中子节点 B,C,E,F 用启发函数估算出的 g 值分别是

$$g(B)=3, \ g(C)=3, \ g(E)=3, \ g(F)=2$$

若按和代价计算,则得到

$$g(A)=8, \ g(D)=7, \ g(Q_o)=8$$

(注:这里把边代价一律按1计算,下同。)此时,Q_o 的右子树是希望树。下面将对此希望树的节点进行扩展。

设对节点 E 扩展两层后得到如图 3-17(b)所示的与或树,节点旁的数字为用启发函数估算出的 g 值,则按和代价法计算得到

$$g(G)=7, \ g(H)=6, \ g(E)=7, \ g(D)=11$$

此时,由 Q_o 的右子树算出的 $g(Q_o)=12$。但是,由左子树算出的 $g(Q_o)=9$。显然,左子树的代价小,所以现在改取左子树作为当前的希望树。

假设对节点 B 扩展两层后得到如图 3-17(c)所示的与或树,节点旁的数字是对相应节点的估算值,节点 L 的两个子节点是终止节点,则按和代价法计算得到

$$g(L)=2, \ g(M)=6, \ g(B)=3, \ g(A)=8$$

由此可推算出 $g(Q_o)=9$。这时,左子树仍然是希望树,继续对其扩展。该扩展节点 C。

假设节点 C 扩展两层后得到如图 3-17(d)所示的与或树,节点旁的数字是对相应节点的估算值,节点 N 的两个子节点是终止节点。按和代价计算得到

$$g(N)=2, \ g(P)=7, \ g(C)=3, \ g(A)=8$$

由此可推算出 $g(Q_o)=9$。另外,由于 N 的两个子节点都是终止节点,所以 N 和 C 都是可解节点。再由前面推出的 B 是可解节点,可推出 A 和 Q_o 都是可解节点。这样就求出了代价最小的解树,即最优解树——图 3-17(d)中粗线部分所示。该最优解树是用和代价法求出来的,解树的代价为9。

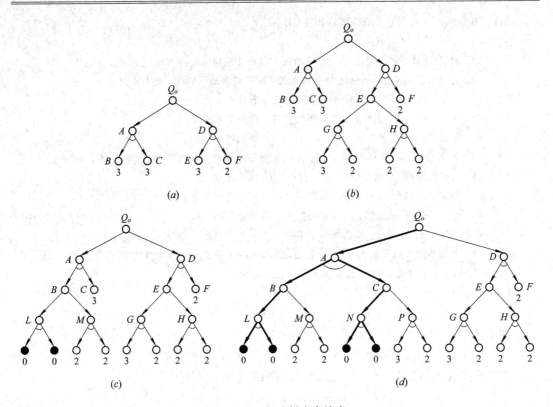

图 3 - 17　与或树有序搜索

上面我们介绍了与或树的启发式搜索算法。对于一般的与或图也有类似的启发式搜索算法。特别地，与或图搜索也有一个典型的启发式搜索算法——称为 AO* 算法。因篇幅所限，这里不再介绍，有兴趣的读者可参阅有关文献。

3. 4　与或图搜索问题求解

3. 4. 1　问题的与或图表示

与或图是描述问题求解的另一种有向图。与或图一般表示问题的变换过程（而不是状态变换）。具体讲，它是从原问题出发，通过运用某些规则不断进行问题分解（得到与分支）和变换（得到或分支），而得到一个与或图。换句话说，与或图的节点一般代表问题。那么，整个图也就表示问题空间。与或图中的父节点与其子节点之间服从逻辑上的与、或运算关系。所以，与或图表示的问题是否有解，要进行逻辑判断，与或图的搜索也受逻辑的制约。

与或图也是一个三元组

$$(Q_o, F, Q_n)$$

这里 Q_o 表示初始问题，F 表示问题变换规则集，Q_n 表示本原问题集。

例如，高等数学中的积分公式，就是一些典型的问题分解和变换规则，所以，一般的求不定积分问题就可用与或图来描述。

其实，一个 PROLOG 程序也就是一个与或图。程序中的询问（即目标）就是初始问题，规则就是问题变换规则，事实就是本原问题。

下面我们再举几个例子。

例 3.19　三阶梵塔问题。

对于梵塔问题，我们也可以这样考虑：为把 1 号杆上的 n 个盘子搬到 3 号杆，可先把上面的 $n-1$ 个盘子搬到 2 号杆上；再把剩下的一个大盘子搬到 3 号杆；然后再将 2 号杆上的 $n-1$ 个盘子搬到 3 号杆。这样，就把原来的一个问题分解为三个子问题。这三个子问题都比原问题简单，其中第二个子问题已是直接可解的问题。对于第一和第三两个子问题，可用上面 n 个盘子的方法，做同样的处理。根据这一思想，我们可把三阶梵塔问题分解为下面的三个子问题：

（1）把 A、B 盘从 1 号杆移到 2 号杆。

（2）把 C 盘从 1 号杆移到 3 号杆。

（3）把 A、B 盘从 2 号杆移到 3 号杆。

其中子问题(1)、(3)又分别可分解为三个子问题。

于是，我们可得到三阶梵塔问题的与或树表示（见图 3-18）。

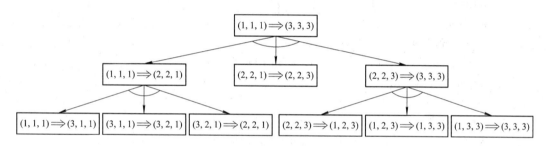

图 3-18　三阶梵塔问题的与或树

需说明的是，三元组

$$(i, j, k)$$

i 代表金盘 A 所在的杆号；j 代表金盘 B 所在的杆号，k 代表金盘 C 所在的杆号。

在图 3-18 所示的与或树中，共有七个终止节点，对应于七个本原问题，它们是通过"分解"得到的。若把这些本原问题的解按从左至右的顺序排列，就得到了原始问题的解：

$$(1, 1, 1) \Rightarrow (3, 1, 1)$$
$$(3, 1, 1) \Rightarrow (3, 2, 1)$$
$$(3, 2, 1) \Rightarrow (2, 2, 1)$$
$$(2, 2, 1) \Rightarrow (2, 2, 3)$$
$$(2, 2, 3) \Rightarrow (1, 2, 3)$$
$$(1, 2, 3) \Rightarrow (1, 3, 3)$$
$$(1, 3, 3) \Rightarrow (3, 3, 3)$$

此例说明，对于有些问题，既可用状态图表示，也可用与或图表示。事实上，任一个状态图都可以转化为一个与或图。其转化方法读者从上面的两个梵塔问题中不难看出。

3.4.2　与或图问题求解程序举例

例 3.20　基于与或图搜索的迷宫问题程序。

```
/* puzzle room problem */
```
DOMAINS

    roomlist＝room *

    room＝symbol

PREDICATES

    road(room,room)

    path(room,room,roomlist)

    go(room,room)

    member(room,roomlist)

GOAL

    go(a,e).

CLAUSES

    go(X,Y)：－path(X,Y,[X]). ％首先将入口放入表中，该表用来记录走过的路径

    path(X,X,L)：－write(L). ％当 path 中的两个点相同时，表明走到了出口。程序结束

    path(X,Y,L)：－ ％这个语句实际是问题分解规则，它将原问题分解为两个子问题

    road(X,Z), ％从当前点向前走到下一点 Z

    not(member(Z,L)),

    path(Z,Y,[Z|L]). ％再找 Z 到出口 Y 的路径

    path(X, Y, [X, X1|L1])：－path(X1, Y, L1). ％回溯

    member(X,[X|_]).

    member(X,[_|T]) if member (X,T).

```
/*    迷宫图    */
```
    road(a,b). road(a,c). road(b,f). road(f,g). road(f,ff). road(g,h).

    road(g,i). road(b,d). road(c,d). road(d,e). road(e,b).

可以看出，该程序只给出了问题分解规则，即与或树，而搜索程序是利用了 PROLOG 自身的解释程序。这正是用 PROLOG 解决此类问题的特点。该程序执行时也可回溯，且用 PROLOG 的表记录了搜索路径，所以它又是一种可回溯的线式搜索程序。

例 3.21 梵塔问题程序。

对于梵塔问题，我们这样考虑：为把 1 号杆上的 n 个盘子搬到 3 号杆，可先把上面的 $n-1$ 个盘子搬到 2 号杆上；再把剩下的一个大盘子搬到 3 号杆；然后再将 2 号杆上的 $n-1$ 个盘子搬到 3 号杆。这样，就把原来的一个问题分解为三个子问题。这三个子问题都比原问题简单，其中第二个子问题已是直接可解的问题。对于第一和第三两个子问题，可用上面 n 个盘子的方法，做同样的处理。于是，可得递归程序如下：

```
/* Hanoi tower */
```
DOMAINS

    disk_amount,pole_No＝integer

PREDICATES

    move(disk_amount,pole_No,pole_No,pole_No)

GOAL

    move(5,1,2,3).

CLAUSES

```
move(0,_,_,_): — !.
move(N,X,Y,Z): —          /* move N disks from X to Z */
    M=N—1,
    move(M,X,Z,Y),write(X,"to",Z),move(M,Y,X,Z).
```

程序中的盘子数取为 5。

3.5　博　弈　树　搜　索

诸如下棋、打牌、竞技、战争等一类竞争性智能活动称为博弈。其中最简单的一种称为"二人零和、全信息、非偶然"博弈。

所谓"二人零和、全信息、非偶然"博弈是指：

（1）对垒的 A，B 双方轮流采取行动，博弈的结果只有三种情况：A 方胜，B 方败；B 方胜，A 方败；双方战成平局。

（2）在对垒过程中，任何一方都了解当前的格局及过去的历史。

（3）任何一方在采取行动前都要根据当前的实际情况，进行得失分析，选取对自己最为有利而对对方最为不利的对策，不存在"碰运气"的偶然因素。即双方都是很理智地决定自己的行动。

3.5.1　博弈树的概念

在博弈过程中，任何一方都希望自己取得胜利。因此，当某一方当前有多个行动方案可供选择时，他总是挑选对自己最为有利而对对方最为不利的那个行动方案。此时，如果我们站在 A 方的立场上，则可供 A 方选择的若干行动方案之间是"或"关系，因为主动权操在 A 方手里，他或者选择这个行动方案，或者选择另一个行动方案，完全由 A 方自己决定。当 A 方选取任一方案走了一步后，B 方也有若干个可供选择的行动方案，此时这些行动方案对 A 方来说它们之间则是"与"关系，因为这时主动权操在 B 方手里，这些可供选择的行动方案中的任何一个都可能被 B 方选中，A 方必须应付每一种情况的发生。

这样，如果站在某一方（如 A 方，即在 A 要取胜的意义下），把上述博弈过程用图表示出来，则得到的是一棵"与或树"。描述博弈过程的与或树称为**博弈树**，它有如下特点：

（1）博弈的初始格局是初始节点。

（2）在博弈树中，"或"节点和"与"节点是逐层交替出现的。自己一方扩展的节点之间是"或"关系，对方扩展的节点之间是"与"关系。双方轮流地扩展节点。

（3）所有自己一方获胜的终局都是本原问题，相应的节点是可解节点；所有使对方获胜的终局都是不可解节点。

3.5.2　极小极大分析法

在二人博弈问题中，为了从众多可供选择的行动方案中选出一个对自己最为有利的行动方案，就需要对当前的情况以及将要发生的情况进行分析，从中选出最优的走步。最常使用的分析方法是极小极大分析法。其基本思想是：

（1）设博弈的双方中一方为 A，另一方为 B。然后为其中的一方（例如 A）寻找一个最优行动方案。

（2）为了找到当前的最优行动方案，需要对各个可能的方案所产生的后果进行比较。具体地说，就是要考虑每一方案实施后对方可能采取的所有行动，并计算可能的得分。

（3）为计算得分，需要根据问题的特性信息定义一个估价函数，用来估算当前博弈树端节点的得分。此时估算出来的得分称为**静态估值**。

（4）当端节点的估值计算出来后，再推算出父节点的得分，推算的方法是：对"或"节点，选其子节点中一个最大的得分作为父节点的得分，这是为了使自己在可供选择的方案中选一个对自己最有利的方案；对"与"节点，选其子节点中一个最小的得分作为父节点的得分，这是为了立足于最坏的情况。这样计算出的父节点的得分称为**倒推值**。

（5）如果一个行动方案能获得较大的倒推值，则它就是当前最好的行动方案。

图 3 – 19 给出了计算倒推值的示例。

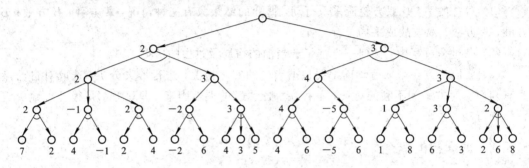

图 3 – 19　倒推值的计算

在博弈问题中，每一个格局可供选择的行动方案都有很多，因此会生成十分庞大的博弈树。据统计，西洋跳棋完整的博弈树约有 10^{40} 个节点。试图利用完整的博弈树来进行极小极大分析是困难的。可行的办法是只生成一定深度的博弈树，然后进行极小极大分析，找出当前最好的行动方案。在此之后，再在已选定的分支上扩展一定深度，再选最好的行动方案。如此进行下去，直到取得胜败的结果为止。至于每次生成博弈树的深度，当然是越大越好，但由于受到计算机存储空间的限制，只好根据实际情况而定。

例 3.22　一字棋游戏。设有如图 3 – 20(a)所示的九个空格，由 A，B 二人对弈，轮到谁走棋谁就往空格上放一只自己的棋子，谁先使自己的棋子构成"三子成一线"谁就取得了胜利。

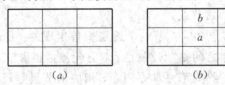

图 3 – 20　一字棋

设 A 的棋子用"a"表示，B 的棋子用"b"表示。为了不致于生成太大的博弈树，假设每次仅扩展两层。估价函数定义如下：

设棋局为 P，估价函数为 $e(P)$。

（1）若 P 是 A 必胜的棋局，则 $e(P)=+\infty$。

（2）若 P 是 B 必胜的棋局，则 $e(P)=-\infty$。

（3）若 P 是胜负未定的棋局，则

$$e(P) = e(+P) - e(-P)$$

其中 $e(+P)$ 表示棋局 P 上有可能使 a 成为三子成一线的数目；$e(-P)$ 表示棋局 P 上有可能使 b 成为三子成一线的数目。例如，对于图 3-20(b) 所示的棋局，则

$$e(P) = 6 - 4 = 2$$

另外，我们假定具有对称性的两个棋局算作一个棋局。还假定 A 先走棋，我们站在 A 的立场上。

图 3-21 给出了 A 的第一着走棋生成的博弈树。图中节点旁的数字分别表示相应节点的静态估值或倒推值。由图可以看出，对于 A 来说最好的一着棋是 S_3，因为 S_3 比 S_1 和 S_2 有较大的倒推值。

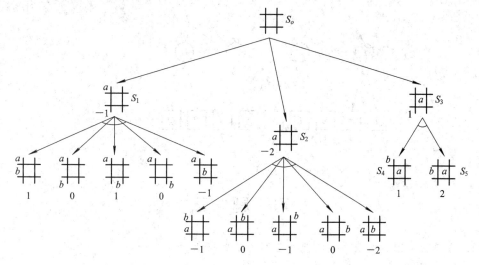

图 3-21　一字棋极小极大搜索

在 A 走 S_3 这一着棋后，B 的最优选择是 S_4，因为这一着棋的静态估值较小，对 A 不利。不管 B 选择 S_4 或 S_5，A 都要再次运用极小极大分析法产生深度为 2 的博弈树，以决定下一步应该如何走棋，其过程与上面类似，不再重复。

3.5.3　α-β 剪枝技术

上述的极小极大分析法，实际是先生成一棵博弈树，然后再计算其倒推值。这样做的缺点是效率较低。于是，人们又在极小极大分析法的基础上，提出了 α-β 剪枝技术。

这一技术的基本思想是，边生成博弈树边计算评估各节点的倒推值，并且根据评估出的倒推值范围，及时停止扩展那些已无必要再扩展的子节点，即相当于剪去了博弈树上的一些分枝，从而节约了机器开销，提高了搜索效率。具体的剪枝方法如下：

（1）对于一个与节点 MIN，若能估计出其倒推值的上确界 β，并且这个 β 值不大于 MIN 的父节点（一定是或节点）的估计倒推值的下确界 α，即 $\alpha \geqslant \beta$，则就不必再扩展该 MIN 节点的其余子节点了（因为这些节点的估值对 MIN 父节点的倒推值已无任何影响了）。这一过程称为 α 剪枝。

（2）对于一个或节点 MAX，若能估计出其倒推值的下确界 α，并且这个 α 值不小于 MAX 的父节点（一定是与节点）的估计倒推值的上确界 β，即 $\alpha \geqslant \beta$，则就不必再扩展该

MAX 节点的其余子节点了(因为这些节点的估值对 MAX 父节点的倒推值已无任何影响了)。这一过程称为 β 剪枝。

例 3.23 图 3 – 22 所示的博弈树搜索就采用了 α – β 剪枝技术。

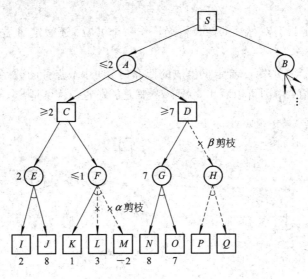

图 3 – 22 α – β 剪枝

习 题 三

1. 何为状态图和与或图? 图搜索与问题求解有什么关系?

2. 综述图搜索的方式和策略。

3. 什么是问题的解? 什么是最优解?

4. 什么是与或树? 什么是可解节点? 什么是解树?

5. 设有三只琴键开关一字排开,初始状态为"关、开、关",问连按三次后是否会出现"开、开、开"或"关、关、关"的状态? 要求每次必须按下一个开关,而且只能按一个开关。请画出状态空间图。

注:琴键开关有这样的特点,若第一次按下时它为"开",则第二次按下时它就变成了"关"。

6. 有一农夫带一只狼、一只羊和一筐菜欲从河的左岸乘船到右岸,但受下列条件限制:

(1) 船太小,农夫每次只能带一样东西过河。

(2) 如果没有农夫看管,则狼要吃羊,羊要吃菜。

请设计一个过河方案,使得农夫、狼、羊、菜都能不受损失地过河。画出相应的状态空间图。

提示:

(1) 用四元组(农夫、狼、羊、菜)表示状态,其中每个元素都可为 0 或 1,用 0 表示在左岸,用 1 表示在右岸。

(2) 把每次过河的一种安排作为一个算符,每次过河都必须有农夫,因为只有他可以划船。

7. 请阐述状态空间的一般搜索过程。OPEN 表与 CLOSED 表的作用是什么？

8. 广度优先搜索与深度优先搜索各有什么特点？

9. 图 3-23 是五大城市间的交通示意图，边上的数字是两城市间的距离。用图搜索技术编写程序，求解以下问题：

（1）任找一条西安到北京的旅行路线，并给出其距离。

（2）找一条从西安到北京，必须途经上海的路径。

（3）找一条从西安到北京，必须途经上海，但不能去昆明的路径。

10. 何谓估价函数？在估价函数中，$g(x)$ 和 $h(x)$ 各起什么作用？

11. 局部择优搜索与全局择优搜索的相同处与区别各是什么？

12. 设有如图 3-24 所示的一棵与或树，请指出解树；并分别按和代价及最大代价求解树代价；然后，指出最优解树。

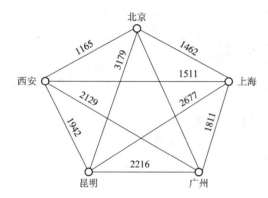

图 3-23　交通图　　　　　　　　　　　图 3-24　与或树

13. 八皇后问题。在一个 8×8 的方格棋盘上放置八个"皇后"（棋子），使得其中任何两个都不得在同一行、同一列、或同一条对角线上。试给出该问题的状态图表示，并用 PROLOG 语言编程求解之。

若在一步步摆放棋子的过程中，优先考虑棋子放在对角线短的棋格上，试画出相应的状态空间搜索树。

14. 传教士和野人问题。有三个传教士和三个野人一起来到河边准备渡河，河边有一条空船，且传教士和野人都会划船，但每次最多可供两人乘渡。河的任何一岸以及船上一旦出现野人人数超过传教士人数，野人就会把传教士吃掉。为安全地渡河，传教士应如何规划渡河方案？试给出该问题的状态图表示，并用 PROLOG 语言编程求解之。

若传教士和野人的数目均为五人，渡船至多可乘三人，请定义一个启发函数，并给出相应的搜索树。

15. 试用与或树描述下面不定积分的求解过程：

$$\int (x^2 + 5x + \sin^2 x \cos^2 x)\,\mathrm{d}x$$

第 4 章　基于遗传算法的随机优化搜索

我们知道，自然选择的原则是优胜劣汰、适者生存，有性繁殖则可以使基因不断进行混合和重组。因此，自然选择和有性繁殖实际上是生物体的优化过程。正是这种优化过程的不断进行才导致了生物的进化。

遗传算法(GA)就是人们从生物界按自然选择和有性繁殖、遗传变异的自然进化现象中得到启发，而设计出来的一种优化搜索算法。

4.1　基 本 概 念

1. 适应度与适应度函数

适应度(fitness)就是借鉴生物个体对环境的适应程度，而对所求解问题中的对象设计的一种表征优劣的测度。适应度函数(fitness function)就是问题中的全体对象与其适应度之间的一个对应关系，即对象集合到适应度集合的一个映射。它一般是定义在论域空间上的一个实数值函数。

2. 染色体及其编码

遗传算法以生物细胞中的染色体(chromosome)代表问题中的个体对象。而一个染色体可以看作是由若干基因组成的位串，所以需要将问题中的个体对象编码为某种位串的形式。这样，原个体对象也就相当于生命科学中所称的生物体的表现型(phenotype)，而其编码即"染色体"也就相当于生物体的基因型(genotype)。遗传算法中染色体一般用字符串表示，而基因也就是字符串中的一个个字符。例如，假设数字 9 是某问题中的个体对象，则我们就可以用它的二进制数串 1001 作为它的染色体编码。

3. 种群

种群(population)就是模拟生物种群而由若干个染色体组成的群体，它一般是整个论域空间的一个很小的子集。遗传算法就是通过在种群上实施所称的遗传操作，使其不断更新换代而实现对整个论域空间的搜索。

4. 遗传操作

遗传算法中有三种关于染色体的运算：选择－复制[①]、交叉和变异，这三种运算被称为

---

① 　这里的"选择－复制"在文献中一般都只称为"选择"，也有的称为"复制"，但实际上，这二者都要实施，而且紧密相连，缺一不可。事实上，选择是复制的前提，而复制是选择的目的。故本书中将二者一起列出，并合称为"选择－复制"。

遗传操作或遗传算子(genetic operator)。

选择—复制　选择—复制(selection-reproduction)操作是模拟生物界优胜劣汰的自然选择法则的一种染色体运算,就是从种群中选择适应度较高的染色体进行复制,以生成下一代种群。选择—复制的通常做法是,对于一个规模为 N 的种群 S,按每个染色体 $x_i \in S$ 的选择概率 $P(x_i)$ 所决定的选中机会,分 N 次从 S 中随机选定 N 个染色体,并进行复制。这里的选择概率 $P(x_i)$ 的计算公式为

$$P(x_i) = \frac{f(x_i)}{\sum\limits_{j=1}^{N} f(x_j)} \tag{4-1}$$

其中,f 为适应度函数,$f(x_i)$ 为 x_i 的适应度。可以看出,染色体 x_i 被选中的概率就是其适应度 $f(x_i)$ 所占种群中全体染色体适应度之和的比例。显然,按照这种选择概率定义,适应度越高的染色体被随机选定的概率就越大,被选中的次数也就越多,从而被复制的次数也就越多。相反,适应度越低的染色体被选中的次数也就越少,从而被复制的次数也就越少。如果把复制看做染色体的一次换代的话,则这就意味着适应度越高的染色体其后代也就越多,适应度越低的染色体其后代也就越少,甚至被淘汰。这正吻合了优胜劣汰的自然选择法则。

上述按概率选择的方法可用一种称为赌轮的原理来实现。即做一个单位圆,然后按各个染色体的选择概率将圆面划分为相应的扇形区域(如图 4-1 所示)。这样,每次选择时先转动轮盘,当轮盘静止时,上方的指针所正对着的扇区即为选中的扇区,从而相应的染色体即为所选定的染色体。例如,假设种群 S 中有 4 个染色体:s_1, s_2, s_3, s_4,其选择概率依次为:0.11,0.15,0.29,0.45,则它们在轮盘上所占的份额如图 4-1 中的各扇形区域所示。

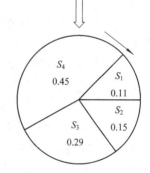

图 4-1　赌轮选择示例

在算法中赌轮选择法可用下面的子过程来模拟:

① 在 [0,1] 区间内产生一个均匀分布的伪随机数 r。

② 若 $r \leqslant q_1$,则染色体 x_1 被选中。

③ 若 $q_{k-1} < r \leqslant q_k (2 \leqslant k \leqslant N)$,则染色体 x_k 被选中。

其中的 q_i 称为染色体 $x_i (i=1, 2, \cdots, n)$ 的积累概率,其计算公式为

$$q_i = \sum_{j=1}^{i} P(x_j)$$

一个染色体 x_i 被选中的次数,也可以用下面的期望值 $e(x_i)$ 来确定。

$$e(x_i) = P(x_i) \times N$$

$$= \frac{f(x_i)}{\sum\limits_{j=1}^{N} f(x_j)} \times N = \frac{f(x_i)}{\sum\limits_{j=1}^{N} f(x_j)/N} = \frac{f(x_i)}{\bar{f}} \tag{4-2}$$

其中 $\bar{f}$ 为种群 S 中全体染色体的平均适应度。

交叉　交叉(crossover)亦称交换、交配或杂交,就是互换两个染色体某些位上的基因。例如,设染色体 $s_1 = 01001011$,$s_2 = 10010101$,交换其后 4 位基因,即

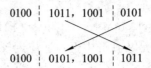

则得新串 $s_1' = 01000101$，$s_2' = 10011011$。s_1' 和 s_2' 可以看做是原染色体 s_1 和 s_2 的子代染色体。

变异　变异(mutation)亦称突变，就是改变染色体某个(些)位上的基因。例如，把染色体 $s = 11001101$ 的第三位上的 0 变为 1，则得到新染色体 $s' = 11101101$。

4.2　基本遗传算法

简单来讲，遗传算法就是对种群中的染色体反复做三种遗传操作，使其朝着适应度增高的方向不断更新换代，直至出现了适应度满足目标条件的染色体为止。遗传算法的基本框架如图 4-2 所示。

在算法的具体步骤中，还需给出若干控制参数，如种群规模、最大换代数、交叉率和变异率等等。

——种群规模就是种群的大小，用染色体的个数表示。

——最大换代数就是算法中种群更新换代的上限，它也是算法终止的一个条件。

——交叉率(crossover rate)就是参加交叉运算的染色体个数占全体染色体总数的比例，记为 P_c，取值范围一般为 0.4~0.99。由于生物繁殖时染色体的交叉是按一定的概率发生的，因此参加交叉操作的染色体也有一定的比例，而交叉率也就是交叉概率。

——变异率(mutation rate)是指发生变异的基因位数所占全体染色体的基因总位数的比例，记为 P_m，取值范围一般为 0.0001~0.1。由于在生物的繁衍进化过程中，变异也是按一定的概率发生的，而且发生概率一般很小，因此变异率也就是变异概率。

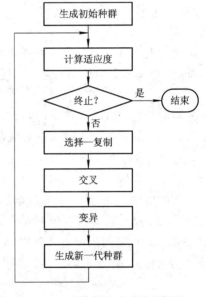

图 4-2　遗传算法基本流程框图

有了以上准备，下面我们给出遗传算法的具体描述。

基本遗传算法：

步1　在论域空间 U 上定义一个适应度函数 $f(x)$，给定种群规模 N，交叉率 P_c 和变异率 P_m，代数 T。

步2　随机产生 U 中的 N 个染色体 $s_1, s_2, \cdots, s_N$，组成初始种群 $S = \{s_1, s_2, \cdots, s_N\}$，置代数计数器 $t = 1$。

步3　计算 S 中每个染色体的适应度 $f()$。

步4　若终止条件满足，则取 S 中适应度最大的染色体作为所求结果，算法结束。

步 5　按选择概率 $P(x_i)$ 所决定的选中机会，每次从 S 中随机选定 1 个染色体并将其复制，共做 N 次，然后将复制所得的 N 个染色体组成群体 S_1。

步 6　按交叉率 P_c 所决定的参加交叉的染色体数 c，从 S_1 中随机确定 c 个染色体，配对进行交叉操作，并用产生的新染色体代替原染色体，得群体 S_2。

步 7　按变异率 P_m 所决定的变异次数 m，从 S_2 中随机确定 m 个染色体，分别进行变异操作，并用产生的新染色体代替原染色体，得群体 S_3。

步 8　将群体 S_3 作为新一代种群，即用 S_3 代替 S，$t=t+1$，转步 3。

需要说明的是，遗传算法的具体表述在各个文献中并不太一致，本书给出的这一表述，只是遗传算法的基本步骤，所以我们称其为基本遗传算法。该算法描述与所称的简单遗传算法（Simple Genetic Algorithm，SGA）基本一致。简单遗传算法是 D. J. Goldberg 总结出的一种统一的最基本的遗传算法。在简单遗传算法的基础上，现在已派生出遗传算法的许多变形，可以说已形成了一个遗传算法家族。

在应用遗传算法解决实际问题时，还需给出结构模式的表示方案、适应度的计算方法、终止条件等。表示方案通常是把问题的搜索空间的每一个可能的点，编码为一个看做染色体的字符串，字符通常采用二进制数 0、1。适应度的计算方法一般根据实际问题而定。

4.3　遗传算法应用举例

下面我们给出遗传算法的两个简单的应用实例。

例 4.1　利用遗传算法求解区间 $[0,31]$ 上的二次函数 $y=x^2$ 的最大值。

分析　可以看出，只要能在区间 $[0,31]$ 中找到函数值最大的点 a，则函数 $y=x^2$ 的最大值也就可以求得。于是，原问题转化为在区间 $[0,31]$ 中寻找能使 y 取最大值的点 a 的问题。显然，对于这个问题，任一点 $x\in[0,31]$ 都是可能解，而函数值 $f(x)=x^2$ 也就是衡量 x 能否为最佳解的一种测度。那么，用遗传算法的眼光来看，区间 $[0,31]$ 就是一个（解）空间，x 就是其中的个体对象，函数值 $f(x)$ 恰好就可以作为 x 的适应度。这样，只要能给出个体 x 的适当染色体编码，该问题就可以用遗传算法来解决。

解

（1）定义适应度函数，编码染色体。由上面的分析，函数 $f(x)=x^2$ 就可作为空间 U 上的适应度函数。显然 $y=x^2$ 是一个单调增函数，其取最大值的点 $x=31$ 是个整数。另一方面，5 位二进制数也刚好能表示区间 $[0,31]$ 中的全部整数。所以，我们就仅取 $[0,31]$ 中的整数来作为参加进化的个体，并且用 5 位二进制数作为个体 x 的基因型编码，即染色体。

（2）设定种群规模，产生初始种群。我们将种群规模设定为 4，取染色体 $s_1=01101$（13），$s_2=11000$（24），$s_3=01000$（8），$s_4=10011$（19）组成初始种群 S_1。

（3）计算各代种群中的各染色体的适应度，并进行遗传操作，直到适应度最高的染色体（该问题中显然为"11111"=31）出现为止。

计算 S_1 中各染色体的适应度、选择概率、积累概率等并列于表 4.1 中。

表 4.1 第一代种群 S_1 中各染色体的情况

染色体	适应度	选择概率	积累概率	估计被选中次数
$s_1 = 01101$	169	0.14	0.14	1
$s_2 = 11000$	576	0.49	0.63	2
$s_3 = 01000$	64	0.06	0.69	0
$s_4 = 10011$	361	0.31	1.00	1

选择—复制 设从区间 [0,1] 中产生 4 个随机数如下：

$$r_1 = 0.450126, \quad r_2 = 0.110347, \quad r_3 = 0.572496, \quad r_4 = 0.98503$$

按赌轮选择法，染色体 s_1, s_2, s_3, s_4 的被选中次数依次为：1，2，0，1。于是，经复制得群体：

$$s_1' = 11000(24), \quad s_2' = 01101(13), \quad s_3' = 11000(24), \quad s_4' = 10011(19)$$

可以看出，在第一轮选择中适应度最高的染色体 s_2 被选中两次，因而被复制两次；而适应度最低的染色体 s_3 一次也没有选中而遭淘汰。

交叉 设交叉率 $P_c = 100\%$，即 S_1 中的全体染色体都参加交叉运算。将 s_1' 与 s_2' 配对，s_3' 与 s_4' 配对。分别交换后两位基因，得新染色体：

$$s_1'' = 11001(25), \quad s_2'' = 01100(12), \quad s_3'' = 11011(27), \quad s_4'' = 10000(16)$$

变异 设变异率 $P_m = 0.001$。这样，群体 S_1 中共有 $5 \times 4 \times 0.001 = 0.02$ 位基因可以变异。0.02 位显然不足 1 位，所以本轮遗传操作不做变异。

现在，我们得到了第二代种群 S_2：

$$s_1 = 11001(25), \quad s_2 = 01100(12), \quad s_3 = 11011(27), \quad s_4 = 10000(16)$$

计算 S_2 中各染色体的适应度、选择概率、积累概率等并列于表 4.2 中。

表 4.2 第二代种群 S_2 中各染色体的情况

染色体	适应度	选择概率	积累概率	估计被选中次数
$s_1 = 11001$	625	0.36	0.36	1
$s_2 = 01100$	144	0.08	0.44	0
$s_3 = 11011$	729	0.41	0.85	2
$s_4 = 10000$	256	0.15	1.00	1

假设这一轮选择—复制操作中，种群 S_2 中的 4 个染色体都被选中（因为选择概率毕竟只是一种几率，所以 4 个染色体恰好都被选中的情况是存在的），我们得到群体：

$$s_1' = 11001(25), \quad s_2' = 01100(12), \quad s_3' = 11011(27), \quad s_4' = 10000(16)$$

然后，做交叉运算，让 s_1' 与 s_2'，s_3' 与 s_4' 配对并分别交换后三位基因，得

$$s_1'' = 11100(28), \quad s_2'' = 01001(9), \quad s_3'' = 11000(24), \quad s_4'' = 10011(19)$$

这一轮仍然不会发生变异。于是，得第三代种群 S_3：

$$s_1 = 11100(28), \quad s_2 = 01001(9), \quad s_3 = 11000(24), \quad s_4 = 10011(19)$$

计算 S_3 中各染色体的适应度、选择概率、积累概率等并列于表 4.3 中。

表 4.3　第三代种群 S_3 中各染色体的情况

染色体	适应度	选择概率	积累概率	估计被选中次数
$s_1 = 11100$	784	0.44	0.44	2
$s_2 = 01001$	81	0.04	0.48	0
$s_3 = 11000$	576	0.32	0.80	1
$s_4 = 10011$	361	0.20	1.00	1

设这一轮的选择－复制结果为

$$s_1' = 11100(28), \quad s_2' = 11100(28), \quad s_3' = 11000(24), \quad s_4' = 10011(19)$$

然后，做交叉运算，让 s_1' 与 s_4'，s_2' 与 s_3' 分别交换后两位基因，得

$$s_1'' = 11111(31), \quad s_2'' = 11100(28), \quad s_3'' = 11000(24), \quad s_4'' = 10000(16)$$

这一轮仍然不会发生变异。于是，得第四代种群 S_4：

$$s_1 = 11111(31), \quad s_2 = 11100(28), \quad s_3 = 11000(24), \quad s_4 = 10000(16)$$

显然，在这一代种群中已经出现了适应度最高的染色体 $s_1 = 11111$。于是，遗传操作终止，将染色体"11111"作为最终结果输出。

然后，将染色体"11111"解码为表现型，即得所求的最优解：31。将 31 代入函数 $y = x^2$ 中，即得原问题的解，即函数 $y = x^2$ 的最大值为 961。

例 4.2　用遗传算法求解 TSP。

分析　在前面的图搜索技术中，我们曾用状态图搜索中最佳图搜索算法 A* 求解过 TSP。在那里算法是在问题的状态空间中从初始节点(起点城市)出发一步一步试探性地朝目标节点前进，以找到一条最短路径。然而，对于这个问题，其任一可能解—— 一个合法的城市序列，即 n 个城市的一个排列都可以事先构造出来。于是，我们就可以直接在解空间(所有合法的城市序列)中搜索最佳解，这正适合用遗传算法求解。

事实上，我们可以将一个合法的城市序列 $s = (c_1, c_2, \cdots, c_n, c_{n+1})$($c_{n+1}$ 就是 c_1)作为一个个体。这个序列中相邻两城之间的距离之和的倒数就可作为相应个体 s 的适应度，而适应度函数就是

$$f(s) = \frac{1}{\sum_{i=1}^{n} d(c_i, c_{i+1})}$$

接下来的问题就是如何对个体 $s = (c_1, c_2, \cdots, c_n, c_{n+1})$ 进行编码。然而，这却不是一个直截了当的事情。因为这里的任一个体 $s' = (x_1, x_2, \cdots, x_n, x_{n+1})$ 必须是一个合法的城市序列，所以编码不当，就会在实施交叉或变异操作时出现非法城市序列即无效解。例如，对于 5 个城市的 TSP，我们用符号 A、B、C、D、E 代表相应的城市，用这 5 个符号的序列表示可能解即染色体，那么，对下面的两个染色体(合法序列表示的可能解)

$$s_1 = (A, C, B, E, D, A), \quad s_2 = (A, E, D, C, B, A)$$

实施常规的交叉或变异操作，如交换后三位，得

$$s_1' = (A, C, B, C, B, A), \quad s_2' = (A, E, D, E, D, A)$$

或者将染色体 s_1 第二位的 C 变为 E，得

$$s_1'' = (A, E, B, E, D, A)$$

显然，新产生的这三个染色体 s_1'、s_2'、s_1'' 都是非法城市序列即无效解。这就是说，我们必须设计合适的染色体和相应的遗传运算，使得这些遗传运算对染色体集合封闭。

为此，人们针对 TSP 提出了许多编码方法和相应的特殊化了的交叉、变异操作，如顺序编码或整数编码、随机键编码、部分映射交叉、顺序交叉、循环交叉、位置交叉、反转变异、移位变异、互换变异等等，从而巧妙地用遗传算法解决了 TSP。同时，也发展和完善了遗传算法，进一步扩展了它的应用。由于篇幅所限，这里不再详细介绍，有兴趣的读者请参阅有关专著。

4.4 遗传算法的特点与优势

由上所述，我们看到，遗传算法模拟自然选择和有性繁殖、遗传变异的自然原理，实现了优化搜索和问题求解。与图搜索相比，遗传算法的主要特点是：

——遗传算法一般是直接在解空间搜索，而不像图搜索那样一般是在问题空间搜索，最后才找到解（如果搜索成功的话）。

——遗传算法的搜索随机地始于搜索空间的一个点集，而不像图搜索那样固定地始于搜索空间的初始节点或终止节点，所以遗传算法是一种随机搜索算法。

——遗传算法总是在寻找优解（最优解或次优解），而不像图搜索那样并非总是要求优解，而一般是设法尽快找到解（当然包括优解），所以遗传算法又是一种优化搜索算法。

——遗传算法的搜索过程是从空间的一个点集（种群）到另一个点集（种群）的搜索，而不像图搜索那样一般是从空间的一个点到另一个点地搜索。因而它实际是一种并行搜索，适合大规模并行计算，而且这种种群到种群的搜索有能力跳出局部最优解。

——遗传算法的适应性强，除需知适应度函数外，几乎不需要其他的先验知识。

——遗传算法长于全局搜索，它不受搜索空间的限制性假设的约束，不要求连续性，能以很大的概率从离散的、多极值的、含有噪声的高维问题中找到全局最优解。

正是由于有这些优点，遗传算法在人工智能的众多领域便得到了广泛应用。例如机器学习、聚类、控制（如煤气管道控制）、规划（如生产任务规划）、设计（如通信网络设计、布局设计）、调度（如作业车间调度、机器调度、运输问题）、配置（机器配置、分配问题）、组合优化（如 TSP、背包问题）、函数的最大值以及图像处理和信号处理等等。

另一方面，人们又将遗传算法与其他智能算法和技术相结合，使其问题求解能力得到进一步扩展和提高。例如，将遗传算法与模糊技术、神经网络相结合，已取得了不少成果。

上面我们介绍了遗传算法的基本原理，对遗传算法的进一步研究将涉及到模式定理和隐性、并行性等内容，由于篇幅所限，这里不再介绍。

习　题　四

1. 遗传算法是一种什么样的算法？它适合于解决哪一类问题？
2. 举例说明遗传算法中的三种遗传操作。
3. 试编写程序，用遗传算法解决一个实际问题。

第3篇 知识与推理

知识表示与相应的机器推理是人工智能的重要研究内容之一。知识表示与知识本身的性质、类型有关，它涉及到知识的逻辑结构研究与设计。

1. 知识及其表示

"知识"是我们熟悉的名词。但究竟什么是知识呢？我们认为，知识就是人们对客观事物（包括自然的和人造的）及其规律的认识，知识还包括人们利用客观规律解决实际问题的方法和策略等。

就形式而言，知识可分为显式的和隐式的。显式知识是指可用语言、文字、符号、形象、声音及其他人能直接识别和处理的形式，明确地在其载体上表示出来的知识。例如，我们学习的书本知识就是显式表示的知识。隐式知识则是不能用上述形式表达的知识，即那些"只可意会，不可言传或难以言传"的知识。如游泳、驾车、表演的有些知识就属这种知识。隐式知识只可用神经网络存储和表示。

就严密性和可靠性而言，知识又可分为理论知识和经验知识（即实践知识）。理论知识一般是严密而可靠的，经验知识一般是不严密或不可靠的。例如命题"平面上一个三角形的内角和为180度"就是一条理论知识，而命题"在雪地上行走容易跌跤"就是一条经验知识。

就确定性而言，知识又可分为确定性知识和不确定性知识。

就确切性而言，知识又可分为确切描述的知识和非确切描述的知识。

知识表示是指面向计算机的知识描述或表达形式和方法。具体来讲，就是要用某种约定的（外部）形式结构来描述知识，而且这种形式结构还要能够转换为机器的内部形式，使得计算机能方便地存储、处理和运用。

知识表示是建立专家系统及各种知识系统的重要环节，也是知识工程的一个重要方面。经过多年的探索，现在人们已经提出了不少的知识表示方法，诸如：一阶谓词逻辑、产生式规则、框架、语义网络、类和对象、模糊集合、因果网络（贝叶斯网络）以及脚本、过程等。这些表示法都是显式地表示知识，亦称为知识的局部表示。另一方面，利用神经网络也可表示知识，这种表示是隐式地表示知识，亦称为知识的分布表示。

在有些文献中，把知识表示还分为陈述表示和过程表示。陈述表示是把事物的属性、状态和关系逻辑地描述出来；而过程表示则是把事物的行为和操作、解决问题的方法和步骤具体地显式地刻划出来。一般称陈述表示为知识的静态表示，称过程表示为知识的动态表示。

上面谈的知识表示，仅是指知识的逻辑结构或形式。那么，要把这些外部的逻辑形式转化为机器的内部形式，还需要程序语言的支持。原则上讲，一般的通用程序设计语言都可实现上述的大部分表示方法。但使用专用的面向某一知识表示的语言更为方便和有效。因此，几乎每一种知识表示方法都有其相应的专用实现语言。例如，支持谓词逻辑的语言有 PROLOG 和 LISP，专门支持产生式的语言有 OPS5，专门支持框架的语言有 FRL，支持面向对象表示的语言有 Small-talk、C＋＋和 Java 等，支持神经网络表示的语言有 AXON。另外，还有一些专家系统工具或知识工程工具，也支持某一种或几种知识表示方法。

2. 机器推理

机器推理与知识表示密切相关。事实上，对于不同的知识表示有不同的推理方式。例如，基于谓词逻辑的推理主要是演绎方式的推理，而基于框架、语义网络和对象知识表示的推理是一种称为继承的推理。

在形式逻辑中推理分为演绎推理、归纳推理和类比推理等基本类型。演绎推理是目前实现得较好的一种机器推理，特别是其中的三段论和假言推理。除了基于经典的二值逻辑的推理外，机器推理还涉及基于各种非经典（或非标准）逻辑的推理。如模态逻辑、时态逻辑、动态逻辑、模糊逻辑、多值逻辑、多类逻辑和非单调逻辑等等。这些逻辑为机器推理提供了理论基础，同时也开辟了新的推理技术和方法。如基于非单调逻辑的非单调推理、基于模糊逻辑的模糊推理。随着推理的需要，还会出现一些新的逻辑；同时，这些新逻辑也会提供一些新的推理方法。事实上，推理与逻辑是相辅相成的。一方面，推理为逻辑提出课题；一方面逻辑为推理奠定基础。

除了传统的符号推理外，现在还发展了许多别的推理技术，如不确定性推理、约束推理、定性推理、范例推理、并行推理等等。

第 5 章 基于谓词逻辑的机器推理

基于谓词逻辑的机器推理也称自动推理。它是人工智能早期的主要研究内容之一。一阶谓词逻辑是一种表达力很强的形式语言,而且这种语言很适合当前的数字计算机。因而就成为知识表示的首选。基于这种语言,不仅可以实现类似于人推理的自然演绎法自动推理,而且也可实现不同于人的归结(或称消解)法自动推理。本章主要介绍基于谓词逻辑归结演绎推理。

5.1 一阶谓词逻辑

5.1.1 谓词、函数、量词

设 $a_1, a_2, \cdots, a_n$ 表示个体对象,A 表示它们的属性、状态或关系,则表达式

$$A(a_1, a_2, \cdots, a_n)$$

在谓词逻辑中就表示一个(原子)命题。例如,

(1) 素数(2),就表示命题"2 是个素数"。

(2) 好朋友(张三,李四),就表示命题"张三和李四是好朋友"。

一般地,表达式

$$P(x_1, x_2, \cdots, x_n)$$

在谓词逻辑中称为 n 元谓词。其中 P 是谓词符号,也称谓词,代表一个确定的特征或关系(名)。$x_1, x_2, \cdots, x_n$ 称为谓词的参量或者项,一般表示个体。

个体变元的变化范围称为个体域(或论述域),包揽一切事物的集合称为全总个体域。

为了表达个体之间的对应关系,我们引入通常数学中函数的概念和记法。例如我们用 $father(x)$ 表示 x 的父亲,用 $sum(x, y)$ 表示数 x 和 y 之和,一般地,我们用如下形式:

$$f(x_1, x_2, \cdots, x_n)$$

表示个体变元 $x_1, x_2, \cdots, x_n$ 所对应的个体 y,并称之为 n 元个体函数,简称函数(或函词、函词命名式)。其中 f 是函数符号,有了函数的概念和记法,谓词的表达能力就更强了。例如,我们用 $Doctor(father(Li))$ 表示"小李的父亲是医生",用 $E(sq(x), y)$ 表示"x 的平方等于 y"。

以后我们约定用大写英文字母作为谓词符号,用小写字母 f, g, h 等表示函数符号,用小写字母 x, y, z 等作为个体变元符号,用小写字母 a, b, c 等作为个体常元符号。

我们把"所有"、"一切"、"任一"、"全体"、"凡是"等词统称为**全称量词**，记为 $\forall x$；把"存在"、"有些"、"至少有一个"、"有的"等词统称为**存在量词**，记为 $\exists x$。

引入量词后，谓词的表达能力就大大扩充了，例如命题"凡是人都有名字"，就可以表示为

$$\forall x(M(x) \to N(x))$$

其中 $M(x)$ 表示"x 是人"，$N(x)$ 表示"x 有名字"，该式可读作"对于任意的 x，如果 x 是人，则 x 有名字"。这里的个体域取为全总个体域。如果把个体域取为人类集合，则该命题就可以表示为

$$\forall x N(x)$$

同理，我们可以把命题"存在不是偶数的整数"表示为

$$\exists x(G(x) \wedge \to E(x))$$

其中 $G(x)$ 表示"x 是整数"，$E(x)$ 表示"x 是偶数"。此式可读作"存在 x，x 是整数并且 x 不是偶数"。

不同的个体变元，可能有不同的个体域。为了方便和统一起见，我们用谓词表示命题时，一般总取全总个体域，然后再采取使用限定谓词的办法来指出每个个体变元的个体域。具体来讲，有下面两条：

(1) 对全称量词，把限定谓词作为蕴含式之前件加入，即 $\forall x(P(x) \to \cdots)$。

(2) 对存在量词，把限定量词作为一个合取项加入，即 $\exists x(P(x) \wedge \cdots)$。

这里的 $P(x)$ 就是限定谓词。我们再举几个例子。

例 5.1 不存在最大的整数，我们可以把它翻译为

$$\to \exists x(G(x) \wedge \forall y(G(y) \to D(x, y)))$$

或

$$\forall x(G(x) \to \exists y(G(y) \wedge D(y, x)))$$

例 5.2 对于所有的自然数，均有 $x + y > x$

$$\forall x \forall y(N(x) \wedge N(y) \to S(x, y, x))$$

例 5.3 某些人对某些食物过敏

$$\exists x \exists y(M(x) \wedge F(y) \wedge G(x, y))$$

5.1.2 谓词公式

由上节可以看出，用谓词、量词及真值联结词可以表达相当复杂的命题。抽象地来看，我们把命题的这种符号表达式称为谓词公式，下面我们给出谓词公式的定义。

定义 1

(1) 个体常元和个体变元都是项。

(2) 设 f 是 n 元函数符号，若 $t_1, t_2, \cdots, t_n$ 是项，则 $f(t_1, t_2, \cdots, t_n)$ 是项。

(3) 只有有限次使用(1)，(2)得到的符号串才是项。

定义 2 设 P 为 n 元谓词符号，$t_1, t_2, \cdots, t_n$ 为项，则 $P(t_1, t_2, \cdots, t_n)$ 称为原子谓词公式，简称原子公式或者原子。

从原子谓词公式出发，通过命题联结词和量词，可以组成复合谓词公式。下面我们给出谓词公式的严格定义，即谓词公式的生成规则。

定义 3

(1) 原子公式是谓词公式。

(2) 若 A, B 是谓词公式，则 A, $A \wedge B$, $A \vee B$, $A \rightarrow B$, $A \leftrightarrow B$, $\forall x A$, $\exists x A$ 也是谓词公式。

(3) 只有有限步应用(1)，(2)生成的公式才是谓词公式。

由项的定义，当 t_1, t_2, $\cdots$, t_n 全为个体常元时，所得的原子谓词公式就是原子命题公式(命题符号)。所以，全体命题公式也都是谓词公式。谓词公式亦称为谓词逻辑中的**合适(式)公式**，记为 Wff。

紧接于量词之后被量词作用(即说明)的谓词公式称为该量词的**辖域**。例如：

(1) $\forall x P(x)$。

(2) $\forall x (H(x) \rightarrow G(x, y))$。

(3) $\exists x A(x) \wedge B(x)$。

其中(1)中的 $P(x)$ 为 $\forall x$ 的辖域，(2)中的 $H(x) \rightarrow G(x, y)$ 为 $\forall x$ 的辖域，(3)中的 $A(x)$ 为 $\exists x$ 的辖域，但 $B(x)$ 并非 $\exists x$ 的辖域。

量词后的变元如 $\forall x$, $\exists y$ 中的 x, y 称为量词的指导变元(或作用变元)，而在一个量词的辖域中与该量词的指导变元相同的变元称为**约束变元**，其他变元(如果有的话)称为**自由变元**，例如(2)中的 x 为约束变元，而 y 为自由变元，(3)中 $A(x)$ 中的 x 为约束变元，但 $B(x)$ 中的 x 为自由变元。例如(3)，一个变元在一个公式中既可约束出现，又可自由出现，但为了避免混淆，通常通过改名规则，使得一个公式中一个变元仅以一种形式出现。

约束变元的改名规则如下：

(1) 对需改名的变元，应同时更改该变元在量词及其辖域中的所有出现。

(2) 新变元符号必须是量词辖域内原先没有的，最好是公式中也未出现过的。

例如公式 $\forall x P(x) \wedge Q(x)$ 可改为 $\forall y P(y) \wedge Q(x)$，但两者的意义相同。

在谓词前加上量词，称作谓词中相应的个体变元被量化，例如 $\forall x A(x)$ 中的 x 被量化，$\exists y B(y)$ 中 y 被量化。如果一个谓词中的所有个体变元都被量化，则这个谓词就变为一个命题。例如，设 $P(x)$ 表示"x 是素数"，则 $\forall x P(x)$，$\exists x P(x)$ 就都是命题。这样我们就有两种从谓词(即命题函数)得到命题的方法：一种是给谓词中的个体变元代入个体常元，另一种就是把谓词中的个体变元全部量化。

需要说明的是，仅个体变元被量化的谓词称为**一阶谓词**。如果不仅个体变元被量化，而且函数符号和谓词符号也被量化，则那样的谓词称为**二阶谓词**。例如，$\forall p \forall x P(x)$ 就是一个二阶谓词。本书只涉及一阶谓词，所以，以后提及的谓词都是指一阶谓词。

把上面关于量化的概念也可以推广到谓词公式。于是，我们便可以说，如果一个公式中的所有个体变元都被量化，或者所有变元都是约束变元(或无自由变元)，则这个公式就是一个命题。特别地，我们称 $\forall x A(x)$ 为**全称命题**，$\exists x A(x)$ 为**特称命题**。对于这两种命题，当个体域为有限集时(设有 n 个元素)，有下面的等价式：

$$\forall x A(x) \Leftrightarrow A(a_1) \wedge A(a_2) \wedge \cdots \wedge A(a_n)$$
$$\exists x A(x) \Leftrightarrow A(a_1) \vee A(a_2) \vee \cdots \vee A(a_n)$$

这两个式子也可以推广到个体域为可数无限集。

定义 4 设 A 为如下形式的谓词公式：

$$B_1 \wedge B_2 \wedge \cdots \wedge B_n$$

其中 $B_i (i=1, 2, \cdots, n)$ 形如 $L_1 \vee L_2 \vee \cdots \vee L_m$，$L_j (j=1, 2, \cdots, m)$ 为原子公式或其否定，则 A 称为合取范式。

例如：

$$(P(x) \vee Q(y)) \wedge (\neg P(x) \vee Q(y) \vee R(x, y)) \wedge (\neg Q(y) \vee \neg R(x, y))$$

就是一个合取范式。

应用的逻辑等价式，任一谓词公式都可以化为与之等价的合取范式，这个合取范式就称为原公式的合取范式。但应指出，一个谓词公式的合取范式一般不唯一。

定义 5 设 A 为如下形式的命题公式：

$$B_1 \vee B_2 \vee \cdots \vee B_n$$

其中 $B_i (i=1, 2, \cdots, n)$ 形如 $L_1 \wedge L_2 \wedge \cdots \wedge L_m$，$L_j (j=1, 2, \cdots, m)$ 为原子公式或其否定，则 A 称为析取范式。

例如：

$$(P(x) \wedge \neg Q(y) \wedge R(x, y)) \vee (\neg P(x) \wedge Q(y)) \vee (\neg P(x) \wedge R(x, y))$$

就是一个析取范式。

应用逻辑等价式，任一谓词公式都可以化为与之等价的析取范式，这个析取范式就称为原公式的析取范式。同样，一个谓词公式的析取范式一般也不唯一。

定义 6 设 P 为谓词公式，D 为其个体域，对于 D 中的任一解释 I：

(1) 若 P 恒为真，则称 P 在 D 上永真（或有效）或是 D 上的永真式。

(2) 若 P 恒为假，则称 P 在 D 上永假（或不可满足）或是 D 上的永假式。

(3) 若至少有一个解释，可使 P 为真，则称 P 在 D 上可满足或是 D 上的可满足式。

定义 7 设 P 为谓词公式，对于任何个体域：

(1) 若 P 都永真，则称 P 为永真式。

(2) 若 P 都永假，则称 P 为永假式。

(3) 若 P 都可满足，则称 P 为可满足式。

由于谓词公式的真值与个体域及解释有关，考虑到个体域的数目和个体域中元素数目无限的情形，所以要通过一个机械地执行的方法（即算法），判断一个谓词公式的永真性一般是不可能的，所以一般称一阶谓词逻辑是不可判定的（但它是半可判定的）。

5.1.3 谓词逻辑中的形式演绎推理

由上节所述，我们看到，利用谓词公式可以将自然语言中的陈述语句表示为一种形式化的符号表达式。那么，利用谓词公式，我们同样可以将形式逻辑中抽象出来的推理规则形式化为一些符号变换公式。表 5.1 和表 5.2 就是形式逻辑中常用的一些逻辑等价式和逻辑蕴含式，即推理规则的符号表示形式。

表 5.1　常用逻辑等价式

E_1	$\neg\neg A\Leftrightarrow A$	双重否定律
E_2	$A\wedge A\Leftrightarrow A$	等幂律
E_3	$A\vee A\Leftrightarrow A$	
E_4	$A\wedge B\Leftrightarrow B\wedge A$	交换律
E_5	$A\vee B\Leftrightarrow B\vee A$	
E_6	$(A\wedge B)\wedge C\Leftrightarrow A\wedge(B\wedge C)$	结合律
E_7	$(A\vee B)\vee C\Leftrightarrow A\vee(B\vee C)$	
E_8	$A\wedge(B\vee C)\Leftrightarrow(A\wedge B)\vee(A\wedge C)$	分配律
E_9	$A\vee(B\wedge C)\Leftrightarrow(A\vee B)\wedge(A\vee C)$	
E_{10}	$A\wedge(A\vee B)\Leftrightarrow A$	吸收律
E_{11}	$A\vee(A\wedge B)\Leftrightarrow A$	
E_{12}	$\neg(A\wedge B)\Leftrightarrow\neg A\vee\neg B$	摩根定律
E_{13}	$\neg(A\vee B)\Leftrightarrow\neg A\wedge\neg B$	
E_{14}	$A\rightarrow B\Leftrightarrow\neg A\vee B$	蕴含表达式
E_{15}	$A\leftrightarrow B\Leftrightarrow(A\rightarrow B)\wedge(B\rightarrow A)$	等价表达式
E_{16}	$A\wedge T\Leftrightarrow A$	
E_{17}	$A\wedge F\Leftrightarrow F$	
E_{18}	$A\vee T\Leftrightarrow T$	
E_{19}	$A\vee F\Leftrightarrow A$	
E_{20}	$A\wedge\neg A\Leftrightarrow F$	矛盾律
E_{21}	$A\vee\neg A\Leftrightarrow T$	排中律
E_{22}	$A\rightarrow(B\rightarrow C)\Leftrightarrow A\wedge B\rightarrow C$	输出律
E_{23}	$(A\rightarrow B)\wedge(A\rightarrow\neg B)\Leftrightarrow\neg A$	归谬律
E_{24}	$A\rightarrow B\Leftrightarrow\neg B\rightarrow\neg A$	逆反律
E_{25}	$\forall xA\Leftrightarrow A$	A 中不含约束变元 x
E_{26}	$\exists xA\Leftrightarrow A$	A 中不含约束变元 x
E_{27}	$\forall x(A(x)\wedge B(x))\Leftrightarrow\forall xA(x)\wedge\forall xB(x)$	量词分配律
E_{28}	$\exists x(A(x)\vee B(x))\Leftrightarrow\exists xA(x)\vee\exists xB(x)$	
E_{29}	$\neg\forall xA(x)\Leftrightarrow\exists x\neg A(x)$	量词转换律
E_{30}	$\neg\exists xA(x)\Leftrightarrow\forall x\neg A(x)$	
E_{31}	$\forall xA(x)\wedge P\Leftrightarrow\forall x(A(x)\wedge P)$	量词辖域扩张及收缩律
E_{32}	$\forall xA(x)\vee P\Leftrightarrow\forall x(A(x)\vee P)$	

续表

E_{33}	$\exists x A(x) \wedge P \Leftrightarrow \exists x(A(x) \wedge P)$	
E_{34}	$\exists x A(x) \vee P \Leftrightarrow \exists x(A(x) \vee P)$	（P 为不含约束变元 x 的谓词公式）
E_{35}	$\forall x \forall y P(x, y) \Leftrightarrow \forall y \forall x P(x, y)$	
E_{36}	$\exists x \exists y P(x, y) \Leftrightarrow \exists y \exists x P(x, y)$	
E_{37}	$\forall x A(x) \rightarrow P \Leftrightarrow \exists x(A(x) \rightarrow P)$	
E_{38}	$\exists x A(x) \rightarrow P \Leftrightarrow \forall x(A(x) \rightarrow P)$	
E_{39}	$P \rightarrow \forall x A(x) \Leftrightarrow \forall x(P \rightarrow A(x))$	
E_{40}	$P \rightarrow \exists x A(x) \Leftrightarrow \exists x(P \rightarrow A(x))$	（P 为不含约束变元 x 的谓词公式）

表 5.2　常用逻辑蕴含式

I_1	$A \Rightarrow A \vee B$	附加律
I_2	$A \wedge B \Rightarrow A, \ A \wedge B \Rightarrow B$	简化律
I_3	$(A \rightarrow B) \wedge A \Rightarrow B$	假言推理（分离规则）
I_4	$(A \rightarrow B) \wedge \neg B \Rightarrow \neg A$	拒取式
I_5	$(A \vee B) \wedge \neg A \Rightarrow B$	析取三段论
I_6	$(A \rightarrow B) \wedge (B \rightarrow C) \Rightarrow A \rightarrow C$	假言三段论
I_7	$A \rightarrow B \Rightarrow (B \rightarrow C) \rightarrow (A \rightarrow C)$	
I_8	$(A \rightarrow B) \wedge (C \rightarrow D) \Rightarrow A \wedge C \rightarrow B \wedge D$	
I_9	$(A \longleftrightarrow B) \wedge (B \longleftrightarrow C) \Rightarrow A \longleftrightarrow C$	
I_{10}	$A, \ B \Rightarrow A \wedge B$	合取式
I_{11}	$\forall x A(x) \Rightarrow A(y)$	y 是个体域中任一确定元素
	此式称为全称指定规则（univorsal specification），简称 US	
I_{12}	$\exists x A(x) \Rightarrow A(y)$	y 是个体域中某一确定元素
	此式称为存在指定规则（existential specification），简称 ES	
I_{13}	$A(y) \Rightarrow \forall x A(x)$	y 是个体域中任一确定元素
	此式称为全称推广规则（universal generalization），简称 UG	
I_{14}	$A(y) \Rightarrow \exists x A(x)$	y 是个体域中某一确定元素
	此式称为存在推广规则（existential generalization），简称 EG	
I_{15}	$\forall x A(x) \Rightarrow \exists x A(x)$	
I_{16}	$\forall x A(x) \vee \forall x B(x) \Rightarrow \forall x(A(x) \vee B(x))$	
I_{17}	$\exists x(A(x) \wedge B(x)) \Rightarrow \exists x A(x) \wedge \exists x B(x)$	
I_{18}	$\forall x \forall y P(x, y) \Rightarrow \forall y \exists x P(x, y)$	
I_{19}	$\exists y \forall x P(x, y) \Rightarrow \forall x \exists y P(x, y)$	
I_{20}	$\forall x \exists y P(x, y) \Rightarrow \exists y \exists x P(x, y)$	

可以看出，利用一阶谓词逻辑的这种形式语言，就可以把关于自然语言的逻辑推理问题，转化为这种符号表达式的推演变换。下面就是几个例子。

例 5.4　设有前提：

(1) 凡是大学生都学过计算机；

(2) 小王是大学生。

试问：小王学过计算机吗？

解

令 $S(x)$：x 是大学生；$M(x)$：x 学过计算机；a：小王。则上面的两个命题可用谓词公式表示为

(1) $\forall x(S(x) \rightarrow M(x))$

(2) $S(a)$

下面我们进行形式推理：

(1) $\forall x(S(x) \rightarrow M(x))$　　　　　　　［前提］

(2) $S(a) \rightarrow M(a)$　　　　　　　　　　［(1)，US］

(3) $S(a)$　　　　　　　　　　　　　　　［前提］

(4) $M(a)$　　　　　　　　　　　　　　　［(2)，(3)，I_3］

得结果：$M(a)$，即"小王学过计算机"。

例 5.5　证明 $\rightarrow P(a, b)$ 是 $\forall x \forall y(P(x, y) \rightarrow W(x, y))$ 和 $\rightarrow W(a, b)$ 的逻辑结果。

证

(1) $\forall x \forall y(P(x, y) \rightarrow W(x, y))$　　　　［前提］

(2) $\forall y(P(a, y) \rightarrow W(a, y))$　　　　　［(1)，US］

(3) $P(a, b) \rightarrow W(a, b)$　　　　　　　［(2)，US］

(4) $\rightarrow W(a, b)$　　　　　　　　　　　［前提］

(5) $\rightarrow P(a, b)$　　　　　　　　　　　［(3)，(4)，I_4］

例 5.6　证明 $\forall x(P(x) \rightarrow Q(x)) \land \forall x(R(x) \rightarrow \rightarrow Q(x)) \Rightarrow \forall x(R(x) \rightarrow \rightarrow P(x))$。

证

(1) $\forall x(P(x) \rightarrow Q(x))$　　　　　　　［前提］

(2) $P(y) \rightarrow Q(y)$　　　　　　　　　　［(1)，US］

(3) $\rightarrow Q(y) \rightarrow \rightarrow P(y)$　　　　　　　［(2)，E_{24}］

(4) $\forall x(R(x) \rightarrow \rightarrow Q(x))$　　　　　　［前提］

(5) $R(y) \rightarrow \rightarrow Q(y)$　　　　　　　　　［(3)，US］

(6) $R(y) \rightarrow \rightarrow P(y)$　　　　　　　　　［(3)，(5)，I_6］

(7) $\forall x(R(x) \rightarrow \rightarrow P(x))$　　　　　　［(6)，UG］

可以看出，上述的推理过程完全是一个符号变换过程。这种推理十分类似于人们用自然语言推理的思维过程，因而称为自然演绎推理。同时我们看到，这种推理实际上已几乎与谓词公式所表示的含义完全无关，而是一种形式推理。于是，人们自然想到，将这种推理方法引入机器推理。

但是，这种推理在机器中具体实施起来却存在许多困难。例如，推理规则太多、应用规则需要很强的模式识别能力、中间结论的指数递增等等。所以，在机器推理中完全照搬

谓词逻辑中的形式演绎推理方法，会有不少困难。因此，人们就开发了一些受限的自然演绎推理技术；或者另辟蹊径，发明了所谓的归结演绎推理技术。

5.2　归结演绎推理

5.2.1　子句集

定义 1　原子谓词公式及其否定称为文字，若干个文字的一个析取式称为一个子句，由 r 个文字组成的子句叫 r – 文字子句，1 – 文字子句叫单元子句，不含任何文字的子句称为空子句，记为□或 NIL。

例如下面的析取式都是子句

$$P \vee Q \vee \neg R$$
$$P(x, y) \vee \neg Q(x)$$

定义 2　对一个谓词公式 G，通过以下步骤所得的子句集合 S，称为 G 的子句集。

（1）消去蕴含词→和等值词←→。可使用逻辑等价式：

① $A \rightarrow B \Leftrightarrow \neg A \vee B$

② $A \leftrightarrow B \Leftrightarrow (\neg A \vee B) \wedge (\neg B \vee A)$

（2）缩小否定词→的作用范围，直到其仅作用于原子公式。可使用逻辑等价式：

① $\neg(\neg A) \Leftrightarrow A$

② $\neg(A \wedge B) \Leftrightarrow \neg A \vee \neg B$

③ $\neg(A \vee B) \Leftrightarrow \neg A \wedge \neg B$

④ $\neg \forall x P(x) \Leftrightarrow \exists x \neg P(x)$

⑤ $\neg \exists x P(x) \Leftrightarrow \forall x \neg P(x)$

（3）适当改名，使量词间不含同名指导变元和约束变元。

（4）消去存在量词。

消去存在量词时，同时还要进行变元替换。变元替换分两种情况：

① 若该存在量词在某些全称量词的辖域内，则用这些全称量词指导变元的一个函数代替该存在量词辖域中的相应约束变元，这样的函数称为 Skolem 函数。

② 若该存在量词不在任何全称量词的辖域内，则用一个常量符号代替该存在量词辖域中的相应约束变元，这样的常量符号称为 Skolem 常量。

（5）消去所有全称量词。

（6）化公式为合取范式。

可使用逻辑等价式：

① $A \vee (B \wedge C) \Leftrightarrow (A \vee B) \wedge (A \vee C)$

② $(A \wedge B) \vee C \Leftrightarrow (A \vee C) \wedge (B \vee C)$

（7）适当改名，使子句间无同名变元。

（8）消去合取词 $\wedge$，以子句为元素组成一个集合 S。

例 5.7　求下面谓词公式的子句集

$$\forall x \{ \forall y P(x, y) \rightarrow \neg \forall y [Q(x, y) \rightarrow R(x, y)] \}$$

解

由步(1)得　$\forall x\{\to \forall yP(x,y) \lor \to \forall y[\to Q(x,y) \lor R(x,y)]\}$

由步(2)得　$\forall x\{\exists y \to P(x,y) \lor \exists y[Q(x,y) \land \to R(x,y)]\}$

由步(3)得　$\forall x\{\exists y \to P(x,y) \lor \exists z[Q(x,z) \land \to R(x,z)]\}$

由步(4)得　$\forall x\{\to P(x,f(x)) \lor [Q(x,g(x)) \land \to R(x,g(x))]\}$

由步(5)得　$\to P(x,f(x)) \lor [Q(x,g(x)) \land \to R(x,g(x))]$

由步(6)得　$[\to P(x,f(x)) \lor Q(x,g(x))] \land [\to P(x,f(x)) \lor \to R(x,g(x))]$

由步(7)得　$[\to P(x,f(x)) \lor Q(x,g(x))] \land [\to P(y,f(y)) \lor \to R(y,g(y))]$

由步(8)得　$\{\to P(x,f(x)) \lor Q(x,g(x)), \to P(y,f(y)) \lor \to R(y,g(y))\}$

或

$$\to P(x,f(x)) \lor Q(x,g(x))$$
$$\to P(y,f(y)) \lor \to R(y,g(y))$$

为原谓词公式的子句集。

需说明的是,在上述求子句集的过程中,当消去存在量词后,把所有全称量词都依次移到整个式子的最左边(或者先把所有量词都依次移到整个式子的最左边,再消去存在量词),再将右部的式子化为合取范式,这时所得的式子称为原公式的称为 Skolem 标准型。例如,上例中谓词公式的 Skolem 标准型就是

$$\forall x\{[\to P(x,f(x)) \lor Q(x,g(x))] \land [\to P(y,f(y)) \lor \to R(y,g(y))]\}$$

可以看出,消去 Skolem 标准型左部的全称量词和合取词,即得公式的子句集。

例 5.8　设 $G = \exists x \forall y \forall z \exists u \forall v \exists w(P(x,y,z) \land \to Q(u,v,w))$,那么,用 a 代替 x,用 $f(y,z)$ 代替 u,用 $g(y,z,v)$ 代替 w,则得 G 的 Skolem 标准型

$$\forall y \forall z \forall v(P(a,y,z) \land \to Q(f(y,z),v,g(y,z,v)))$$

进而得 G 的子句集为

$$\{P(a,x,y), \to Q(f(u,v),w,g(u,v,w))\}$$

由此例还可看出,一个公式的子句集也可以通过先求前束范式,再求 Skolem 标准型而得到。

需说明的是,引入 Skolem 函数,是由于存在量词在全称量词的辖域之内,其约束变元的取值则完全依赖于全称量词的取值。Skolem 函数就反映了这种依赖关系。但注意,Skolem 标准型与原公式一般并不等价,例如有公式:

$$G = \exists x P(x)$$

它的 Skolem 标准型是

$$G' = P(a)$$

我们给出如下的一个解释 I:

$$D = \{0,1\},\ \frac{a}{0},\ \frac{P(0)}{F},\ \frac{P(1)}{T}$$

则在 I 下,$G = T$,而 $G' = F$。

由子句集的求法可以看出,一个子句集中的各子句间为合取关系,且每个个体变元都受全称量词约束(我们假定公式中无自由变元,或将自由变元看作常元)。所以,一个公式

的子句集也就是该公式的 Skolem 标准型的另一种表达形式。有了子句集，我们就可通过一个谓词公式的子句集来判断公式的不可满足性。

定理 1　谓词公式 G 不可满足当且仅当其子句集 S 不可满足。

（证明从略）

定理 1 把证明一个公式 G 的不可满足性，转化为证明其子句集 S 的不可满足性。

定义 3　子句集 S 是不可满足的，当且仅当其全部子句的合取式是不可满足的。

5.2.2　命题逻辑中的归结原理

归结演绎推理是基于一种称为归结原理（亦称消解原理）的推理规则的推理方法。归结原理是由鲁滨逊（J. A. Robinson）于 1965 年首先提出。它是谓词逻辑中一个相当有效的机械化推理方法。归结原理的出现，被认为是自动推理，特别是定理机器证明领域的重大突破。

定义 4　设 L 为一个文字，则称 L 与 $\rightarrow L$ 为互补文字。

定义 5　设 C_1，C_2 是命题逻辑中的两个子句，C_1 中有文字 L_1，C_2 中有文字 L_2，且 L_1 与 L_2 互补，从 C_1，C_2 中分别删除 L_1，L_2，再将剩余部分析取起来，记构成的新子句为 C_{12}，则称 C_{12} 为 C_1，C_2 的归结式（或消解式），C_1，C_2 称为其归结式的亲本子句，L_1，L_2 称为消解基。

例 5.9　设 $C_1 = \rightarrow P \vee Q \vee R$，$C_2 = \rightarrow Q \vee S$，于是 C_1，C_2 的归结式为

$$\rightarrow P \vee R \vee S$$

定理 2　归结式是其亲本子句的逻辑结果。

证明　设 $C_1 = L \vee C_1{}'$，$C_2 = \rightarrow L \vee C_2{}'$，$C_1{}'$，$C_2{}'$ 都是文字的析取式，则 C_1，C_2 的归结式为 $C_1{}' \vee C_2{}'$，因为

$$C_1 = C_1{}' \vee L = \rightarrow C_1{}' \rightarrow L, \quad C_2 = \rightarrow L \vee C_2{}' = L \rightarrow C_2{}'$$

所以

$$C_1 \wedge C_2 = (\rightarrow C_1{}' \rightarrow L) \wedge (L \rightarrow C_2{}') \Rightarrow \rightarrow C_1{}' \rightarrow C_2{}' = C_1{}' \vee C_2{}'$$

证毕。

由定理 2 即得推理规则：

$$C_1 \wedge C_2 \Rightarrow (C_1 - \{L_1\}) \bigcup (C_2 - \{L_2\})$$

其中 C_1，C_2 是两个子句，L_1，L_2 分别是 C_1，C_2 中的文字，且 L_1，L_2 互补，此式右端的写法是把子句看作是文字的集合。此规则就是命题逻辑中的归结原理。

例 5.10　用归结原理验证分离规则：$A \wedge (A \rightarrow B) \Rightarrow B$ 和拒取式 $(A \rightarrow B) \wedge \rightarrow B \Rightarrow \rightarrow A$。

解　　$A \wedge (A \rightarrow B) \Leftrightarrow A \wedge (\rightarrow A \vee B) \Rightarrow B$

　　　　$(A \rightarrow B) \wedge \rightarrow B \Leftrightarrow (\rightarrow A \vee B) \wedge (\rightarrow B) \Rightarrow \rightarrow A$

类似地可以验证其他推理规则也都可以经消解原理推出。这就是说，用消解原理就可以代替其他所有的推理规则。再加上这个方法的推理步骤比较机械，这就为机器推理提供了方便。

由归结原理可知，如果两个互否的单元子句进行归结，则归结式为空子句，即

$$L \wedge \rightarrow L = \square$$

而另一方面，我们知道，$L \wedge \rightarrow L = F$（假）。所以，空子句就是恒假子句，即

$$\square \Leftrightarrow F$$

　　归结原理显然是一个很好的推理规则，但我们一般不使用它直接从前提推导结论，而是通过推导空子句来作间接证明。具体来讲，就是先求出要证的命题公式(谓词公式也一样)的否定式的子句集 S，然后对子句集 S(一次或多次)使用消解原理，若在某一步推出了空子句，即推出了矛盾，则说明子句集 S 是不可满足的，从而原否定式也是不可满足的，进而说明原公式是永真的。

　　为什么说，一旦推出了空子句，就说明子句集 S 是不可满足的呢？这是因为空子句就是 F，推出了空子句就是推出了 F。但消解原理是推理规则，即正确的推理形式，那么由正确的推理形式推出了 F，则说明前提不真，即消解出空子句 $\square$ 的两个亲本子句中至少有一个为假。那么这两个亲本子句如果都是原子句集 S 中的子句，即说明原子句集 S 不可满足(因为子句集中各子句间为合取关系)。如果这两个亲本子句不是或不全是 S 中的子句，那么，它们必定是某次归结的结果，于是，用同样的道理再向上追溯，这样一定会推出原子句集 S 中至少有一个子句为假，从而说明 S 不可满足。

　　实际上，上述分析也可作为定理 2 的推论。

　　推论　设 C_1，C_2 是子句集 S 的两个子句，C_{12} 是它们的归结式，则

　　(1) 若用 C_{12} 代替 C_1，C_2，得到新子句集 S_1，则由 S_1 的不可满足可推出原子句集 S 的不可满足。即

$$S_1 \text{ 不可满足} \Rightarrow S \text{ 不可满足}$$

　　(2) 若把 C_{12} 加入到 S 中，得到新子句集 S_2，则 S_2 与原 S 的同不可满足。即

$$S_2 \text{ 不可满足} \Leftrightarrow S \text{ 不可满足}$$

　　例 5.11　证明子句集 $\{P \vee \neg Q, \neg P, Q\}$ 是不可满足的。

　　证

　　(1) $P \vee \neg Q$

　　(2) $\neg P$

　　(3) Q

　　(4) $\neg Q$　　　　由(1)，(2)

　　(5) $\square$　　　　由(3)，(4)

所以，S 是不可满足的。

　　例 5.12　用归结原理证明 R 是 P，$(P \wedge Q) \rightarrow R$，$(S \vee U) \rightarrow Q$，$U$ 的逻辑结果。

　　证　对于这个问题，可以先写出谓词公式 $P \wedge ((P \wedge Q) \rightarrow R) \wedge ((S \vee U) \rightarrow Q) \wedge U \rightarrow R$ 再求其否定式的子句集 S，也可以先分别求前提中诸条件公式的子句，再求结论公式否定的子句，然后将这些子句合在一起，即得所求的子句集 S。因为 $\neg(A \rightarrow B) = A \wedge \neg B$。我们采用后一种方法，得子句集 $S = \{P, \neg P \vee \neg Q \vee R, \neg S \vee Q, \neg U \vee Q, U, \neg R\}$，然后对该子句集施行归结，归结过程用下面的归结演绎树表示(见图 5-1)。由于最后推出了空子句，所以子句集 S 不可满足，即命题公式

$$P \wedge (\neg P \vee \neg Q \vee R) \wedge (\neg S \vee Q) \wedge (\neg U \vee Q) \wedge U \wedge \neg R$$

不可满足，从而 R 是题设前提的逻辑结果。

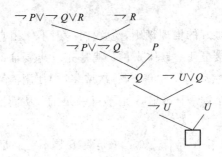

图 5-1 例 5.12 归结演绎树

5.2.3 替换与合一

在一阶谓词逻辑中应用消解原理，不像命题逻辑中那样简单，因为谓词逻辑中的子句含有个体变元，这就使寻找含互否文字的子句对的操作变得复杂。例如：

$$C_1 = P(x) \lor Q(x)$$
$$C_2 = \rightarrow P(a) \lor R(y)$$

直接比较，似乎两者中不含互否文字，但如果我们用 a 替换 C_1 中的 x，则得到

$$C_1' = P(a) \lor Q(a)$$
$$C_2' = \rightarrow P(a) \lor R(y)$$

于是根据命题逻辑中的消解原理，得 C_1' 和 C_2' 的消解式

$$C_3' = Q(a) \lor R(y)$$

所以，要在谓词逻辑中应用消解原理，则一般需要对个体变元作适当的替换。

定义 6 一个替换（Substitution）是形如 $\{t_1/x_1, t_2/x_2, \cdots, t_n/x_n\}$ 的有限集合，其中 $t_1, t_2, \cdots, t_n$ 是项，称为替换的分子；$x_1, x_2, \cdots, x_n$ 是互不相同的个体变元，称为替换的分母；t_i 不同于 x_i，x_i 也不循环地出现在 $t_j (i, j = 1, 2, \cdots, n)$ 中；t_i/x_i 表示用 t_i 替换 x_i。若 $t_1, t_2, \cdots, t_n$ 都是不含变元的项（称为基项）时，该替换称为基替换；没有元素的替换称为空替换，记作 ε，它表示不作替换。

例如：$\{a/x, g(y)/y, f(g(b))/z\}$ 就是一个替换，而 $\{g(y)/x, f(x)/y\}$ 则不是一个替换，因为 x 与 y 出现了循环替换。

下面我们将项、原子公式、文字、子句等统称为表达式，没有变元的表达式称为基表达式，出现在表达式 E 中的表达式称为 E 的子表达式。

定义 7 设 $\theta = \{t_1/x_1, \cdots, t_n/x_n\}$ 是一个替换，E 是一个表达式，把对 E 施行替换 θ，即把 E 中出现的个体变元 $x_j (1 \leqslant j \leqslant n)$ 都用 t_j 替换，记为 $E\theta$，所得的结果称为 E 在 θ 下的例（instance）。

例如，若 $\theta = \{a/x, f(b)/y, c/z\}$，$G = P(x, y, z)$，则 $G\theta = P(a, f(b), c)$。

定义 8 设 $\theta = \{t_1/x_1, \cdots, t_n/x_n\}$，$\lambda = \{u_1/y_1, \cdots, u_m/y_m\}$ 是两个替换，则将集合

$$\{t_1\lambda/x_1, \cdots, t_n\lambda/x_n, u_1/y_1, \cdots, u_m/y_m\}$$

中凡符合下列条件的元素删除：

(1) $t_i\lambda/x_i$ 当 $t_i\lambda = x_i$

(2) u_i/y_i 当 $y_i \in \{x_1, \cdots, x_n\}$

如此得到的集合仍然是一个替换,该替换称为 θ 与 λ 的复合或乘积,记为 $\theta \cdot \lambda$。

例 5.13 设

$$\theta = \{f(y)/x,\ z/y\}$$
$$\lambda = \{a/x,\ b/y,\ y/z\}$$

于是,$\{t_1\lambda/x_1,\ t_2\lambda/x_2,\ u_1/y_1,\ u_2/y_2,\ u_3/y_3\} = \{f(b)/x,\ y/y,\ a/x,\ b/y,\ y/z\}$

从而

$$\theta \cdot \lambda = \{f(b)/x,\ y/z\}$$

可以证明,替换的乘积满足结合律,即

$$(\theta \cdot \lambda) \cdot u = \theta \cdot (\lambda \cdot u)$$

定义 9 设 $S = \{F_1,\ F_2,\ \cdots,\ F_n\}$ 是一个原子谓词公式集,若存在一个替换 θ,可使 $F_1\theta = F_2\theta = \cdots = F_n\theta$,则称 θ 为 S 的一个合一(Unifier),称 S 为可合一的。

一个公式集的合一一般不唯一。

定义 10 设 σ 是原子公式集 S 的一个合一,如果对 S 的任何一个合一 θ,都存在一个替换 λ,使得

$$\theta = \sigma \cdot \lambda$$

则称 σ 为 S 的最一般合一(Most General Unifier,MGU)。

例 5.14 设 $S = \{P(u,\ y,\ g(y)),\ P(x,\ f(u),\ z)\}$,$S$ 有一个最一般合一

$$\sigma = \{u/x,\ f(u)/y,\ g(f(u))/z\}$$

对 S 的任一合一,例如:

$$\theta = \{a/x,\ f(a)/y,\ g(f(a))/z,\ a/u\}$$

存在一个替换

$$\lambda = \{a/u\}$$

使得

$$\theta = \sigma \cdot \lambda$$

可以看出,如果能找到一个公式集的合一,特别是最一般合一,则可使互否的文字的形式结构完全一致起来,进而达到消解的目的。如何求一个公式集的最一般合一?有一个算法,可以求任何可合一公式集的最一般合一。为了介绍这个算法,我们先引入差异集的概念。

定义 11 设 S 是一个非空的具有相同谓词名的原子公式集,从 S 中各公式的左边第一个项开始,同时向右比较,直到发现第一个不都相同的项为止,用这些项的差异部分组成一个集合,这个集合就是原公式集 S 的一个差异集。

例 5.15 设 $S = \{P(x,\ y,\ z),\ P(x,\ f(a),\ h(b))\}$,则不难看出,$S$ 有两个差异集

$$D_1 = \{y,\ f(a)\}$$
$$D_2 = \{z,\ h(b)\}$$

设 S 为一非空有限具有相同谓词名的原子谓词公式集,下面给出求其最一般合一的算法。

合一算法(Unification algorithm):

步 1 置 $k = 0$,$S_k = S$,$\sigma_k = \varepsilon$。

步 2 若 S_k 只含有一个谓词公式,则算法停止,σ_k 就是要求的最一般合一。

步 3　求 S_k 的差异集 D_k。

步 4　若 D_k 中存在元素 x_k 和 t_k，其中 x_k 是变元，t_k 是项且 x_k 不在 t_k 中出现，则置 $S_{k+1}=S_k\{t_k/x_k\}$，$\sigma_{k+1}=\sigma_k \cdot \{t_k/x_k\}$，$k=k+1$，然后转步 2。

步 5　算法停止，S 的最一般合一不存在。

例 5.16　求公式集 $S=\{P(a, x, f(g(y))), P(z, h(z, u), f(u))\}$ 的最一般合一。

解

$k=0$：

$S_0=S$，$\sigma_0=\varepsilon$，S_0 不是单元素集，求得 $D_0=\{a, z\}$，其中 z 是变元，且不在 a 中出现，所以有

$\sigma_1=\sigma_0 \cdot \{a/z\}=\varepsilon \cdot \{a/z\}=\{a/z\}$

$S_1=S_0\{a/z\}=\{P(a, x, f(g(y))), P(a, h(a, u), f(u))\}$

$k=1$：

S_1 不是单元素集，求得 $D_1=\{x, h(a, u)\}$，所以

$\sigma_2=\sigma_1 \cdot \{h(a, u)/x\}=\{a/z\} \cdot \{h(a, u)/x\}=\{a/z, h(a, u)/x\}$

$S_2=S_1\{h(a, u)/x\}=\{P(a, h(a, u), f(g(y))), P(a, h(a, u), f(u))\}$

$k=2$：

S_2 不是单元素集，$D_2=\{g(y), u\}$，从而

$\sigma_3=\sigma_2 \cdot \{g(y)/u\}=\{a/z, h(a, g(y))/x, g(y)/u\}$

$S_3=S_2\{g(y)/u\}=\{P(a, h(a, g(y)), f(g(y))), P(a, h(a, g(y)), f(g(y)))\}$
　　　　　　　　$=\{P(a, h(a, g(y)), f(g(y)))\}$

$k=3$：

S_3 已是单元素集，所以 σ_3 就是 S 的最一般合一。

例 5.17　判定 $S=\{P(x, x), P(y, f(y))\}$ 是否可合一？

解

$k=0$：

$S_0=S$，$\sigma_0=\varepsilon$

S_0 不是单元素集，$D_0=\{x, y\}$

$\sigma_1=\sigma_0 \cdot \{y/x\}=\{y/x\}$

$S_1=S_0\{y/x\}=\{P(y, y), P(y, f(y))\}$

$k=1$：

S_1 不是单元素集，$D_1=\{y, f(y)\}$，由于变元 y 在项 $f(y)$ 中出现，所以算法停止，S 不存在最一般合一。

从合一算法可以看出，一个公式集 S 的最一般合一可能是不唯一的，因为如果差异集 $D_k=\{a_k, b_k\}$，且 a_k 和 b_k 都是个体变元，则下面两种选择都是合适的：

$\sigma_{k+1}=\sigma_k \cdot \{b_k/a_k\}$ 或 $\sigma_{k+1}=\sigma_k \cdot \{a_k/b_k\}$

定理 3　（合一定理）如果 S 是一个非空有限可合一的公式集，则合一算法总是在步 2 停止，且最后的 σ_k 即是 S 的最一般合一。

本定理说明任一非空有限可合一的公式集，一定存在最一般合一，而且用合一算法总能找到最一般合一，这个最一般合一也就是当算法终止在步 2 时，最后的合一 σ_k。

5.2.4　谓词逻辑中的归结原理

定义 12　设 C_1，C_2 是两个无相同变元的子句，L_1，L_2 分别是 C_1，C_2 中的两个文字，如果 L_1 和 $\neg L_2$ 有最一般合一 σ，则子句

$$(C_1\sigma - \{L_1\sigma\}) \bigcup (C_2\sigma - \{L_2\sigma\})$$

称作 C_1 和 C_2 的二元归结式（二元消解式），C_1 和 C_2 称作归结式的亲本子句，L_1 和 L_2 称作消解文字。

例 5.18　设 $C_1 = P(x) \vee Q(x)$，$C_2 = \neg P(a) \vee R(y)$，求 C_1，C_2 的归结式。

解　取 $L_1 = P(x)$，$L_2 = \neg P(a)$，则 L_1 与 $\neg L_2$ 的最一般合一 $\sigma = \{a/x\}$，于是，

$$
\begin{aligned}
&(C_1\sigma - \{L_1\sigma\}) \bigcup (C_2\sigma - \{L_2\sigma\}) \\
&= (\{P(a), Q(a)\} - \{P(a)\}) \bigcup (\{\neg P(a), R(y)\} - \{\neg P(a)\}) \\
&= \{Q(a), R(y)\} \\
&= Q(a) \vee R(y)
\end{aligned}
$$

所以，$Q(a) \vee R(y)$ 是 C_1 和 C_2 的二元归结式。

例 5.19　设 $C_1 = P(x, y) \vee \neg Q(a)$，$C_2 = Q(x) \vee R(y)$，求 C_1，C_2 的归结式。

解　由于 C_1，C_2 中都含有变元 x，y，所以需先对其中一个进行改名，方可归结（归结过程是显然的，故从略）。

还需说明的是，如果在参加归结的子句内部含有可合一的文字，则在进行归结之前，也应对这些文字进行合一，从而使子句达到最简。例如，设有两个子句：

$$C_1 = P(x) \vee P(f(a)) \vee Q(x)$$
$$C_2 = \neg P(y) \vee R(b)$$

可见，在 C_1 中有可合一的文字 $P(x)$ 与 $P(f(a))$，那么，取替换 $\theta = \{f(a)/x\}$（这个替换也就是 $P(x)$ 和 $P(f(a))$ 的最一般合一），则得

$$C_1\theta = P(f(a)) \vee Q(f(a))$$

现在再用 $C_1\theta$ 与 C_2 进行归结，从而得到 C_1 与 C_2 的归结式

$$Q(f(a)) \vee R(b)$$

定义 13　如果子句 C 中，两个或两个以上的文字有一个最一般合一 σ，则 $C\sigma$ 称为 C 的因子，如果 $C\sigma$ 是单元子句，则 $C\sigma$ 称为 C 的单因子。

例 5.20　设 $C = P(x) \vee P(f(y)) \vee \neg Q(x)$，令 $\sigma = \{f(y)/x\}$，于是

$$C\sigma = P(f(y)) \vee \neg Q(f(y))$$

是 C 的因子。

定义 14　子句 C_1，C_2 的消解式，是下列二元消解式之一：

(1) C_1 和 C_2 的二元消解式。

(2) C_1 和 C_2 的因子的二元消解式。

(3) C_1 的因子和 C_2 的二元消解式。

(4) C_1 的因子和 C_2 的因子的二元消解式。

定理 4　谓词逻辑中的消解式是它的亲本子句的逻辑结果。（证明类似于定理 2，故

从略。）

由此定理我们即得谓词逻辑中的推理规则：

$$C_1 \wedge C_2 \Rightarrow (C_1\sigma - \{L_1\sigma\}) \bigcup (C_2\sigma - \{L_2\sigma\})$$

其中 C_1，C_2 是两个无相同变元的子句，L_1，L_2 分别是 C_1，C_2 中的文字，σ 为 L_1 与 $\to L_2$ 的最一般合一。此规则就是谓词逻辑中的消解原理(或归结原理)。

另外，命题逻辑归结原理的两个推论，对谓词逻辑仍然成立，即用归结式取代其亲本子句，或者把归结式加入原子句集，则所得的新子句集仍保持原子句集的不可满足性。同命题逻辑中的情形一样，在谓词逻辑中应用消解原理，也主要是通过推导空子句□来实现反证的。

例 5.21 求证 G 是 A_1 和 A_2 的逻辑结果。

A_1：$\forall x(P(x) \to (Q(x) \wedge R(x)))$

A_2：$\exists x(P(x) \wedge S(x))$

G：$\exists x(S(x) \wedge R(x))$

证 我们用反证法，即证明 $A_1 \wedge A_2 \wedge \to G$ 不可满足。首先求得子句集 S：

(1) $\to P(x) \vee Q(x)$ ⎤
(2) $\to P(y) \vee R(y)$ ⎦ (A_1) ⎤
(3) $P(a)$ ⎤   ⎥
(4) $S(a)$ ⎦ (A_2) ⎥ S
(5) $\to S(z) \vee \to R(z)$ $(\to G)$ ⎦

然后应用消解原理，得

(6) $R(a)$ $[(2),(3),\sigma_1=\{a/y\}]$

(7) $\to R(a)$ $[(4),(5),\sigma_2=\{a/z\}]$

(8) □ $[(6),(7)]$

所以 S 是不可满足的，从而 G 是 A_1 和 A_2 的逻辑结果。

例 5.22 设已知：

(1) 能阅读者是识字的。

(2) 海豚不识字。

(3) 有些海豚是很聪明的。

试证明：有些聪明者并不能阅读。

证 首先，定义如下谓词：

$R(x)$：x 能阅读。

$L(x)$：x 识字。

$I(x)$：x 是聪明的。

$D(x)$：x 是海豚。

然后把上述各语句翻译为谓词公式：

(1) $\forall x(R(x) \to L(x))$ ⎤
(2) $\forall x(D(x) \to \to L(x))$ ⎬   已知条件
(3) $\exists x(D(x) \wedge I(x))$ ⎦

(4) $\exists x(I(x) \wedge \to R(x))$ 需证结论

求题设与结论否定的子句集，得

(1) $\to R(x) \lor L(x)$

(2) $\to D(y) \lor \to L(y)$

(3) $D(a)$

(4) $I(a)$

(5) $\to I(z) \lor R(z)$

归结得

(6) $R(a)$　　　(5)，(4)，$\{a/z\}$

(7) $L(a)$　　　(6)，(1)，$\{a/x\}$

(8) $\to D(a)$　　　(7)，(2)，$\{a/y\}$

(9) □　　　(8)，(3)

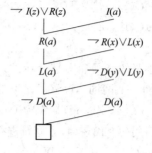

图 5 - 2　例 5.22 归结演绎树

这个归结过程的演绎树如图 5 - 2 所示。

由以上例子可以看出，谓词逻辑中的消解原理也可以代替其他推理规则。

上面我们通过推导空子句，证明了子句集的不可满足性，于是存在问题：对于任一不可满足的子句集，是否都能通过归结原理推出空子句呢？回答是肯定的。

定理 5　（归结原理的完备性定理）如果子句集 S 是不可满足的，那么必存在一个由 S 推出空子句□的消解序列。

（该定理的证明要用到 Herbrand 定理，故从略。）

5.3　应用归结原理求取问题答案

归结原理除了能用于对已知结果的证明外，还能用于对未知结果的求解，即能求出问题的答案来。请看下例。

例 5.23　已知：

(1) 如果 x 和 y 是同班同学，则 x 的老师也是 y 的老师。

(2) 王先生是小李的老师。

(3) 小李和小张是同班同学。

问：小张的老师是谁？

解　设谓词 $T(x, y)$ 表示 x 是 y 的老师，$C(x, y)$ 表示 x 与 y 是同班同学，则已知可表示成如下的谓词公式：

F_1：$\forall x \forall y \forall z (C(x, y) \land T(z, x) \to T(z, y))$

F_2：$T(\text{Wang}, \text{Li})$

F_3：$C(\text{Li}, \text{Zhang})$

为了得到问题的答案，我们先证明小张的老师是存在的，即证明公式：

G：$\exists x T(x, \text{Zhang})$

于是，求 $F_1 \land F_2 \land F_3 \land \to G$ 的子句集如下：

(1) $\to C(x, y) \lor \to T(z, x) \lor T(z, y)$

(2) $T(\text{Wang}, \text{Li})$

(3) $C(\text{Li}, \text{Zhang})$

(4) $\rightarrow T(u, \text{Zhang})$

归结演绎，得

(5) $\rightarrow C(\text{Li}, y) \lor T(\text{Wang}, y)$ 由(1),(2),$\{\text{Wang}/z, \text{Li}/x\}$

(6) $\rightarrow C(\text{Li}, \text{Zhang})$ 由(4),(5),$\{\text{Wang}/u, \text{Zhang}/y\}$

(7) □   由(3),(6)

这说明，小张的老师确实是存在的。那么，为了找到这位老师，我们给原来的求证谓词的子句再增加一个谓词 $ANS(u)$。于是，得到

(4)′ $\rightarrow T(u, \text{Zhang}) \lor ANS(u)$

现在，我们用(4)′代替(4)，重新进行归结，则得

(5)′ $\rightarrow C(\text{Li}, y) \lor T(\text{Wang}, y)$ 由(1)(2)

(6)′ $\rightarrow C(\text{Li}, \text{Zhang}) \lor ANS(\text{Wang})$ 由(4)′(5)′

(7)′ $ANS(\text{Wang})$ 由(3)(6)′

可以看出，归结到这一步，求证的目标谓词已被消去，即求证已成功，但还留下了谓词 $ANS(\text{Wang})$。由于该谓词中原先的变元与目标谓词 $T(u, \text{Zhang})$ 中的一致，所以，其中的 Wang 也就是变元 u 的值。这样，我们就求得了小张的老师也是王老师。

上例虽然是一个很简单的问题，但它给了我们一个利用归结原理求取问题答案的方法，那就是：先为待求解的问题找一个合适的求证目标谓词；再给增配(以析取形式)一个辅助谓词，且该辅助谓词中的变元必须与对应目标谓词中的变元完全一致；然后进行归结，当某一步的归结式刚好只剩下辅助谓词时，辅助谓词中原变元位置上的项(一般是常量)就是所求的问题答案。

需说明的是，辅助谓词(如此题中的 ANS)是一个形式谓词，其作用仅是提取问题的答案，因而也可取其他谓词名。有些文献中就用需求证的目标谓词。如对上例，就取 $T(u, \text{Zhang})$ 为辅助谓词。

例 5.24 设有如下关系：

(1) 如果 x 是 y 的父亲，y 又是 z 的父亲，则 x 是 z 的祖父。

(2) 老李是大李的父亲。

(3) 大李是小李的父亲。

问：上述人员中谁和谁是祖孙关系？

解 先把上述前提中的三个命题符号化为谓词公式：

F_1：$\forall x \forall y \forall z (F(x, y) \land F(y, z) \rightarrow G(x, z))$

F_2：$F(\text{Lao}, \text{Da})$

F_3：$F(\text{Da}, \text{Xiao})$

并求其子句集如下：

(1) $\rightarrow F(x, y) \lor \rightarrow F(y, z) \lor G(x, z)$

(2) $F(\text{Lao}, \text{Da})$

(3) $F(\text{Da}, \text{Xiao})$

设求证的公式为

G：$\exists x \exists y \, G(x, y)$ (即存在 x 和 y，x 是 y 的祖父)

把其否定化为子句形式再析取一个辅助谓词 $GA(x, y)$，得

(4) $\rightarrow G(u, v) \vee GA(u, v)$

对(1)~(4)进行归结,得

(5) $\rightarrow F(Da, z) \vee G(Lao, z)$　　　(1),(2),$\{Lao/x, Da/y\}$

(6) $G(Lao, Xiao)$　　　　　　　　(3),(5),$\{Xiao/z\}$

(7) $GA(Lao, Xiao)$　　　　　　　(4),(6),$\{Lao/u, Xiao/v\}$

所以,上述人员中,老李是小李的祖父。

5.4　归　结　策　略

5.4.1　问题的提出

前面我们介绍了归结原理及其应用,但前面的归结推理都是用人工实现的。而人们研究归结推理的目的主要是为了更好地实现机器推理,或者说自动推理。那么,现在就存在问题:归结原理如何在机器上实现?

把归结原理在机器上实现,就意味着要把归结原理用算法表示,然后编制程序,在计算机上运行。下面我们给出一个实现归结原理的一般性算法:

步 1　将子句集 S 置入 CLAUSES 表。

步 2　若空子句 NIL 在 CLAUSES 中,则归结成功,结束。

步 3　若 CLAUSES 表中存在可归结的子句对,则归结之,并将归结式并入 CLAUSES 表,转步 2。

步 4　归结失败,退出。

可以看出,这个算法并不复杂,但问题是在其步 3 中应该以什么样的次序从已给的子句集 S 出发寻找可归结的子句对而进行归结呢?

一种简单而直接的想法就是逐个考察 CLAUSES 表中的子句,穷举式地进行归结。可采用这样的具体做法:第一轮归结先让 CLAUSES 表(即原子句集 S)中的子句两两见面进行归结,将产生的归结式集合记为 S_1,再将 S_1 并入 CLAUSES 得 CLAUSES$=S \cup S_1$;下一轮归结时,又让新的 CLAUSES 即 $S \cup S_1$ 与 S_1 中的子句互相见面进行归结,并把产生的归结式集合记为 S_2,再将 S_2 并入 CLAUSES;再一轮归结时,又让 $S \cup S_1 \cup S_2$ 与 S_2 中的子句进行归结…… 如此进行,直到某一个 S_k 中出现空子句□为止。下面我们举例。

例 5.25　设有如下的子句集 S,我们用上述的穷举算法归结如下:

S:　(1) $P \vee Q$

　　　(2) $\rightarrow P \vee Q$

　　　(3) $P \vee \rightarrow Q$

　　　(4) $\rightarrow P \vee \rightarrow Q$

S_1:　(5) Q　　　　　　　　　　[(1),(2)]

　　　(6) P　　　　　　　　　　[(1),(3)]

　　　(7) $Q \vee \rightarrow Q$　　　　　　　[(1),(4)]

　　　(8) $P \vee \rightarrow P$　　　　　　　[(1),(4)]

$$(9)\ Q \lor \neg Q \qquad\qquad [(2),(3)]$$

$$(10)\ P \lor \neg P \qquad\qquad [(2),(3)]$$

$$(11)\ \neg P \qquad\qquad\qquad [(2),(4)]$$

$$(12)\ \neg Q \qquad\qquad\qquad [(3),(4)]$$

$S_2:\ (13)\ P \lor Q \qquad\qquad [(1),(7)]$

$$(14)\ P \lor Q \qquad\qquad [(1),(8)]$$

$$(15)\ P \lor Q \qquad\qquad [(1),(9)]$$

$$(16)\ P \lor Q \qquad\qquad [(1),(10)]$$

$$(17)\ Q \qquad\qquad\qquad [(1),(11)]$$

$$(18)\ P \qquad\qquad\qquad [(1),(12)]$$

$$(19)\ Q \qquad\qquad\qquad [(2),(6)]$$

$$(20)\ \neg P \lor Q \qquad\qquad [(2),(7)]$$

$$(21)\ \neg P \lor Q \qquad\qquad [(2),(8)]$$

$$(22)\ \neg P \lor Q \qquad\qquad [(2),(9)]$$

$$(23)\ \neg P \lor Q \qquad\qquad [(2),(10)]$$

$$(24)\ \neg P \qquad\qquad\qquad [(2),(12)]$$

$$(25)\ P \qquad\qquad\qquad [(3),(5)]$$

$$(26)\ P \lor \neg Q \qquad\qquad [(3),(7)]$$

$$(27)\ P \lor \neg Q \qquad\qquad [(3),(8)]$$

$$(28)\ P \lor \neg Q \qquad\qquad [(3),(9)]$$

$$(29)\ P \lor \neg Q \qquad\qquad [(3),(10)]$$

$$(30)\ \neg Q \qquad\qquad\qquad [(3),(11)]$$

$$(31)\ \neg P \qquad\qquad\qquad [(4),(5)]$$

$$(32)\ \neg Q \qquad\qquad\qquad [(4),(6)]$$

$$(33)\ \neg P \lor \neg Q \qquad\qquad [(4),(7)]$$

$$(34)\ \neg P \lor \neg Q \qquad\qquad [(4),(8)]$$

$$(35)\ \neg P \lor \neg Q \qquad\qquad [(4),(9)]$$

$$(36)\ \neg P \lor \neg Q \qquad\qquad [(4),(10)]$$

$$(37)\ Q \qquad\qquad\qquad [(5),(7)]$$

$$(38)\ Q \qquad\qquad\qquad [(5),(9)]$$

$$(39)\ \square \qquad\qquad\qquad [(5),(12)]$$

可以看出，这个归结方法无任何技巧可言，只是一味地穷举式归结。因而对于如此简单的问题，计算机推导了 35 步，即产生 35 个归结式，才导出了空子句。那么，对于一个规模较大的实际问题，其时空开销就可想而知了。事实上，这种方法一般会产生许多无用的子句。这样，随着归结的进行，CLAUSES 表将会越来越庞大，以至于机器不能容纳。同时，归结的时间消耗也是一个严重问题。

那么，怎样归结才能高效地推出空子句 NIL 呢？研究表明，要提高归结的效率，就必须运用一定的技巧，即所谓归结策略。例如，后面我们将会看到，对于例 5.25 中的问题，若运用一定的策略，则仅用三步就可解决问题。

事实上,归结反演的过程,就是一个在子句"空间"中搜索(空子句)的过程。因此,要用归结原理实现机器推理,一个重要的问题就是要赋予机器一定的搜索策略,即归结策略。这就是说,要让计算机进行归结演绎推理,仅有归结原理还不够,还必须研究归结策略。都有哪些归结策略呢?下面我们就介绍几种。

需说明的是,上述的归结方法实际上是一种广度优先的按层次进行归结的方法。所以,一般也把它说成是一种归结策略,称为广度优先策略,亦称为水平浸透法。

5.4.2 几种常用的归结策略

1. 删除策略

定义 1 设 C_1,C_2 是两个子句,若存在替换 θ,使得 $C_1\theta \subseteq C_2$,则称子句 C_1 类含 C_2。

例如:

$P(x)$类含 $P(a) \vee Q(y)$　　　(只需取 $\theta = \{a/x\}$)

$Q(y)$类含 $P(x) \vee Q(y)$　　　($\theta = \varepsilon$)

$P(x)$类含 $P(x)$,$P(x)$类含 $P(a)$,P 类含 P,P 类含 $P \vee R$

$P(a,x) \vee P(y,b)$类含 $P(a,b)$　　　(取 $\theta = \{b/x,a/y\}$)

删除策略:

在归结过程中可随时删除以下子句:

(1) 含有纯文字的子句。

(2) 含有永真式的子句。

(3) 被子句集中别的子句类含的子句。

所谓纯文字,是指那些在子句集中无补的文字。例如下面的子句集

$$\{P(x) \vee Q(x,y) \vee R(x),\ \neg P(a) \vee Q(u,v),\ \neg Q(b,z),\ \neg P(w)\}$$

中的文字 $R(x)$ 就是一个纯文字。

删除含有纯文字的子句,是因为在归结时纯文字永远不会被消去,因而用包含它的子句进行归结不可能得到空子句。删除永真式是因为永真式对子句集的不可满足性不起任何作用。删除被类含的子句是因为被类含子句被类含它的子句所逻辑蕴含,故它已是多余的。

例 5.26 我们在例 5.25 中使用删除策略。可以看出,这时原归结过程中产生的有些归结式是永真式(如(7)、(8)、(9)、(10)),有些被前面已有的子句所类含(如(17)、(18)等,重复出现可认为是一种类含),因此,它们可被立即删除。这样就导致它们的后裔将不可能出现。于是,归结步骤可简化为

(1) $P \vee Q$

(2) $\neg P \vee Q$

(3) $P \vee \neg Q$

(4) $\neg P \vee \neg Q$

(5) Q 　　　　　[(1),(2)]

(6) P 　　　　　[(1),(3)]

(7) $\neg P$ 　　　　[(2),(4)]

(8) $\rightarrow Q$ [(3),(4)]

(9) □   [(5),(8)]

其实，上述归结还可以进一步简化为

(5) Q [(1),(2)]

(6) $\rightarrow Q$ [(3),(4)]

(7) □   [(5),(6)]

这是因为，(5)式出现后，由于它就类含了(1)、(2)式，所以可将(1)、(2)两式删除。同理，当(6)式出现时可将(3)、(4)两式删除。这样，下面也只能是(5)、(6)式归结了。

例 5.27 对下面的子句集 S，我们用宽度优先策略与删除策略相结合的方法进行消解。

S：(1) $P(x) \lor Q(x) \lor \rightarrow R(x)$

    (2) $\rightarrow Q(a)$

    (3) $\rightarrow R(a) \lor Q(a)$

    (4) $P(y)$

    (5) $\rightarrow P(z) \lor R(z)$

可以看出，(4)类含了(1)，所以先将(1)删除。于是，剩下的四个子句归结得

S_1：(6) $\rightarrow R(a)$ [(2),(3)]

    (7) $\rightarrow P(a) \lor Q(a)$ [(3),(5),$\{a/z\}$]

    (8) $R(z)$ [(4),(5),$\{z/y\}$]

(6)出现后(3)可被删除，所以，第二轮归结在(2)、(4)、(5)、(6)、(7)、(8)间进行。其中(2)、(4)、(5)间的归结不必再重做，于是得

S_2：(9) $\rightarrow P(a)$ [(2),(7)]

    (10) $Q(a)$ [(4),(7),$\{a/y\}$]

    (11) $\rightarrow P(a)$ [(5),(6),$\{a/z\}$]

    (12) □   [(6),(8),$\{a/z\}$]

删除策略有如下特点：

——删除策略的思想是及早删除无用子句，以避免无效归结，缩小搜索规模；并尽量使归结式朝"小"(即元数少)方向发展。从而尽快导出空子句。

——删除策略是完备的。即对于不可满足的子句集，使用删除策略进行归结，最终必导出空子句□。

定义 2 一个归结策略是完备的，如果对于不可满足的子句集，使用该策略进行归结，最终必导出空子句□。

2. 支持集策略

支持集策略：每次归结时，两个亲本子句中至少要有一个是目标公式否定的子句或其后裔。这里的目标公式否定的子句集即为支持集。

例 5.28 设有子句集

$$S = \{\rightarrow I(x) \lor R(x), I(a), \rightarrow R(y) \lor \rightarrow L(y), L(a)\}$$

其中子句 $\rightarrow I(x) \lor R(x)$ 是目标公式否定的子句。

我们用支持集策略归结如下：

S：(1) $\rightarrow I(x) \lor R(x)$

　　(2) $I(a)$

　　(3) $\rightarrow R(y) \lor \rightarrow L(y)$

　　(4) $L(a)$

S_1：(5) $R(a)$　　　　　　　　　由(1)，(2)，$\{a/x\}$

　　(6) $\rightarrow I(x) \lor \rightarrow L(x)$　　　由(1)，(3)，$\{x/y\}$

S_2：(7) $\rightarrow L(a)$　　　　　　　由(5)，(3)，$\{a/y\}$

　　(8) $\rightarrow L(a)$　　　　　　　由(6)，(2)，$\{a/x\}$

　　(9) $\rightarrow I(a)$　　　　　　　由(6)，(4)，$\{a/x\}$

　　(10) □　　　　　　　　　　由(7)，(4)

支持集策略有如下特点：

——这种策略的思想是尽量避免在可满足的子句集中做归结，因为从中导不出空子句。而求证公式的前提通常是一致的，所以，支持集策略要求归结时从目标公式否定的子句出发进行归结。所以，支持集策略实际是一种目标制导的反向推理。

——支持集策略是完备的。

3. 线性归结策略

线性归结策略：在归结过程中，除第一次归结可都用给定的子句集 S 中的子句外，其后的各次归结则至少要有一个亲本子句是上次归结的结果。

线性归结的归结演绎树如图 5 - 3 所示，其中 C_0，B_0 必为 S 中的子句，C_0 称为线性归结的顶子句；C_0，C_1，C_2，…，C_{n-1} 称为线性归结的中央子句；B_1，B_2，…，B_{n-1} 称为边子句，它们或为 S 中的子句，或为 C_1，C_2，…，C_{n-1} 中之一。

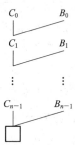

图 5 - 3　线性归结演绎树

例 5.29　对例 5.28 中的子句集，我们用线性归结策略归结。

(1) $\rightarrow I(x) \lor R(x)$

(2) $I(a)$

(3) $\rightarrow R(y) \lor \rightarrow L(y)$

(4) $L(a)$

(5) $R(a)$　　　　　由(1)(2)，$\{a/x\}$

(6) $\rightarrow L(a)$　　　　由(5)(3)，$\{a/y\}$

(7) □　　　　　　由(6)(4)

其归结反演树如图 5 - 4 所示。

线性归结策略的特点是：不仅它本身是完备的，高效的，而且还与许多别的策略兼容。例如在线性归结中可同时采用支持集策略或输入策略。

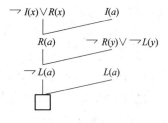

图 5 - 4　例 5.29 归结演绎树

4. 输入归结策略

输入归结策略：每次参加归结的两个亲本子句，必须至少有一个是初始子句集 S 中的子句。可以看出，例 5.29 中的归结过程也可看作是运用了输入策略。

输入归结策略的特点是：

——输入归结策略实际是一种自底向上的推理，它有相当高的效率。

——输入归结是不完备的。例如子句集

$$S=\{P \vee Q, \to P \vee Q, P \vee \to Q, \to P \vee \to Q\}$$

是不可满足的，用输入归结都不能导出空子句，因为最后导出□的子句必定都是单文字子句，它们不可能在 S 中。

输入归结往往同线性归结配合使用，组成所谓线性输入归结策略。当然，进一步还可以与支持集策略结合。

5. 单元归结策略

单元归结策略：在归结过程中，每次参加归结的两个亲本子句中必须至少有一个是单元子句。

可以看出，例 5.29 中的归结过程也可看作是运用了单元归结策略。

单元归结策略的特点：

——单元归结的思想是，用单元子句归结可使归结式含有较少的文字，因而有利于尽快逼近空子句。

——单元归结也是一种效率高但不完备的策略。

单元归结和输入归结虽都不完备，但应用它们可以证明相当广泛的一类定理，因此，它们不失为好的归结策略。另外，理论研究还表明：对不可满足的子句集 S，可用单元归结导出空子句当且仅当可用输入归结导出空子句。

单纯使用单元归结有时可能无法归结（当无单元子句时）。因此，一般是将单元归结的条件放宽，变为优先对单元子句进行归结。这种策略称为单元优先策略。

6. 祖先过滤形策略

祖先过滤形策略：参加归结的两个子句，要么至少有一个是初始子句集中的子句；要么一个是另一个的祖先（或者说一个是另一个的后裔）。

例 5.30 设有子句集

$$S=\{\to P(x) \vee Q(x), \to P(y) \vee \to Q(y), P(u) \vee Q(u), P(t) \vee \to Q(t)\}$$

我们用祖先过滤形策略进行归结，过程如图 5-5 所示。其中最后归结出空子句的两个子句 $\to P(x)$ 与 $P(u)$，前者是后者的祖先。可以看出，祖先过滤形策略也可看作是线性输入策略的改进。

祖先过滤形策略的特点是：

——祖先过滤形策略也可看作是线性输入策略的改进。

——祖先过滤形策略是完备的。

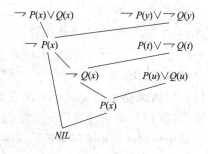

图 5-5 例 5.30 归结演绎树

5.4.3　归结策略的类型

上面我们介绍了一些常用的归结策略。

除此而外，人们还提出了许多别的策略，如锁归结、语义归结、加权策略、模型策略等。

锁归结的思想是：用数字 1，2，3，… 对各子句中的文字进行编号，使互不相同的文字或相同文字的不同出现具有不同的编号，这种编号就称为文字的锁，如 $1P \lor 3Q$ 和 $5P \lor 9P$ 中的 1，3，5，9 就都是锁。这样，归结就可用锁来控制。具体做法是：每次归结，参加归结的文字必须分别是所在子句中编号最小者。例如，有子句 $1P \lor 2Q$ 和 $3 \rightarrow P \lor 4 \rightarrow Q$，则只能对 P、$\rightarrow P$ 作归结。

语义归结的基本思想是将子句集 S 中的子句分成两组，只考虑组间子句的归结。

加权策略是对子句或其中的项赋予相应的权值，以反映子句或项在实际问题中的某种程度，这样，归结就可用权值来控制。如给出某种顺序或限制。

虽然归结策略很多，但归纳起来，大致可以分为三类：

（1）简化性策略。这种策略的思想是尽量简化子句和子句集，以减少和避免无效归结。如删除策略就是简化策略。然而，简化策略在使用时，也要付出一定的开销，如要不断地做包含检验或真值计算。这又是它的缺点。

（2）限制性策略。前面所介绍的策略多数都是限制性策略。如支持集策略、线性策略、输入策略、单元策略、祖先过虑策略、语义归结等。限制性策略的思想是尽量缩小搜索范围，以提高搜索效率。

（3）有序性策略。有序性策略的思想是给子句安排一定的顺序，以便能尽快地推出空子句。单元优先策略、加权策略以及锁归结等都是有序性归结策略。

以上三类策略虽然着眼点不同，但它们的目标是一致的，都是为了尽快推出空子句。而且它们并不互相排斥，而是可以配合使用。这就是说，在归结过程中可以同时使用几种策略。

需指出的是，经过几十年的探索，人们已提出了不少的归结策略，但对于归结策略的研究至今仍是自动推理的一个重要课题。

有了归结策略后，本节开始所给的归结反演一般算法可改为：

步 1　将子句集 S 置入 CLAUSES 表。

步 2　若空子句 NIL 在 CLAUSES 中，则归结成功，结束。

步 3　按某种策略在 CLAUSES 表中寻找可归结的子句对，若存在则归结之，并将归结式并入 CLAUSES 表，转步 2。

步 4　归结失败，退出。

5.5　归结反演程序举例

下面我们给出一个可用于命题逻辑归结反演的 PROLOG 示例程序。

```
prove(F, S)：—union(F, S, SY), proof(SY).


union([], Y, Y).
union([X|XR], Y, Z)：—member(X, Y), !, union(XR, Y, Z).
union([X|XR], Y, [X|ZR])：—union(XR, Y, ZR).


proof([SH|ST])：—resolution(SH, ST, []), !.
proof([SH|ST])：—resolution(SH, ST, NF), proof([NF, SH|ST]).


resolution(SH, [STH|ST], NF)：—resolve(SH, STH, NF1), NF1=SH, !,
                                resolution(SH, ST, NF).
resolution(SH, [STH|ST], NF)：—resolve(SH, STH, NF), print(SH, STH, NF).


resolve([],_, [])：—!.
resolve([F|FR], SF, FR)：—not(F=no), invert(F, IF), IF=SF, !.
resolve([F|FR], SF, NF)：—not(F=no), invert(F, IF), member(IF, SF), !,
                         pack(F, FR, SF, NF).
resolve([F|FR], SF, NF)：—not(F=no), !, resolve(FR, SF, NF1),
                         pack(([], [F], [NF1], NF).
resolve(F, SF, [])：—invert(F, IF), IF=SF, !.
resolve(F, SF, NF)：—invert(F, IF), member(IF, SF), !, pack(F, [], SF, NF).
resolve(F,_, F).


invert(X, [no, X])：—atom(X).
invert([no, X], X)：—atom(X).


member(X, [X|_])：—!.
member(X, [_|Y])：—member(X, Y).


pack(A, X, Y, Z)：—combine(A, X, Y, [Z|[]]), !.
pack(A, X, Y, Z)：—combine(A, X, Y, Z).


combine(A, X, Y, Z)：—union(X, Y, Z1), delete(A, Z1, Z2),
                     invert(A, IA), delete(IA, Z2, Z).


delete(_, [], []).
delete(E, [E|ER], R)：—!, delete(E, ER, R).
delete(E, [X|XR], [X|R])：—delete(E, XR, R).


print(F, S, R)：—write(F), write(', '), write(S), write("⇒"), write(R), nl.
```

　　该程序把子句用表表示。例如：子句→$P \vee Q$，则表示为：[[not, p], q]。子句集用子句表表示。例如：子句集{→$P \vee Q, R \vee S, U$}，则表示为

$$[[[not, p], q], [r, s], u]$$

该程序的目标子句是 prove(F, S)，其中 S 为前提，F 为要证明的结论的否定。程序运行时，谓词 union(F, S, FS) 首先把待证结论的否定子句 F 与前提子句 S 合并为 FS。接着，谓词 proof(FS) 对子句集 FS 进行归结反演，试图推出空子句[]。proof 又调用谓词 resolution 进行归结。proof 的第一个子句是归结反演的终结条件；第二个子句是归结反演的递归操作。

resolution(SH, ST, NF) 谓词实现具体的归结操作。其中 SH 是从子句集 FS 中分离出的一个子句，它作为一个双亲子句；ST 为去掉 SH 后的子句集；NF 是 SH 与 ST 中子句产生的归结式。

resolution 的第一个子句处理 ST 子句集中的第一个子句 STH 不能与 SH 归结的情况，将引起 resolution 的递归操作。在这里 resolve 子句把 SH 放入 NF，于是 resolution 子句根据 NF1＝SH 知道 STH 不能与 SH 组成互补对，便对剩下部分（去掉 STH 以后的表尾）进行递归处理。resolution 的第二个子句处理 ST 子句集中的第一个子句 STH 能与 SH 归结的情况，这时将 SH 与 STH 的归结式放入 NF。接着由 print(SH, STH, NF) 输出这一步的归结推理。

resolve(SH, STH, NF) 谓词的作用是检查 SH 和 STH 是否为可归结的双亲子句。resolve 共有七个子句。第一个子句是终止条件。第二至第四个子句处理 SH 为非单项析取式的情况，它们对 SH 从左到右依次查看每一个单项析取式，看是否在 STH 中存在它的否定，若存在则进行归结，若不存在则进行递归处理，其中第二个子句处理 STH 为单项析取式的情况，第三个子句处理 STH 为非单项析取式的情况，第四个子句处理 STH 中不存在 SH 中的单项析取式的否定的情况。第五、第六个子句处理 SH 为单项析取式的情况，其中第五个子句处理 STH 也为单项析取式的情况，第六个子句处理 STH 为非单项析取式的情况。这两个子句直接判断 SH 能否与 STH 归结，子句 5 归结结果为[]，即产生矛盾；子句 6 产生归结式 NF。第七个子句处理 SH 不能与 STH 归结的情况。

pack(F, FR, SF, NF) 谓词的功能是将子句[F|FR]和 SF 归结，产生归结式 NF，其中 F 是引起归结的项。pack 的第一个子句将删除归结式中可能多余的括号[]。如由[p, q]和[not, p]产生的归结式[q]便被改为 q。pack 的第二个子句调用 combine 来删除形如 L，¬L 的互补对，并确保在归结式中没有重复的元素。

invert(F, IF) 谓词的功能是将 F 取否定放在 IF 中。

现在我们用这个程序证明 $\rightarrow P \lor \rightarrow U$ 是 $Q \lor \rightarrow P$、$R \lor \rightarrow Q$、$S \lor \rightarrow R$ 和 $\rightarrow U \lor \rightarrow S$ 的逻辑结论。则有目标

? − prove([p, u], [[q, [no, p]], [r, [no, q]], [s, [no, r]], [[no, u], [no, s]]]).

对此目标，程序的运行结果为

p, [q, [not, p]]⇒q

q, [r, [not, q]]⇒r

r, [s, [not, r]]⇒s

s, [[not, u], [not, s]]⇒[not, u]

　　[not, u], u⇒[]

yes

5.6　Horn 子句归结与逻辑程序

5.6.1　子句的蕴含表示形式

我们知道，原子公式及其否定称为文字，现在我们把前者称为正文字，后者称为负文字。例如子句 $P(x) \vee \neg Q(x, y)$ 中 $P(x)$ 为正文字，$\neg Q(x, y)$ 为负文字。我们还知道，子句是若干文字的析取，析取词又满足交换律，所以对于任一个子句我们总可以将其表示成如下形式：

$$\neg Q_1 \vee \cdots \vee \neg Q_n \vee P_1 \vee \cdots \vee P_m \qquad (5-1)$$

其中 P_i，$\neg Q_j$ 皆为文字。可以看出，(5-1)式进一步可变形为

$$Q_1 \wedge Q_2 \wedge \cdots \wedge Q_n \rightarrow P_1 \vee P_2 \vee \cdots \vee P_m \qquad (5-2)$$

(5-2)式为一个蕴含式，如果我们约定蕴含式前件的文字之间恒为合取关系，而蕴含式后件的文字恒为析取关系，那么(5-2)式又可以改写为

$$Q_1, Q_2, \cdots, Q_n \rightarrow P_1, P_2, \cdots, P_m \qquad (5-3)$$

由于技术上的原因，我们又将(5-3)式改写为

$$P_1, P_2, \cdots, P_m \leftarrow Q_1, Q_2, \cdots, Q_n \qquad (5-4)$$

作为特殊情形，当 $m=0$ 时(5-4)式变为

$$\leftarrow Q_1, Q_2, \cdots, Q_n \qquad (5-4')$$

它相当于 $\neg(Q_1 \wedge Q_2 \wedge \cdots \wedge Q_n)$；当 $n=0$ 时，(5-4)式变为

$$P_1, P_2, \cdots, P_m \leftarrow \qquad (5-4'')$$

它相当于 $P_1 \vee P_2 \vee \cdots \vee P_m$。

这样，对于任一子句，我们总可以把它表示成(5-4)式的形式。子句的这种表示形式称为子句的蕴含表示形式。例如，子句 $\neg P(x) \vee Q(x, y) \vee \neg R(y)$ 的蕴含表示形式为

$$Q(x, y) \leftarrow P(x), R(y)$$

可以看出，对于子句的蕴含表示形式，消解过程变为：从其中一个子句的"←"号左侧与另一个子句的"←"号右侧（或从其中一个子句的"←"号右侧与另一个子句的"←"号左侧）的文字中寻找可合一文字对，然后消去它们，并把其余的左部（即"←"号的左侧）文字合并，作为消解式的左部，其余的右部文字合并，作为消解式的右部。例如，子句 $Q_1(x), Q_2(x) \leftarrow P_1(x), P_2(x)$ 和 $P_1(y) \leftarrow R_1(y), R_2(y)$ 的归结式为

$$Q_1(x), Q_2(x) \leftarrow R_1(x), R_2(x), P_2(x)$$

一般地，这种蕴含型子句的归结过程可表示如下。

设子句

$$C: P_1, \cdots, P_m \leftarrow Q_1, \cdots, Q_n$$

和

$$C': P_1', \cdots, P_s' \leftarrow Q_1', \cdots, Q_t'$$

中有 P_i 与 Q_j'（或 Q_i 与 P_j'）可合一，σ 为它们的 mgu，则 C 与 C' 的归结式为

$$P_1\sigma, \cdots, P_{i-1}\sigma, P_{i+1}\sigma, \cdots, P_m\sigma, P_1'\sigma, \cdots, P_s'\sigma \leftarrow$$

$$Q_1\sigma, \cdots, Q_n\sigma, Q_1'\sigma, \cdots, Q_{j-1}'\sigma, Q_{j+1}'\sigma, \cdots, Q_t'\sigma$$

或

$$P_1\sigma, \cdots, P_m\sigma, P_1'\sigma, \cdots, P_{j-1}'\sigma, P_{j+1}'\sigma, \cdots, P_s'\sigma \leftarrow$$
$$Q_1\sigma, \cdots, Q_{i-1}\sigma, Q_{i+1}\sigma, \cdots, Q_n\sigma, Q_1'\sigma, \cdots, Q_t'\sigma$$

5.6.2 Horn 子句与逻辑程序

定义 1 至多含有一个正文字的子句称为 Horn(有些文献中译为"霍恩")子句。(因逻辑学家 Alfred Horn 首先研究它而得名。)

由定义,蕴含型 Horn 子句有下列三种:

(1) $P \leftarrow Q_1, Q_2, \cdots, Q_m$ 称为条件子句,P 称为头部或结论。

(2) $P \leftarrow$ 称为无条件句。

(3) $\leftarrow Q_1, Q_2, \cdots, Q_m$ 称为目标子句,Q_i 称为子目标。

可以看出,Horn 子句形式简明,逻辑意义清晰,更重要的是 Horn 子句的消解过程可与计算机程序的执行过程统一起来,请看:

例 5.31 证明 $P(a, c)$ 是下面子句集{(1),(2),(3),(4)}的逻辑结论。

证

(1) $P(x, z) \leftarrow P_1(x, y), P_2(y, z)$

(2) $P_1(u, v) \leftarrow P_{11}(u, v)$ (前提)

(3) $P_{11}(a, b) \leftarrow$

(4) $P_2(b, c) \leftarrow$

(5) $\leftarrow P(a, c)$ (目标子句)

我们从目标子句出发,采用线性归结:

(6) $\leftarrow P_1(a, y), P_2(y, c)$ $[(5), (1), \{a/x, c/z\}]$

(7) $\leftarrow P_{11}(a, y), P_2(y, c)$ $[(6), (2), \{a/u, y/v\}]$

(8) $\leftarrow P_2(b, c))$ $[(7), (3), \{b/y\}]$

(9) $\square$ $[(8), (4)]$

仔细考虑以上归结过程,可以看出,上述归结过程中除最后一次外,每次产生的归结式都是目标子句;归结过程实际是对第一个目标的求解导致了一连串目标求解;而目标求解的过程类似于计算机程序执行中的过程调用。事实上,如果用程序的眼光去看,则子句(1),(2)就都是"过程"。例如(1)中 P 就是过程名,(5)和(1)消解就是对过程 P 的调用,而 P 的过程体为{$P_1(x, y), P_2(y, z)$},从而又引起了对子过程 P_1, P_2 的调用,这样层层调用下去,子句(3),(4)提供了过程出口。所以,子句(5)其实就相当于主程序,它包含一个过程调用。这就是说,Horn 子句与程序中的过程,基于 Horn 子句集的线性归结与程序的执行,二者是不谋而合的。

可见,我们完全可以把 Horn 子句逻辑作为一种计算机程序语言。这样,每一个 Horn 子句就是该语言中的语句,一个 Horn 子句的有限集合就是一个程序。我们称这种用 Horn 子句组成的程序为逻辑程序。显然,PROLOG 语言就是以 Horn 子句逻辑为基础的程序设计语言。这就是称其为逻辑程序设计语言的原因。

PROLOG 程序的运行是一种从问题语句(目标语句)开始的线性归结过程。每次归结时,子目标的选择顺序是从左到右,新子目标的插入顺序是插入子目标队列的左端,匹配子句的顺序是自上而下，搜索空子句的策略是深度优先，推理方式是反向推理，且有回溯机制。PROLOG 程序的这种归结方法称为基于 Horn 子句的 SLD(Linear resolution with Selection function for Definite clause)归结，亦称为 SLD 反驳 - 消解法。

5.7　非归结演绎推理

归结演绎虽然是一种有效的机器推理方法，但它仍存在不少问题。例如，归结策略仍然不能彻底解决大量无用归结式产生的问题。再从其本身来看，谓词公式的子句表达，掩盖了蕴含词所表示的因果关系，使前提与结论混在一起，不便于在推理中使用启发式信息，知识表示的可读性也差。所以，这就导致人们又对非归结演绎推理进行研究。人们对非归结演绎推理的研究也取得了不少成果，比较著名的有下述几种。

5.7.1　Bledsoe 自然演绎法

这种自然演绎法采用多条推理规则(当然是一些特定形式的规则)，试图模拟人脑的推理证明方式，由前提推证结论。著名的 IMPLY 系统就是一个 Bledsoe 自然演绎推理的定理证明系统。它是 Bledsoe 等于 1975 年在 Texas 大学研制的。这是一种效率较高的定理证明系统。例如微积分中连续函数的和仍连续的定理，仅用 27 步就得到了证明。但用归结法时，推出了 10 万个子句还尚无结果。

5.7.2　基于规则的演绎推理

这是另一种非归结推理。这种推理将前提谓词公式集合分为规则和事实两部分，并以特定的形式加以表示，然后，用规则与事实进行匹配，进行演绎推理。基于规则的演绎推理系统，称为规则演绎系统。实际上它是一种基于谓词逻辑的产生式系统。规则演绎系统又分为前向演绎系统、后向演绎系统和双向演绎系统。前向系统基于一组前向规则(称为 F －规则)，从事实出发进行推理；后向系统基于一组后向规则(称为 B －规则)，从目标出发进行推理；双向系统则同时基于 F －规则和 B －规则，同时从事实和目标出发进行推理。

5.7.3　王浩算法

我们知道，利用命题逻辑中的推论规则(如代换规则、取代规则、分离规则、CP 规则等等)，可以证明一个命题公式为定理。但把这一过程用机器来实现还存在许多困难。因为其中的各条规则都未指明在推导的哪一步该引入哪些前提或中间结论，而通常有赖于人的经验、技巧和才能。为此，美籍华人学者王浩教授于 1960 年提出了著名的王浩算法。

王浩算法是一种利用公理系统进行机械化自动定理证明的方法。它可以完全脱离开人的经验和技巧，机械地构造推导步骤，证明一个命题逻辑定理成立。王浩算法是由十个规则、一个公理格式，以及合式相继式和合式公式等规则组成的系统。这个系统是完备的，利用它可以机械地证明命题逻辑中的所有永真公式。

王浩算法中引入了公式串、相继式、公理格式等概念。证明采用反推法，即从要证明的结论出发，反向使用规则(将结论当作条件，前提视作结论)，直至得到公理。

例 5.32　利用王浩算法证明 $P \rightarrow P \vee Q$。

用自由前项的相继式表示,原式就是

$$\stackrel{s}{\Rightarrow} P \rightarrow P \vee Q \tag{5-5}$$

由(5-5)式又得

$$P \stackrel{s}{\Rightarrow} P \vee Q \tag{5-6}$$

由(5-6)式得

$$P \stackrel{s}{\Rightarrow} P, Q \text{(公理)} \tag{5-7}$$

其中 $\alpha \stackrel{s}{\Rightarrow} \beta$ 称为永真相继式。

现在采用反向推导,即要使(5-5)式成立则必须(5-6)式成立,要使(5-6)式成立则必须(5-7)式成立。而(5-7)式成立,所以原公式 $P \rightarrow P \vee Q$ 成立。

最后,值得一提的是,我国清华大学的李大法教授,近年来在基于谓词逻辑的机器推理研究方面取得了突破性进展。他将谓词逻辑中的常规形式推理方法成功地引入机器推理,建立了一种称为自动自然演绎证明系统。用这一系统,他在计算机上已证明了著名的图灵机停机问题,并修正了关于此问题的一个已有结论。

习　题　五

1. 求下列谓词公式的子句集。

   (1) $\exists x \exists y (P(x, y) \wedge Q(x, y))$

   (2) $\forall x \forall y (P(x, y) \rightarrow Q(x, y))$

   (3) $\forall x \exists y ((P(x, y) \vee Q(x, y)) \rightarrow R(x, y))$

   (4) $\forall x (P(x) \rightarrow \exists y (P(y) \wedge R(x, y)))$

   (5) $\exists x (P(x) \wedge \forall y (P(y) \rightarrow R(x, y)))$

   (6) $\exists x \exists y \forall z \exists u \forall v \exists w (P(x, y, z, u, v, w) \wedge (Q(x, y, z, u, v, w) \vee \rightarrow R(x, z, w)))$

2. 什么是替换?什么是合一?什么是最一般合一?

3. 试判断下列子句集中哪些是不可满足的。

   (1) $S = \{P(y) \vee \rightarrow Q(y), \rightarrow P(f(x)) \vee Q(y)\}$

   (2) $S = \{\rightarrow P(x) \vee Q(x), \rightarrow Q(y) \vee R(y), P(a), \rightarrow R(a)\}$

   (3) $S = \{\rightarrow P(x) \vee \rightarrow Q(y) \vee \rightarrow L(x, y), P(a), \rightarrow R(z) \vee L(a, z), R(b), Q(b)\}$

   (4) $S = \{P(x) \vee Q(x) \vee R(x), \rightarrow P(y) \vee R(y), \rightarrow Q(a), \rightarrow R(b)\}$

   (5) $S = \{P(x) \vee Q(x), \rightarrow Q(y) \vee R(y), \rightarrow P(z) \vee Q(z), \rightarrow R(u)\}$

4. 对下列各题请分别证明,G 是否可肯定是 $F, F_1, F_2, \cdots$ 的逻辑结论。

   (1) $F: \forall x (P(x) \wedge Q(x))$

   　　$G: \exists x (P(x) \wedge (Q(x))$

   (2) $F: (P \vee Q) \wedge (P \rightarrow R) \wedge (Q \rightarrow S)$

   　　$G: R \vee S$

   (3) $F_1: \forall x (P(x) \rightarrow \forall y (Q(y) \rightarrow \rightarrow L(x, y)))$

$\quad\quad F_2$：$\exists x(P(x) \wedge \forall y(R(y) \rightarrow L(x, y)))$

$\quad\quad G$：$\forall x(R(x) \rightarrow \neg Q(x))$

（4）F_1：$\forall x(P(x) \rightarrow Q(x) \wedge R(x))$

$\quad\quad F_2$：$\exists x(P(x) \wedge S(x))$

$\quad\quad G$：$\exists x(S(x) \wedge R(x))$

5. 设已知：

（1）凡是清洁的东西就有人喜欢；

（2）人们都不喜欢苍蝇。

用归结原理证明：苍蝇是不清洁的。

6. 某公司招聘工作人员，有 A，B，C 三人应聘，经面试后，公司表示如下想法：

（1）三人中至少录取一人；

（2）如果录取 A 而不录取 B，则一定录取 C；

（3）如果录取 B，则一定录取 C。

试用归结原理求证：公司一定录取 C。

7. 张某被盗，公安局派出五个侦察员去调查。研究案情时，侦察员 A 说"赵与钱中至少有一人作案"；侦察员 B 说"钱与孙中至少有一人作案"；侦察员 C 说"孙与李中至少有一人作案"；侦察员 D 说"赵与孙中至少有一人与此案无关"；侦察员 E 说"钱与李中至少有一人与此案无关"。如果这五个侦察员的话都是可信的，请用归结原理求出谁是盗窃犯。

8. 什么是完备的归结策略？有哪些归结策略是完备的？

9. 对 4 题中的子句集，选用某种策略进行归结。

10. 请对线性输入策略及单文字子句策略，分别给出一个反例，以说明它们是不完备的。

第 6 章　基于产生式规则的机器推理

　　产生式规则是一种十分普遍的知识表示形式,产生式系统是一种应用广泛的问题求解系统模型。本章介绍基于产生式的知识表示及其推理。

6.1　产　生　式　规　则

6.1.1　产生式规则

　　产生式(Production)一词,首先是由美国数学家波斯特(E. Post)提出来的。波斯特根据替换规则提出了一种称为波斯特机的计算模型,模型中的每一条规则当时被称为一个产生式。后来,这一术语几经修改扩充,被用到许多领域。例如,形式语言中的文法规则就称为产生式。产生式也称为产生式规则,或简称规则。

　　产生式的一般形式为

〈前件〉→〈后件〉

其中,前件就是前提,后件是结论或动作,前件和后件可以是由逻辑运算符 AND、OR、NOT 组成的表达式。

　　产生式规则的语义是:如果前提满足,则可得结论或者执行相应的动作,即后件由前件来触发。所以,前件是规则的执行条件,后件是规则体。

　　例如,下面就是几个产生式规则:

　　(1) 如果银行存款利率下调,那么股票价格上涨。

　　(2) 如果炉温超过上限,则立即关闭风门。

　　(3) 如果键盘突然失灵,且屏幕上出现怪字符,则是病毒发作。

　　(4) 如果胶卷感光度为 200,光线条件为晴天,目标距离不超过 5 米,则快门速度取 250,光圈大小取 f16。

　　可以看出,产生式与逻辑蕴含式非常相似。是的,逻辑蕴含式就是产生式,但它只是一种产生式。除逻辑蕴含式外,产生式还包括各种操作、规则、变换、算子、函数等等。比如上例中的(2)是一个产生式,但并不是一个逻辑蕴含式。概括来讲,产生式描述了事物之间的一种对应关系(包括因果关系和蕴含关系),其外延十分广泛。例如,图搜索中的状态转换规则和问题变换规则就都是产生式规则。另外还有程序设计语言的文法规则、逻辑中的逻辑蕴含式和等价式、数学中的微分和积分公式、化学中分子结构式的分解变换规则等等,也都是产生式规则;甚至体育比赛中的规则、国家的法律条文、单位的规章制度等等,也都可以表示成产生式规则。

　　所以，一个产生式规则就是一条知识。用产生式不仅可以进行推理，而且还可以实现操作。因此，现在人工智能界一般都把产生式规则作为一种知识表示形式或方法。

6.1.2　基于产生式规则的推理模式

　　由产生式的涵义可知，利用产生式规则可以实现有前提条件的指令性操作，也可以实现逻辑推理。实现操作的方法是当测试到一条规则的前提条件满足时，就执行其后部的动作。这称为规则被触发或点燃。利用产生式规则实现逻辑推理的方法是当有事实能与某规则的前提匹配（即规则的前提成立）时，就得到该规则后部的结论（即结论也成立）。

　　实际上，这种基于产生式规则的逻辑推理模式，就是逻辑上所说的假言推理（对常量规则而言）和三段论推理（对变量规则而言），即：

$$A \longrightarrow B$$
$$A$$
$$\overline{\qquad\qquad}$$
$$B$$

这里的大前提就是一个产生式规则，小前提就是证据事实。

　　其实，我们也可以把上面的有前提条件的操作和逻辑推理统称为推理。那么，上面的式子也就是基于产生式规则的一般推理模式。这就是说，产生式系统中的推理是更广义的推理。

6.2　产生式系统

　　机器中运用产生式进行推理是用所谓的产生式系统来实现的。

6.2.1　系统结构

　　产生式系统由三部分组成：产生式规则库、推理机和动态数据库，其结构如图 6-1 所示。

　　产生式规则库亦称产生式规则集，由领域规则组成，在机器中以某种动态数据结构进行组织。一个产生式规则集中的规则，按其逻辑关系，一般可形成一个称为推理网络的结构图。

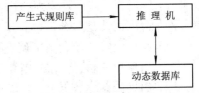

图 6-1　产生式系统的结构

　　推理机亦称控制执行机构，它是一个程序模块，负责产生式规则的前提条件测试或匹配，规则的调度与选取，规则体的解释和执行。即推理机实施推理，并对推理进行控制，它也就是规则的解释程序。

　　动态数据库亦称全局数据库、综合数据库、工作存储器、上下文、黑板等等，它是一个动态数据结构，用来存放初始事实数据、中间结果和最后结果等。

6.2.2　运行过程

　　产生式系统运行时，除了需要规则库以外，还需要有初始事实（或数据）和目标条件。目标条件是系统正常结束的条件，也是系统的求解目标。产生式系统启动后，推理机就开始推理，按所给的目标进行问题求解。

推理机的一次推理过程可如图 6 - 2 所示。

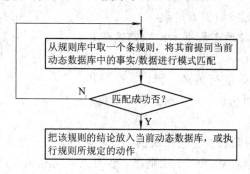

图 6 - 2　推理机的一次推理过程

　　一个实际的产生式系统，其目标条件一般不会只经一步推理就可满足，往往要经过多步推理才能满足或者证明问题无解。所以，产生式系统的运行过程，就是推理机不断运用规则库中的规则，作用于动态数据库，不断进行推理并不断检测目标条件是否满足的过程。当推理到某一步，目标条件被满足，则推理成功，于是系统运行结束；或者再无规则可用，但目标条件仍未满足，则推理失败，当然系统也运行结束。

　　由上所述，产生式系统的运行过程也就是从初始事实出发，寻求到达目标条件的通路的过程。所以，产生式系统的运行过程也是一个搜索的过程。但一般把产生式系统的整个运行过程也称为推理。那么，一个产生式系统启动后，从哪儿开始推理？下面我们就回答这个问题。

6.2.3　控制策略与常用算法

　　产生式系统的推理可分为正向推理和反向推理两种基本方式。简单来讲，正向推理就是从初始事实数据出发，正向使用规则进行推理（即用规则前提与动态数据库中的事实匹配，或用动态数据库中的数据测试规则的前提条件，然后产生结论或执行动作），朝目标方向前进；反向推理就是从目标出发，反向使用规则进行推理（即用规则结论与目标匹配，又产生新的目标，然后对新目标再作同样的处理），朝初始事实或数据方向前进。下面我们给出产生式系统正向推理和反向推理的常用算法：

1. 正向推理

正向推理算法一：

步1　将初始事实/数据置入动态数据库。

步2　用动态数据库中的事实/数据，匹配/测试目标条件，若目标条件满足，则推理成功，结束。

步3　用规则库中各规则的前提匹配动态数据库中的事实/数据，将匹配成功的规则组成待用规则集。

步4　若待用规则集为空，则运行失败，退出。

步5　将待用规则集中各规则的结论加入动态数据库，或者执行其动作，转步 2。

　　可以看出，随着推理的进行，动态数据库的内容或者状态在不断变化。如果我们把动态数据库的每一个状态作为一个节点的话，则上述推理过程也就是一个从初始状态（初始事实/数据）到目标状态（目标条件）的状态图搜索过程。如果我们把动态数据库中每一个事

实/数据作为一个节点的话,则上述推理过程就是一个"反向"(即自底向上)与或树搜索过程。

但该算法中并未记录动态数据库的状态变化历史,而是始终保持当前的一个动态数据库状态,同时也始终基于当前数据库进行推理。所以,这种推理其动态数据库的变化可由图 6 - 3 示意。下面我们再看一个具体的例子。

图 6 - 3　正向推理的动态数据库

例 6.1　动物分类问题的产生式系统描述及其求解。

设由下列动物识别规则组成一个规则库,推理机采用上述正向推理算法,建立一个产生式系统。该产生式系统就是一个小型动物分类知识库系统。

规则集:

r_1:若某动物有奶,则它是哺乳动物。

r_2:若某动物有毛发,则它是哺乳动物。

r_3:若某动物有羽毛,则它是鸟。

r_4:若某动物会飞且生蛋,则它是鸟。

r_5:若某动物是哺乳动物且有爪且有犬齿且目盯前方,则它是食肉动物。

r_6:若某动物是哺乳动物且吃肉,则它是食肉动物。

r_7:若某动物是哺乳动物且有蹄,则它是有蹄动物。

r_8:若某动物是有蹄动物且反刍食物,则它是偶蹄动物。

r_9:若某动物是食肉动物且黄褐色且有黑色条纹,则它是老虎。

r_{10}:若某动物是食肉动物且黄褐色且有黑色斑点,则它是金钱豹。

r_{11}:若某动物是有蹄动物且长腿且长脖子且黄褐色且有暗斑点,则它是长颈鹿。

r_{12}:若某动物是有蹄动物且白色且有黑色条纹,则它是斑马。

r_{13}:若某动物是鸟且不会飞且长腿且长脖子且黑白色,则它是驼鸟。

r_{14}:若某动物是鸟且不会飞且会游泳且黑白色,则它是企鹅。

r_{15}:若某动物是鸟且善飞且不怕风浪,则它是海燕。

这个规则集形成的部分推理网络如图 6 - 4 所示。

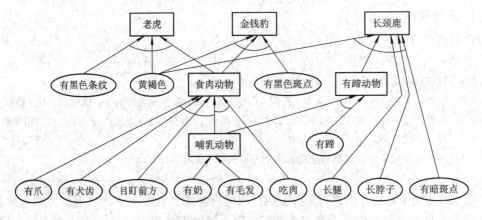

图 6 - 4　规则集形成的部分推理网络

再给出初始事实：

f_1：某动物有毛发。

f_2：吃肉。

f_3：黄褐色。

f_4：有黑色条纹。

目标条件为：该动物是什么？

易见，该系统的运行结果为：该动物是老虎。其推理树如图 6-5 所示。

可以看出，上述正向推理算法适合于只搜索目标节点而不需要路径的问题。正向推理也称为前向推理、正向链、数据驱动的推理。

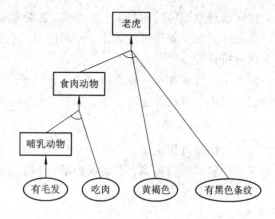

图 6-5 关于"老虎"的正向推理树

2. 反向推理

反向推理算法：

步 1 将初始事实/数据置入动态数据库，将目标条件置入目标链。

步 2 若目标链为空，则推理成功，结束。

步 3 取出目标链中第一个目标，用动态数据库中的事实/数据同其匹配，若匹配成功，转步 2。

步 4 用规则集中的各规则的结论同该目标匹配，若匹配成功，则将第一个匹配成功且未用过的规则的前提作为新的目标，并取代原来的父目标而加入目标链，转步 3。

步 5 若该目标是初始目标，则推理失败，退出。

步 6 将该目标的父目标移回目标链，取代该目标及其兄弟目标，转步 3。

可以看出，上述反向推理算法的推理过程也是一个图搜索过程，而且一般是一个与或树搜索。

例 6.2 对于例 6.1 中的产生式系统，改为反向推理算法，则得到图 6-6 所示的推理树。

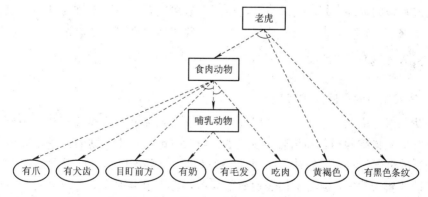

图 6-6 关于"老虎"的反向推理树

可以看出，与正向推理不同，这次的推理树是从上而下扩展而成的，而且推理过程中还发生过回溯。

反向推理也称为后向推理、反向链、目标驱动的推理等。

从上面的两个算法可以看出，正向推理是自底向上的综合过程，而反向推理则是自顶向下的分析过程。

除了正向推理和反向推理外，产生式系统还可进行双向推理。双向推理就是同时从初始数据和目标条件出发进行推理，如果在中间某处相遇，则推理搜索成功。

3. 冲突消解策略

上述正向推理算法中，对所有匹配成功的规则都同时触发启用。所以，它实现的搜索是穷举式的树式盲目搜索。下面我们给出一个正向推理的启发式线式搜索算法。

正向推理算法二：

步 1　将初始事实/数据置入动态数据库。

步 2　用动态数据库中的事实/数据，匹配/测试目标条件，若目标条件满足，则推理成功，结束。

步 3　用规则库中各规则的前提匹配动态数据库中的事实/数据，将匹配成功的规则组成待用规则集。

步 4　若待用规则集为空，则运行失败，退出。

步 5　用某种策略，从待用规则集中选取一条规则，将其结论加入动态数据库，或者执行其动作，撤消待用规则集，转步 2。

可以看出，该算法与前面的算法仅在步 5 有所差别。但它已是不可回溯的线式搜索了。该算法的启发性表现在"用某种策略，从待用规则集中选取一条规则"。这种选取策略，也称为"冲突消解"策略。因为这时可用规则集中的规则都可触发执行，但只取其中之一，因而就产生了冲突或竞争。所以，冲突消解策略对正向推理有重要意义。

常用的冲突消解策略有：优先级法（优先级高者优先）、可信度法（可信度高者优先）、代价法（代价低者优先）及自然顺序法等。当然，要使用优先级法、可信度法、代价法等策略时，须事先给规则设定相关的参数，即优先级、可信度、代价等。

可以看出，上述的两个推理算法的"启发"性就体现在冲突消解策略中。如果再采用优先级、可信度、代价等冲突消解策略，则就是启发式搜索；但如果采用自然顺序法，则就是一种盲目碰撞搜索。

产生式系统的推理方式、搜索策略及冲突消解策略等，一般统称为推理控制策略，或简称**控制策略**。一个产生式系统的控制策略就体现在推理机的算法描述中。

6.2.4　程序实现

1. 产生式规则的程序语言实现

上面我们对产生式的讨论，只是用自然语言进行描述并仅在概念层次上进行阐述，而并未涉及它的具体结构和程序语言实现问题。现在讨论产生式规则的程序语言实现问题。

首先，讨论产生式规则的结构问题。一般来讲，产生式规则的前提和结论部分可以是一个复杂的逻辑表达式，但为了使表达简单规范，且便于推理，在实践中人们往往把规则的前提部分作成形如

$$条件_1 \text{ AND } 条件_2 \text{ AND } \cdots \text{ AND } 条件_n$$

或

　　　　　　条件$_1$ OR 条件$_2$ OR … OR 条件$_m$

的形式(其中的条件可以带否定词)；把规则结论部分作成形如

　　　　　　断言$_1$/动作$_1$ AND 断言$_2$/动作$_2$ AND … AND 断言$_k$/动作$_k$

或

　　　　　　断言$_1$/动作$_1$ OR 断言$_2$/动作$_2$ OR … OR 断言$_k$/动作$_k$

的形式，或者进一步简化成

断言/动作

即仅有一项的形式。

　　由于含 OR 关系的规则也可以分解为几个不含 OR 关系的规则，所以，产生式规则也可仅取下面的一种形式：

　　　　　　条件$_1$ AND 条件$_2$ AND … AND 条件$_n$→断言/动作

即前件是若干与关系的条件，后件仅有一个断言或动作。

　　对规则作进一步细化。其条件、断言和动作都应该是陈述句。所以，它们可以用 n 元谓词(或子句)形式表示，或者用 n 元组的形式表示，如"对象-属性-值"三元组，"属性-值"二元组，或仅有"值"(符号、字符串或数值)的一元组等，而且谓词和元组中的项可以是常量、变量或复合项。当然，对于条件还可以用通常的关系式表示。如果规则解释程序(即推理机)不能直接支持上述的谓词或元组表示形式，那么，可用通常的记录、数组、结构、函数等数据结构来实现规则中的条件和断言，用通常的赋值式、运算式、函数、过程等形式实现规则中的动作。

　　至于规则的语言表示是否一定要有"IF－THEN"，或者"AND"、"OR"等连接符，这倒不一定。但原则是，在程序执行时必须能体现出规则前提和结论的对应关系，必须能体现出前提和结论中的逻辑关系。例如，我们完全可以用一个二元组

(〈前件〉,〈后件〉)

表示一个产生式规则。

　　上面我们给出了产生式规则在程序中的具体表示方法。但必须指出的是，产生式规则的程序语言形式与规则的解释程序(即推理机)密切相关。就是说，规则的解释程序与规则的语言形式必须是相符的、一致的。所以，一般不能单方面地孤立地谈论规则的语言表示形式，而要与解释程序统一考虑。

　　这样，就有两种情况：一种是先确定规则的语言表示形式，再根据规则形式设计规则解释程序(推理机)；另一种是对已有的解释程序(推理机)，设计规则表示形式(当然只能采用推理机所约定的规则形式)。

　　例如，在 PROLOG 程序中要表示产生式规则，至少有两种形式：

　　(1) 用 PROLOG 的规则表示产生式规则。

　　(2) 用 PROLOG 的事实表示产生式规则。

　　对这两种表示，对应的推理机是不一样的。若用方法(1)，则一般就不必编写显式的推理机程序，因为对于这种形式的规则，PROLOG 语言的翻译程序就是它的推理机。但若用

方法（2），则就必须用 PROLOG 语言编写显式的推理机程序。

　　例 6.3　把 6.2 节例 6.1 中给出的产生式规则用 PROLOG 的规则可表示如下：

　　　　animal_is("老虎")：—

　　　　　　　　　　　　it_is("食肉动物")，

　　　　　　　　　　　　fact("黄褐色")，

　　　　　　　　　　　　fact("有黑色条纹")．

　　　　it_is("食肉动物")：—it_is1("哺乳动物")，

　　　　　　　　　　　fact("有爪")，

　　　　　　　　　　　fact("有犬齿")，

　　　　　　　　　　　fact("目盯前方")．

　　　　it_is("食肉动物")：—it_is1("哺乳动物")，

　　　　　　　　　　　fact("吃肉")．

　　　　it_is1("哺乳动物")：—fact("有奶")．

　　　　it_is1("哺乳动物")：—fact("有毛发")．

　　对于这种规则表示形式，可以不用再编写推理机程序，而可直接利用 PROLOG 自身的推理机，进行推理。例如，当再给出如下的事实：

　　　　fact("黄褐色")．

　　　　fact("有黑色条纹")．

　　　　fact("吃肉")．

　　　　fact("有奶")．

和目标：

　　　　animal_is(Y)．

则程序运行后的结果就是：

　　　　Y＝老虎

但如果把上面的规则表示成如下的形式：

　　　　rule(["食肉动物"，"黄褐色"，"有黑色条纹"]，"老虎")．

　　　　rule(["哺乳动物"，"有爪"，"有犬齿"，"目盯前方"]，"食肉动物")．

　　　　rule(["哺乳动物"，"吃肉"]，"食肉动物")．

　　　　rule(["有奶"]，"哺乳动物")．

　　　　rule(["有毛发"]，"哺乳动物")．

则就需要用 PROLOG 语言编写一个推理机程序。否则，无法实施基于上述规则的推理。

　　还需说明的是，并非凡是用 PROLOG 规则表示的产生式规则，都可直接使用 PROLOG 的推理机。例如，

　　　　rule(X，Y)：—Y＝X＋1．

这是一个含变量的规则，其中 X 为前提，Y 是结论。也就是说，在推理时是把 rule(X，Y) 作为规则使用的。显然，对于这种形式的规则，仍然需要重新编写推理机。

　　2. 规则库的程序实现

　　规则库的程序实现分为内存和外存两个方面。在内存中规则库可用链表实现，在外存

则就是以规则为基本单位的数据文件。但若用 PROLOG 程序，对于用 PROLOG 的规则表示的产生式规则，规则库就是程序的一部分；对于 PROLOG 事实表示的规则，则规则库在内存就是动态数据库，在外存就是数据库文件。

还需说明的是，对于规则库实际上还需配一个管理程序，即知识库管理系统，专门负责规则及规则库的各项管理工作。知识库管理系统的设计也与规则的表示形式密切相关。

3. 动态数据库的程序实现

动态数据库由推理时所需的初始事实数据、推理的中间结果、最后结果以及其他控制或辅助信息组成。这些事实数据的具体表示方法与上面所述的规则条件与结论的语言表示方法基本一样，区别就是动态数据库中的事实数据中不能含有变量。动态数据库在内存可由（若干）链表实现并组成。在 PROLOG 程序中实现动态数据库，则可不必编写链表程序，而利用 PROLOG 提供的动态数据库直接实现。

4. 推理机的程序实现

推理机的程序实现，除了依据某一控制策略和算法编程外，一般来说，程序中还应具有模式匹配与变量的替换合一机制。因为模式匹配是推理的第一步，同时规则中一般都含有变量，而变量的匹配必须有替换合一机制的支持。当然，要实现合一，就要用合一算法。那么，前面归结推理中的合一算法，对产生式系统也是适用的（如果不是谓词公式合一，则需稍作修改）。

上面我们全面介绍了产生式系统的程序实现方法。最后值得一提的是，由上所述可以看到：PROLOG 的规则恰好能直接表示产生式规则，PROLOG 的事实也恰好能表示产生式系统中的事实，PROLOG 的动态数据库也刚好可用来实现产生式系统的动态数据库，程序中的目标也就是产生式系统的运行目标，PROLOG 的翻译程序本身就是一个推理机。这就是说，PROLOG 语言本身恰好就是一个产生式系统框架或实现工具。于是，若用 PROLOG 实现产生式系统，则程序员仅需把问题域中的产生式规则用 PROLOG 的规则表示，把推理所需证据事实用 PROLOG 的数据库谓词表示，再给出推理目标即可。

最后需指出的是，除了 PROLOG 语言外，LISP 语言也是描述产生式规则，实现产生式系统的常用语言。另外，还有几种产生式系统的专用语言，如 OPS5、CLIPS 等，都是专门的产生式系统语言。用这些语言建立产生式系统，不必编写推理机程序，只需按语言的规则语法建立规则库，再给出初始事实和推理目标即可。

6.2.5　产生式系统与图搜索问题求解

分析前面给出的两个正向推理算法，可以看出，它们只能用于解决逻辑推理性问题。那么，如何用正向推理来求解规划性问题呢？如果要用正向推理求解规划性问题，则上述算法中至少还需增加以下功能：

（1）记录动态数据库状态变化的历史，这就需要增设一个 *CLOSED* 表。

（2）若要回溯，则还需保存与每个动态数据库状态对应的可用规则集。因为动态数据库状态与可用规则集实际是一一对应的。当回溯到上一个动态数据库状态（节点）后，需从其可用规则集中重新选取一条规则。

（3）要进行树式搜索，还需设置一个 *OPEN* 表，以进行新生动态数据库的状态保存和当前动态数据库状态的切换。

（4）还要考虑一条规则是否只允许执行一次。若是，则要对已执行了的规则进行标记。但这样以来，产生式系统的推理算法就与第 3 章的图搜索算法相差无几了。下面我们再将产生式系统与图搜索（含状态图搜索和与或图搜索）中的有关概念作一对比（如表 6.1 所示）。

表 6.1 产生式系统与图搜索对比

产生式系统	图搜索
初始事实数据	初始节点
目标条件	目标节点
产生式规则	状态转换规则问题变换规则
规则库	操作集
动态数据库	节点（状态/问题）
控制策略	搜索策略

可以看出，二者几乎是一回事。要说差别的话，图搜索主要着眼于搜索算法，描述了问题求解的方法，而产生式系统则主要着眼于知识，并给出了实施这种方法的一种计算机程序系统的结构模式。这样，问题求解、图搜索和产生式系统三者的关系是：问题求解是目的，图搜索是方法，产生式系统是形式。

既然基于产生式系统的推理就是图搜索，那么，前面关于图搜索的各种策略，对于产生式系统也仍然适用。

还需指出的是，在图搜索技术中，与或图的搜索，一般都是从初始节点出发，进行"自顶向下"地搜索。这种搜索用产生式系统实现，一般用反向推理实现。但同样的问题，产生式系统也可用正向推理实现，即进行"自下而上"地搜索。这就是说，产生式系统能实施功能更强的搜索。这大概是产生式系统与前面介绍的图搜索的一个差别吧。

有些文献中，把"自下而上"进行推理搜索，且目标的到达与规则的触发次序无关的产生式系统称为**可交换的产生式系统**；而把"自上而下"进行推理搜索，且搜索的是与或树的产生式系统称为**可分解的产生式系统**。

由上述产生式系统与图搜索的关系可见，产生式系统完全可以作为图搜索问题求解的一种通用模型。考虑到三种遗传操作和归结原理也都是产生式规则，所以基于遗传算法的问题求解系统和基于归结原理的证明或求解系统实际上也都是产生式系统。不过，这是两种特殊的产生式系统，或者说，它们是产生式系统的变形（前者含有三条产生式规则，后者仅含有一条产生式规则）。这样，产生式系统实际上就几乎成了人工智能问题求解系统的通用模型。

习　题　六

1. 你对产生式规则作为一个知识表示形式是如何看待和理解的?

2. 产生式规则与逻辑蕴含式以及 PROLOG 中的规则是何关系?

3. 试举几个产生式的实例,并用 PROLOG 语言表示之。

4. 考虑图搜索中的各种搜索策略在产生式系统中应如何实现。

5. 若要用产生式系统求解诸如走迷宫、八数码等路径问题,那么,请问本章中给出的正向推理和反向推理算法能否适用? 若不适用,则应对其作何修改?

6. 试将本章给出的正向推理和反向推理算法用 PROLOG 语言或 C 语言编程,实现一个推理机。

7. 猴子摘香蕉问题。一个房间里,天花板上挂一串香蕉。房间里有一只猴子,还有一只可被猴子推移的箱子,而且,当猴子登上箱子时刚好能摘到香蕉。设猴子在房间的 A 处,箱子在 B 处,香蕉在 C 处。问:猴子如何行动可以摘取香蕉? 试用产生式系统描述该问题,并用 PROLOG 语言编程实现,求出猴子摘香蕉的行动序列。

8. 利用第 6 题的结果(即推理机),选择一个实际问题,如走迷宫问题、交通路线问题、八数码问题、梵塔问题、农夫过河问题、旅行商问题、八皇后问题、机器人行动规划问题等规划性问题,或者动物分类、植物分类、疾病诊断、故障诊断等推理决策性问题,找出其中的产生式规则,组成规则库,并给出初始事实数据和目标条件,建立一个小型产生式系统,并上机运行之。

第 7 章 几种结构化知识表示及其推理

本章介绍框架、语义网络和类与对象等结构化知识表示方法及其推理。

7.1 框 架

7.1.1 框架的概念

顾名思义，框架（frame）就是一种结构，一种模式，其一般形式是：

〈框架名〉

〈槽名$_1$〉〈槽值$_1$〉|〈侧面名$_{11}$〉〈侧面值$_{111}$，侧面值$_{112}$，…〉

〈侧面名$_{12}$〉〈侧面值$_{121}$，侧面值$_{122}$，…〉

⋮

〈槽名$_2$〉〈槽值$_2$〉|〈侧面名$_{21}$〉〈侧面值$_{211}$，侧面值$_{212}$，…〉

〈侧面名$_{22}$〉〈侧面值$_{221}$，侧面值$_{222}$，…〉

⋮

…

〈槽名$_k$〉〈槽值$_k$〉|〈侧面名$_{k1}$〉〈侧面值$_{k11}$，侧面值$_{k12}$，…〉

〈侧面名$_{k2}$〉〈侧面值$_{k21}$，侧面值$_{k22}$，…〉

⋮

即一个框架一般有若干个槽，一个槽有一个槽值或者有若干个侧面，而一个侧面又有若干个侧面值。其中槽值和侧面值可以是数值、字符串、布尔值，也可以是一个动作或过程，甚至还可以是另一个框架的名字。

例 7.1 下面是一个描述"教师"的框架：

框架名：〈教师〉

类属：〈知识分子〉

工作：范围：（教学，科研）

缺省：教学

性别：（男，女）

学历：（中师，高师）

类型：（〈小学教师〉，〈中学教师〉，〈大学教师〉）

可以看出，这个框架的名字为"教师"，它含有 5 个槽，槽名分别是"类属"、"工作"、"性别"、"学历"和"类型"。这些槽名的右面就是其值，如"〈知识分子〉"、"男"、"女"、"高师"、"中师"等等。其中"〈知识分子〉"又是一个框架名，"范围"、"缺省"就是侧面名，其后是侧面值，如："教学"、"科研"等。另外，用〈 〉括的槽值也是框架名。

例 7.2　下面是一个描述"大学教师"的框架：

框架名：〈大学教师〉

类属：〈教师〉

学历：(学士，硕士，博士)

专业：〈学科专业〉

职称：(助教，讲师，副教授，教授)

外语：语种：范围：(英，法，日，俄，德，…)

　　　　　　缺省：英

　　水平：(优，良，中，差)

　　缺省：良

例 7.3　下面是描述一个具体教师的框架：

框架名：〈教师－1〉

类属：〈大学教师〉

姓名：李明

性别：男

年龄：25

职业：教师

职称：助教

专业：计算机应用

部门：计算机系软件教研室

工作：

参加工作时间：1995 年 8 月

工龄：当前年份－参加工作年份

工资：〈工资单〉

比较例 7.2 和例 7.3 中的框架，可以看出，前者描述的是一个概念，后者描述的则是一个具体的事物。二者的关系是，后者是前者的一个实例。因此，后者一般称为前者的实例框架。这就是说，这两个框架之间存在一种层次关系。一般称前者为上位框架(或父框架)，后者为下位框架(或子框架)。当然，上位和下位是相对而言的。例如"大学教师"虽然是"教师－1"的上位框架，但它却是"教师"框架的下位框架，而"教师"又是"知识分子"的下位框架。

框架之间的这种层次关系对减少信息冗余有重要意义。因为上位框架与下位框架所表示的事物，在逻辑上为种属关系，即一般与特殊的关系。这样凡上位框架所具有的属性，下位框架也一定具有。于是，下位框架就可以从上位框架那里"继承"某些槽值或侧面值。所以，"特性继承"也就是框架这种知识表示方法的一个重要特征。

进一步考察上例可以看出，由于一个框架的槽值还可以是另一个框架的名，这就把有关框架横向联系了起来。而框架间的"父子"关系是框架间的一种纵向联系。于是，某一论域的全体框架便构成一个框架网络或框架系统。另外，我们还可看到框架的槽值一般是属性值或状态值，但也可以是规则或逻辑式、运算式甚至过程调用等，例如上面的工龄就是一个运算式子。

7.1.2　框架的表达能力

由框架的形式可以看出，框架适合表达结构性的知识。所以，概念、对象等知识最适于用框架表示。其实，框架的槽就是对象的属性或状态，槽值就是属性值或状态值。不仅如此，框架还可以表示行为（动作），所以，有些事件或情节也可用框架网络来表示。

例 7.4　下面是关于房间的框架：

框架名：〈房间〉

墙数 x_1：

　　缺省：$x_1=4$

　　条件：$x_1>0$

窗数 x_2：

　　缺省：$x_2=2$

　　条件：$x_2\geqslant 0$

门数 x_3：

　　缺省：$x_3=1$

　　条件：$x_3>0$

前墙：（墙框架（w_1, d_1））

后墙：（墙框架（w_2, d_2））

左墙：（墙框架（w_3, d_3））

右墙：（墙框架（w_4, d_4））

天花板：〈天花板框架〉

地板：〈地板框架〉

门：〈门框架〉

窗：〈窗框架〉

条件：$w_1+w_2+w_3+w_4=x_2$

　　　　$d_1+d_2+d_3+d_4=x_3$

类型：（〈办公室〉，〈教室〉，〈会客室〉，〈卧室〉，〈厨房〉，〈仓库〉，…）

例 7.5　机器人纠纷问题的框架描述如图 7 - 1 所示。

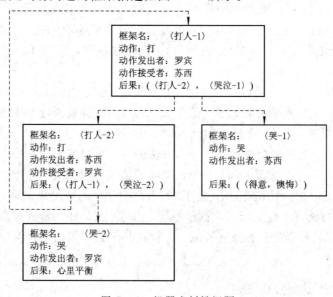

图 7 - 1　机器人纠纷问题

还需指出的是，产生式规则也可用框架表示。例如，产生式

"如果头痛且发烧，则患感冒。"

用框架表示可为：

框架名：〈诊断 1〉

前提：条件 1：头痛

条件 2：发烧

结论：患感冒

7.1.3　基于框架的推理

基于框架的推理方法是继承。所谓继承，就是子框架可以拥有其父框架的槽及其槽值。实现继承的操作有匹配、搜索和填槽。

匹配就是问题框架同知识库中的框架的模式匹配。所谓问题框架，就是要求解某个问题时，先把问题用一个框架表示出来，然后与知识库中的已有框架进行匹配。如果匹配成功，就可获得有关信息。搜索就是沿着框架间的纵向和横向联系，在框架网络中进行查找。搜索的目的是为了获得有关信息。例如，当问题框架同某一框架匹配时，该框架的某一个槽空缺，那么，就可以再找它的父框架，通过特性继承获得所需信息。例如，当我们需通过知识库获得教师－1 的外语水平情况时，假如他的有关档案资料已以框架形式存入知识库，那么，我们可以构造如下的框架同知识库中的教师框架匹配：

框架名：〈教师－1〉

姓名：李明

性别：男

年龄：25

职称：助教

专业：计算机应用

部门：计算机系软件教研室

外语水平：

显然，原框架"教师－1"中无"外语水平"槽，但它的父框架是"大学教师"，该框架内有"外语水平"槽，并且侧面"语种"（"范围"）缺省值是"英"，侧面"水平"的缺省值是"良"。于是通过继承，便知道了"教师－1"懂英语，且水平还良好。那么，这两个值也就可以填到"教师－1"的槽中。

还需指出的是，上述关于框架的推理方法，实际仅适于装载着概念和实体对象的框架，而对于装载着规则的框架，其推理就要用基于规则的演绎推理方法。

7.1.4　框架的程序语言实现

有一种名为 FRL(Frame Representation Language)的程序设计语言，就是专门基于框架的程序设计语言。用它就可以方便地实现框架知识表示。不过，用 PROLOG 也可方便地实现框架表示。用 PROLOG 实现框架表示，一般采用含结构或表的谓词来实现。因为框架实际上就是树，而 PROLOG 的结构也是树，表又是特殊的结构，它的元素个数和层数都不限定，可动态变化，因此，更适于表示一般的框架。例如，前面的"教师"框架用 PROLOG

可表示如下：

> frame(name("教师"),
>   kind_of("〈知识分子〉"),
>   work(scope("教学", "科研"), default("教学")),
>   sex("男", "女"),
>   reco_of_f_s("中师", "高师"),
>   type("〈小学教师〉", "〈中学教师〉", "〈大学教师〉")).

如果要给出框架的一个通用表示形式，则下面的表示方式可供参考。

> frame(name("教师"),
>   body([st("类属", [st("〈知识分子〉", [ ])]),
>   st("工作", [st("范围", [st("教学", []),
>   st("科研", [])]), st("缺省", [st("教学", [])])]),
>   st("性别", [st("男", []), st("女", [])]),
>   st("学历", [st("中师", []), st("高师", [])]),
>   st("类型", [st("〈小学教师〉", []), st("〈中学教师〉", []),
>   st("〈大学教师〉"[])])])).

这是一个 PROLOG 的"事实"，其谓词及领域说明如下：

> domains
>   name＝name(string)
>   body＝body(subtreelist)
>   subtreelist＝subtree *
>   subtree＝st(string, subtreelist)
> database
>   frame(name，body)

其中的 subtreelist 是递归定义的。按此定义所有框架都取统一的表示形式。

7.2　语 义 网 络

7.2.1　语义网络的概念

语义网络(semantic network)是由节点和边(也称有向弧)组成的一种有向图。其中节点表示事物、对象、概念、行为、性质、状态等；有向边表示节点之间的某种联系或关系。例如图 7－2 就是一个语义网络。其中，边上的标记就是边的语义。

语义网络的概念最先是由 Quillian 提出来的，他于 1968 年在他的博士论文中，把语义网络作为人类联想记忆的一个显式心理模型。所以，语义网络也称联想网络。

现在，语义网络的理论已经有了长足的发展。有人把它划分为五个级别：执行级、逻辑级、认识论级、概念级和语言学级。并分为七种类型：

(1) 命题语义网(包括分块联想网络)。

(2) 数据语义网：以数据为中心的语义网络。

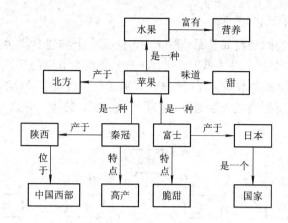

图 7 - 2　苹果的语义网络

（3）语言语义网：用于自然语言的分析和理解。

（4）结构语义网：描述客观事物的结构，常见于模式识别和机器学习等领域。

（5）分类语义网：描述抽象概念及其层次。

（6）推理语义网：是一种命题网，但它已在某种程度上规范化，更适于推理。

（7）框架语义网：与框架相结合的语义网。

所以，语义网络已成为一种重要的知识表示形式，广泛地应用于人工智能、专家系统，特别是自然语言理解领域中。

7.2.2　语义网络的表达能力

由语义网络的结构特点可以看出，语义网络不仅可以表示事物的属性、状态、行为等，而且更适合于表示事物之间的关系和联系。而表示一个事物的层次、状态、行为的语义网络，也可以看作是该事物与其属性、状态或行为的一种关系。如图 7 - 3 所示的语义网络，就表示了专家系统这个事物（的内涵），同时也可以看作是表示了专家系统与"智能系统"、"专家知识"、"专家思维"及"困难问题"这几个事物之间的关系或联系。所以，抽象地说，语义网络可表示事物之间的关系。因此，关系（或联系）型的知识和能化为关系型的知识都可以用语义网络来表示。下面我们就给出常见的几种。

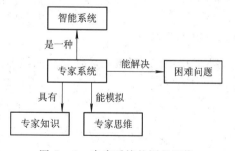

图 7 - 3　专家系统的语义网络

1.　实例关系

实例关系表示类与其实例（个体）之间的关系。这是最常见的一种语义关系。例如，"小华是一个大学生"就可表示为图 7 - 4。其中，关系"是一个"一般标识为"is－a"，或 ISA。

图 7 - 4　表示实例关系的语义网络

2. 分类(或从属、泛化)关系

分类关系是指事物间的类属关系,图 7-5 就是一个描述分类关系的语义网络。在图 7-5 中,下层概念节点除了可继承、细化、补充上层概念节点的属性外,还出现了变异的情况:鸟是鸵鸟的上层概念节点,其属性是"有羽毛"、"会飞",但鸵鸟的属性只是继承了"有羽毛"这一属性,而把鸟的"会飞"变异为"不会飞"。其中,关系"是一种"一般标识为"a-kind-of"或 AKO。

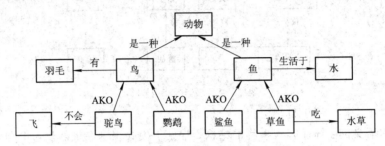

图 7-5　表示分类关系的语义网络

3. 组装关系

如果下层概念是上层概念的一个方面或者一部分,则称它们的关系是组装关系。例如图 7-6 所示的语义网络就是一种聚集关系。其中,关系"一部分"一般标识为"a-part-of"。

图 7-6　表示组装关系的语义网络

4. 属性关系

属性关系表示对象的属性及其属性值。例如,图 7-7 表示 Simon 是一个人,男性,40 岁,职业是教师。

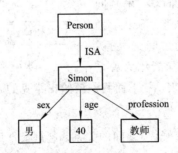

图 7-7　表示属性关系的语义网络

5. 集合与成员关系

意思是"是……的成员",它表示成员(或元素)与集合之间的关系。例如,"张三是计算机学会会员"可表示为图 7-8。其中,关系"是成员"一般标识为"a-member-of"。

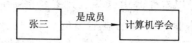

图 7 - 8　表示集合—成员关系的语义网络

6. 逻辑关系

如果一个概念可由另一个概念推出，两个概念间存在因果关系，则称它们之间是逻辑关系。图 7 - 9 所示的语义网络就是一个逻辑关系。

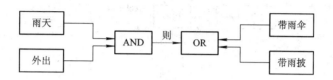

图 7 - 9　表示逻辑关系的语义网络

7. 方位关系

在描述一个事物时，经常需要指出它发生的时间、位置，或者指出它的组成、形状等等，此时可用相应的方位关系语义网络表示。例如事实：

　　"张宏是石油大学的一名助教；"

　　"石油大学位于西安市电子二路；"

　　"张宏今年 25 岁。"

可用图 7 - 10 所示的语义网络表示。

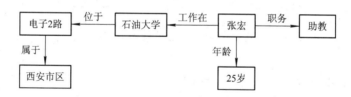

图 7 - 10　表示方位关系的语义网络

8. 所属关系

所属关系表示"具有"的意思。例如"狗有尾巴"可表示为图 7 - 11。

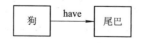

图 7 - 11　表示所属关系的语义网络

语义网络中的语义关系是多种多样的，一般根据实际关系定义。如常见的还有 before、after、at 等表示时间次序关系和 located-on、located-under 等表示位置关系。进一步，还可对带有全称量词和存在量词的谓词公式的语义加以表示。

由上所述可以看出，语义网络实际上是一种复合的**二元关系**图。网络中的一条边就是一个二元关系，而整个网络可以看作是由这些二元关系拼接而成。

上面我们是从关系角度考察语义网的表达力的。下面我们从语句角度来考察语义网。例如，对于如下的语句(或事件)：

"小王送给小李一本书。"

用语义网络可表示为图 7-12，其中 S 代表整个语句。这种表示被称为是自然语言语句的深层结构表示。

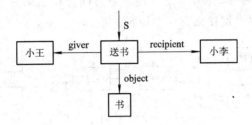

图 7-12 语句(事件)的语义网络

语义网络也能表示用谓词公式表示的形式语言语句。例如：

$$\exists x(\text{student}(x) \wedge \text{read}(x, 三国演义))$$

即"某个学生读过《三国演义》"，其语义网络表示为图 7-13。

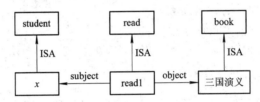

图 7-13 谓词公式的语义网络

又如：

$$\forall x(\text{student}(x) \rightarrow \text{read}(x, 三国演义))$$

即"每个学生读过《三国演义》"，其语义网络表示为图 7-14。

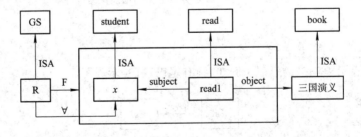

图 7-14 分块语义网络

需要说明的是，这种语义网称为分块语义网。分块语义网的基本思想是：将复杂命题拆成多个子命题，每个子命题又可以拆成更小的子命题，若一个子命题已经易于用语义网络来表示时，则将它表示出来，相应地可以给出一个节点来代表该网络。整个网络作为一个整体，通过一条标记为 F 的弧与该节点相联系，F 弧相当于一个指针，表示该节点代表的网络是什么。这样，子命题作为一个整体称作一个空间，它可以看作表示复杂命题的大空间中的一个节点或子空间，空间可以层层嵌套，并用表示各种关系的弧相互连接。

图 7-14 所示的分块语义网络中是将"读"关系孤立成一个子网络，用标记为 R 的节点表示，然后从 R 引出一条标记为 ∀ 的边连到节点 x 上，x 是全称变量。而 read1 应该看作是存在变量，因为它是依赖于 x 的。分块语义网要求：语义子空间中的每个节点都应该是全称变量节点或依赖于全称变量节点的节点。换句话说，所有非全称变量节点或不依赖于全称变量节点的节点都应该放在子空间的外面。如该例子中的《三国演义》节点就被放在子空间外面。在此例中只有一个全称变量节点，所以也只有一个 ∀ 边。当有多个全称变量时，应有多个 ∀ 边。最后，图中的 GS 是全称量化的命题类节点，它代表整个空间。

7.2.3　基于语义网络的推理

基于语义网络的推理也是继承。继承也是通过匹配、搜索实现的。问题求解时，首先根据待求问题的要求构造一个网络片断，然后在知识库中查找可与之匹配的语义网络，当网络片断中的询问部分与知识库中的某网络结构匹配时，则与询问处匹配的事实，就是问题的解。例如，我们要通过图 7-1 所示的语义网络（假设它已存入知识库），查询富士苹果有什么特点。那么，我们可先构造如图 7-15 所示的一个网络片段。然后，使其与知识库中的语义网络进行匹配。匹配后 X 的值应为"脆甜"。当然，这是一个简单问题。如果问题复杂，也可能不能通过直接匹配得到结果，那么还需要沿着有关边进行搜索，通过继承来获得结果。例如要问：吃富

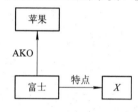

图 7-15　语义网络片段

士苹果对人的健康有何意义？那么，通过上述网络片断不能直接获得答案，这时，就需沿着边"AKO"一直搜索到节点"水果"，由水果的"富营养"性，通过特性继承便得到富士苹果也富营养。

需指出的是，与框架的情形一样，对于表示逻辑蕴含关系的语义网络，也可以进行演绎推理。

7.2.4　语义网络的程序语言实现

由于语义网络是一个二元关系图，所以用 PROLOG 可方便地实现语义网络知识表示。例如，图 7-1 所示的语义网络用 PROLOG 可表示如下：

```
a_kind_of("苹果","水果").
taste("苹果","甜").
a_kind_of("富士","苹果").
intro_from("富士","日本").
is_a("日本","亚洲国家").
a_kind_of("秦冠","苹果").
produ_in("秦冠","陕西").
is_located_at("陕西","中国西部").
a_part_of("中国西部","中国").
… … …
```

也可以表示为

```
    arc(a_kind_of,"苹果","水果").
    arc(taste,"苹果","甜").
    arc(a_kind_of,"富士","苹果").
    arc(intro_from,"富士","日本").
    arc(is_a,"日本","亚洲国家").
    arc(a_kind_of,"秦冠","苹果").
    arc(produ_in,"秦冠","陕西").
    arc(is_located_at,"陕西","中国西部").
    arc(a_part_of,"中国西部","中国").
    ……………
```

当然，我们也可以将一个网络或网络片段组织在一个事实中。例如：

```
    net1(a_kind_of("苹果","水果"),
        taste("苹果","甜"),
        a_kind_of("秦冠","苹果"),
        produ_in("秦冠","陕西")).
```

7.3　类　与　对　象

　　近年来，面向对象（Object-Oriented，OO）技术蓬勃兴起。在知识表示领域则出现了面向对象的知识表示方法。

　　面向对象技术中的核心概念是对象（object）和类（class）。**对象**可以泛指一切事物，**类**则是一类对象的抽象模型。反之，一个对象是其所属类的实例。通常，在面向对象的程序设计语言中，只给出类的定义，其对象由类生成。类的定义中就说明了所辖对象的共同特征（属性、状态等）和行为。特征用变量表示，行为则是作用于这些特征和作用于对象的一组操作，如函数、过程等。这些操作一般称为**方法**。这样，一个类将其对象所具有的共同特征和操作组织在一起，统一进行定义，以供全体对象共享。即当给类中的特征变量赋予一组值时，则这组值连同类中的方法，就构成了一个具体的对象。但一个类中的数据和操作对外是**隐蔽**的，即外部只能看见它的接口，而看不见它的实现细节。类还是被**封装**的，即外部是不能直接访问和使用一个对象数据和操作的，而只能通过**消息**传递即通信的方式，间接地由接收消息的对象按照消息的要求自己使用自己的方法，完成所需的操作，并将结果回送对方。这样，类就是一个所谓的抽象数据类型。

　　在面向对象技术中，对象被看作是主动的实体，对象与对象之间只能通过消息传递的方式，进行交互，协调行为，完成任务。

　　一个类还可以有父类和子类。子类可以**继承**父类的数据和方法。这样，子类的定义中就只需定义自己特有的特征和操作，于是，这就减少了冗余，实现了重用。按照这种父子关系，一定范围内的类就构成了一个有层次结构的类库。这样的类库一般称为构架。可以看出，类和对象可以自然地表示客观世界和我们思维世界中的概念和实体。所以，面向对象技术也可作为一种知识表示技术。具体来讲，类可以表示概念（内涵），对象可表示概念实例（外延），类库就是一个知识体系，而消息可作为对象之间的关系，继承则是一种推理机制。

例 7.6　下面是面向对象程序设计语言 C＋＋中一个雇员类和经理类的定义。

```
class Employee
{
  privite：
      char * Name；
      int Age；
      int Salary；
  public：
      Employee(char * name，int age，int salary)；
      ～Employee()；
      void Change(int age，int salary)；
      void Retire()；
};

  Employee：：Employee(char * name，int age，int salary)
  {
      Name＝new char[strlen(name)]；
      strcpy(Name，name)；
      Age＝age；
      Salary＝salary；
  }
  Employee：：～Employee()
  {
      delete Name；
  }
  void Employee：：Change(int age，int salary)
  {
      Age＝age；
      Salary＝salary；
      }
      void Employee：：Retire()
      { if(Age＞60)
      delete this；
      }
```

　　以上是雇员类的定义，用此定义就可生成一个雇员类的实例，即雇员对象。例如下面的语句

```
      Employee e1("李明"，30)
```

就生成一个名为李明，年龄为 30 岁的雇员。

　　下面是经理类的定义。

```
  class Manager：public Employee
  {
```

```
        int Level;
    public：
        Manager(char * name, int age, int salary, int level);
        ～Manager();
        void ChangeLevel(int n);
    };
```

由于经理类是雇员类的一个子类，所以，经理类就继承了雇员类的全部属性和行为。这两个类之间也就构成了一种层次关系。

一般认为，面向对象知识表示是最结构化的知识表示方法。面向对象知识表示很类似于框架，知识可以使用类按一定层次形式来组织。由于面向对象知识表示还具有封装特性，从而使知识更加模块化。所以，用面向对象方法表示的知识相当结构化和模块化，而且容易理解和管理。因此，这种方法特别适合于大型知识库的开发和维护。

习 题 七

1. 什么是知识？它有哪些特性？有哪几种分类方法？
2. 在选择知识表示模式时，应该考虑哪些主要的因素？
3. 试比较框架与语义网络区别及关系。
4. 请把下列命题表示的事实用一个语义网络表示出来，并用 PROLOG 语言实现之。
    (1) 树和草都是植物。
    (2) 树和草都是有根有叶的。
    (3) 水草是草，且长在水中。
    (4) 果树是树，且会结果。
    (5) 樱桃树是一种果树，它结樱桃。
5. 把下列语句用语义网络表示。
    (1) 海浪把军舰轻轻地摇。
    (2) 李老师从第一周到第十周给计算机 1 班上人工智能课。
    (3) 每一个大学生都学过一门程序设计语言。
6. 试写出"学生框架"的描述，并用 PROLOG 语言实现之。
7. 试述语义网络表示法和框架表示法求解问题的过程，并对它们进行比较。
8. 面向对象知识表示有什么特点？它与框架有什么区别？
9. 用面向对象程序设计语言(如 C++)描述如下概念及其他们之间的关系。
    (1) 水果、苹果、红富士苹果、香蕉。
    (2) 人、职员、研究生、在职研究生。
10. 用面向对象程序设计语言(如 C++)分别实现计算机和交通工具的类层次结构。
11. 用面向对象程序设计语言(如 C++)定义"规则类"。
    提示：规则类至少应有"前提"和"结论"两个成员。

第 8 章　不确定性知识的表示与推理

8.1　不确定性处理概述

8.1.1　不确定性及其类型

由于客观世界的复杂、多变性和人类自身认识的局限、主观性，致使我们所获得、所交流、所处理的信息和知识中，往往含有不肯定、不可靠、不准确、不确切、不精确、不严格、不严密、不完全甚至不一致的成分。现在人们一般或者习惯上将这些信息特征统称为不确定性。

事实上，不确定性大量存在于我们所处的信息环境中，例如人们的日常语言中就几乎处处含有不确定性(瞧! 这句话本身就含有不确定性，什么叫"几乎"?)。不确定性也大量存在于我们的知识特别是经验性知识之中，所以要实现人工智能，不确定性是无法回避的。人工智能必须研究不确定性，研究它们的表示和处理技术。事实上，关于不确定性的处理技术，对于人工智能的诸多领域，如专家(知识)系统、模式识别、自然语言理解、控制与决策、智能机器人等，都尤为重要。

需要指出的是，虽然狭义地讲，信息或知识中的不确定性应该是指描述随机事件或随机现象所表现出的不确定性，我们知道，这种不确定性一般用概率来刻画。但现在人们却不严格地将上述种种信息特征都称为不确定性，我们无妨将这种不确定性称为广义不确定性。

对广义不确定性进一步划分，可分为(狭义)不确定性、不确切性(亦称模糊性)、不完全性、不一致性和时变性等几种类型。

1. (狭义)不确定性

不确定性(uncertainty)就是一个命题(亦即所表示的事件)的真实性不能完全肯定，而只能对其为真的可能性给出某种估计。例如：

　　　　　"如果乌云密布并且电闪雷鸣，则很可能要下暴雨。"

　　　　　"如果头痛发烧，则大概是患了感冒。"

就是两个含有不确定性的命题。当然，它们描述的是人们的经验性知识。

(讨论：这种狭义不确定性在有些文献中(包括本书的第一、二版)称为"随机性"，但笔者发现随机性应该是对事件或变量而言的，而对于信息和知识(例如命题)来说则应该称不确定性为宜。)

2. 不确切性(模糊性)

不确切性(imprecision)就是一个命题中所出现的某些言词其涵义不够确切，从概念角度讲，也就是其代表的概念的内涵没有硬性的标准或条件，其外延没有硬性的边界，即边界是软的或者说是不明确的。例如：

"小王是个高个子。"

"张三和李四是好朋友。"

"如果向左转，则身体就向左稍倾。"

这几个命题中就含有不确切性，因为其中的言词"高"、"好朋友"、"稍倾"等的涵义都是不确切的。我们无妨称这种涵义不确切的言词所代表的概念为软概念（soft concept）。

（讨论：在模糊集合（fuzzy set）的概念出现以后，有些文献中（包括本书的第一、二版）将这里的不确切性称为模糊性（fuzziness），将含义不确切的言词所代表的概念称为模糊概念，但笔者认为将这种概念称为软概念似乎更为合理和贴切。）

3. 不完全性

不完全性就是对某事物来说，关于它的信息或知识还不全面、不完整、不充分。例如，在破案的过程中，警方所掌握的关于罪犯的有关信息，往往就是不完全的，但就是在这种情况下，办案人员仍能通过分析、推理等手段而最终破案。

4. 不一致性

不一致性就是在推理过程中发生了前后不相容的结论，或者随着时间的推移或者范围的扩大，原来一些成立的命题变得不成立、不适合了。例如，牛顿定律对于宏观世界是正确的，但对于微观世界和宇观世界却是不适合的。

8.1.2　不确定性知识的表示及推理

对于不确定性知识，其表示的关键是如何描述不确定性。一般的做法是把不确定性用量化的方法加以描述，而其余部分的表示模式与前面介绍的（确定性）知识基本相同。对于不同的不确定性，人们提出了不同的描述方法和推理方法。下面我们主要介绍（狭义）不确定性和不确切性知识的表示与推理方法，对于不完全性和不一致性知识的表示，简介几种非标准逻辑。

我们只讨论不确定性产生式规则的表示。对于这种不确定性，一般采用概率或信度来刻划。一个命题的信度是指该命题为真的可信程度，例如：

（这场球赛甲队取胜，0.9）

这里的 0.9 就是命题"这场球赛甲队取胜"的信度。它表示"这场球赛甲队取胜"这个命题为真（即该命题所描述的事件发生）的可能性程度是 0.9。

一般地，我们将不确定性产生式规则表示为

$$A \to (B, C(B \mid A)) \qquad\qquad (8-1)$$

其中 $C(B \mid A)$ 表示规则的结论 B 在前提 A 为真的情况下为真的信度。例如，对上节中给出的两个不确定性命题，若采用（8-1）式，则可表示为

"如果乌云密布并且电闪雷鸣，则天要下暴雨（0.95）。"

"如果头痛发烧，则患了感冒（0.8）。"

这里的 0.95 和 0.8 就是对应规则结论的信度。它们代替了原命题中的"很可能"和"大概"，可视为规则前提与结论之间的一种关系强度。

信度一般是基于概率的一种度量，或者就直接以概率作为信度。例如，在著名的专家系统 MYCIN 中的信度就是基于概率而定义的(详见 8.2.1 确定性理论)，而在贝叶斯网络中就是直接以概率作为信度的。对于上面的(8－1)式，要直接以概率作为信度则只需取 $C(B|A)=P(B|A)$($P(B|A)$ 为 A 真时 B 真的条件概率)即可。

基于不确定性知识的推理一般称为不确定性推理。由于不确定性推理是基于不确定性知识的推理，因此其结果仍然是不确定性的。但对于不确定性知识，我们是用信度即量化不确定性的方法表示的(实际是把它变成确定性的了)，所以，不确定性推理的结果仍然应含有信度。这就是说，在进行不确定性推理时，除了要进行符号推演操作外，还要进行信度计算，因此不确定性推理的一般模式可简单地表示为

不确定性推理＝符号推演＋信度计算

可以看出，不确定性推理与通常的确定性推理相比，区别在于多了个信度计算过程。然而，正是因为含有信度及其计算，所以不确定性推理与通常的确定性推理就存在显著差别。

(1) 不确定性推理中规则的前件要与证据事实匹配成功，不但要求两者的符号模式能够匹配(合一)，而且要求证据事实所含的信度必须达"标"，即必须达到一定的限度。这个限度一般称为"阈值"。

(2) 不确定性推理中一个规则的触发，不仅要求其前提能匹配成功，而且前提条件的总信度还必须至少达到阈值。

(3) 不确定性推理中所推得的结论是否有效，也取决于其信度是否达到阈值。

(4) 不确定性推理还要求有一套关于信度的计算方法，包括"与"关系的信度计算、"或"关系的信度计算、"非"关系的信度计算和推理结果信度的计算等等。这些计算也就是在推理过程中要反复进行的计算。

总之，不确定性推理要涉及信度、阈值以及信度的各种计算和传播方法的定义和选取。所有这些就构成了所谓的**不确定性推理模型**。

20 世纪 70 年代专家系统的建造引发和刺激了关于不确定性推理的研究，人们相继提出了许多不确定性推理模型。其中有传统的概率推理、有别于纯概率推理的信度推理和基于贝叶斯网络的不确定性推理等。

概率推理就是直接以概率作为不确定性度量，并基于概率论中的贝叶斯公式而进行规则结论的后验概率计算的推理方法。最初人们对这一方法充满希望，但是很快发现这种方法无法大规模发展，因为在全联合概率分布中所需的概率数目呈指数级增长。结果，大约从 1975 年到 1988 年，人们对概率方法失去了兴趣。于是，各种各样的不确定性推理模型作为替代方法便应运而生。

其中比较著名和典型的有确定性理论(或确定因素方法)、主观贝叶斯方法和证据理论等。这些不确定性推理模型都有一定的特色和很好的应用实例。特别是证据理论，曾认为是最有前途、能与传统概率推理竞争的一种不确定性推理模型。但实践证明这些经典的不确定性推理模型也都有一些局限和缺点，比如缺乏坚实的数学基础。

20 世纪 80 年代中期以后，出现了现在称为贝叶斯网络的不确定性知识表示和推理的新方法。贝叶斯网络为人们提供了一种方便的框架结构来表示因果关系，这使得不确定性知识在逻辑上变得更为清晰，可理解性强。贝叶斯网络是一种表示因果关系的概率网络，

基于贝叶斯网络的推理是一种基于概率的不确定性推理。贝叶斯网络的出现，使概率推理再度兴起。事实上，自从 1988 年被 Pearl 提出后，贝叶斯网络现已成为不确定性推理领域的研究热点和主流技术，已在专家系统、故障诊断、医疗诊断、工业控制、统计决策等许多领域得到了广泛应用。例如，在我们熟知的 Microsoft Windows 中的诊断修理模块和 Microsoft Office 中的办公助手中都使用了贝叶斯网络。

8.1.3　不确切性知识的表示及推理

关于不确切性知识，现在一般用模糊集合与模糊逻辑的理论和方法来处理。这种方法一般是用模糊集合给相关的概念或者说语言值建模。然而，我们发现，对于有些问题也可用程度化的方法来处理。本节就先简单介绍这种程度化方法，而将模糊集合与模糊逻辑安排在 8.4 一节专门介绍。

所谓程度就是一个命题中所描述事物的特征（包括属性、状态或关系等）的强度。程度化方法就是给相关语言特征值（简称语言值）附一个称为程度的参数，以确切刻画对象的特征。例如，我们用

$$（胖，0.9）$$

刻画一个人"胖"的程度。

我们把这种附有程度的语言值称为程度语言值。其一般形式为

$$(LV, d)$$

其中，LV 为语言值，d 为程度，即

$$（〈语言值〉，〈程度〉）$$

可以看出，程度语言值实际是通常语言值的细化，其中的〈程度〉一项是对对象所具有的属性值的精确刻画。至于程度如何取值，可因具体属性和属性值而定。例如可先确定一个标准对象，规定其具有相关属性值的程度为 1，然后再以此标准来确定其他对象所具有该属性值的程度。这样，一般来说，程度的取值范围就是实数区间 $[\alpha, \beta]$（$\alpha \leqslant 0$，$\beta \geqslant 1$）。

用程度刻画不确切性，其思想类似于前面的用信度刻画不确定性。这种方法还可广泛用于产生式规则、谓词逻辑、框架、语义网络等多种知识表示方法中，从而扩充这些知识表示方法的表示范围和能力。

事实上，利用程度语言值，我们就可以对元组、谓词、规则、框架、语义网等通常的知识表示形式进行精确刻画而成为程度元组、程度谓词、程度规则、程度框架、程度语义网，下面我们一一举例说明。

1. 程度元组

一般形式如下：

$$（〈对象〉，〈属性〉，（〈语言属性值〉，〈程度〉））$$

例 8.1　我们用程度元组将命题"这个苹果比较甜"表示为

$$（这个苹果，味道，（甜，0.95））$$

其中的 0.95 就代替"比较"而刻画了苹果"甜"的程度。

2. 程度谓词

谓词也就是语言值。按照前面程度语言值的做法，我们给谓词也附以程度，即细化为

程度谓词，以精确刻画相应个体对象的特征。根据谓词的形式特点，我们将程度谓词书写为

$$P_d \quad 或 \quad dP$$

其中，P 表示谓词，d 表示程度；P_d 为下标表示法，dP 为乘法表示法。

例 8.2　采用程度谓词，则

(1) 命题"雪是白的"可表示为

$$\text{white}_{1.0}(雪) \quad 或 \quad 1.0\text{white}(雪)$$

(2) 命题"张三和李四是好朋友"可表示为

$$\text{friends}_{1.15}(张三，李四) \quad 或 \quad 1.15\ \text{friends}(张三，李四)$$

3. 程度框架

含有程度语言值的框架称为程度框架。

例 8.3　下面是一个描述大枣的程度框架。

框架名：〈大枣〉

　　　类属：(〈干果〉，0.8)

　　　形状：(圆，0.7)

　　　颜色：(红，1.0)

　　　味道：(甘，1.1)

　　　用途：范围：(食用，药用)

　　　　　　缺省：食用

4. 程度语义网

含有程度语言值的语义网称为程度语义网。

例 8.4　图 8-1 所示是一个描述狗的程度语义网。

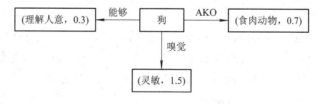

图 8-1　程度语义网示例

5. 程度规则

含有程度语言值的规则称为程度规则。其一般形式为

$$\bigwedge_{i=1}^{n}(O_i，F_i，(LV_i，x_i)) \rightarrow (O，F，(LV，D(x_1，x_2，\cdots，x_n))) \qquad (8-2)$$

其中，O_i，O 表示对象；F_i，F 表示特征；LV_i，LV 表示语言特征值；x，$D(x_1，x_2，\cdots，x_n)$ 表示程度，$D(x_1，x_2，\cdots，x_n)$ 为 $x_1，x_2，\cdots，x_n$ 的函数(我们称其为规则的程度函数)。

例 8.5　设有规则：如果某人鼻塞、头疼并且发高烧，则该人患了重感冒。我们用程度规则描述如下：

(某人，症状，(鼻塞，x))∧(某人，症状，(头疼，y))∧(患者，症状，(发烧，z))→

(该人，患病，(感冒，$1.2(0.3x+0.2y+0.5z)$))

　　程度规则的关键是程度函数。确定规则的程度函数的一个基本方法就是采用机器学习（如神经网络学习）。这需要事先给出一些含有具体程度值的实例规则，作为学习样本。

　　由上述程度化知识表示方法可以看出，基于这种知识表示的推理，同一般的确切推理相比，多了一个程度计算的手续。就是说，推理时，除了要进行符号推演操作外，还要进行程度计算。我们称这种附有程度计算的推理为程度推理。程度推理的一般模式为

程度推理＝符号推演＋程度计算

这一模式类似于前面的信度推理模式。所以，程度推理也应该有程度阈值，从而在推理过程中，规则的前件要与证据事实匹配成功，不但要求两者的符号模式能够匹配（合一），而且要求证据事实所含的程度必须达到阈值；所推得的结论是否有效，也取决于其程度是否达到阈值。

　　需要指出的是，程度语言值中的程度也可以转化为命题的真度。例如，我们可以把命题"小明个子比较高"用程度元组表示为

（小明，身高，（高，0.9））

这里的 0.9 是小明高的程度。但也可以表示为

（（小明，身高，高），真实性，（真，0.9））

这里的 0.9 是命题"小明个子高"的真实程度，即真度。这样，我们就把小明的个子高的程度，转化为命题"小明个子高"的真度，而且二者在数值上是相等的。

　　由此我们不难看出，程度推理也可以转化为真度推理。

　　最后，我们指出，上面对不确切知识采用的这种程度表示法，是一种针对对象的表示法，即这里的程度是针对具体对象而言的，而并未给软概念即软语言值整体建模。关于给软概念整体建模的方法将在 8.4 节中介绍，但我们这里的程度与模糊集合中的隶属度还是有区别的。

8.1.4　多值逻辑

　　我们知道，人们通常所使用的逻辑是二值逻辑。即对一个命题来说，它必须是非真即假，反之亦然。但现实中一句话的真假却并非一定如此，而可能是半真半假，或不真不假，或者真假一时还不能确定等等。这样，仅靠二值逻辑有些事情就无法处理，有些推理就无法进行。于是，人们就提出了三值逻辑、四值逻辑、多值逻辑乃至无穷值逻辑。例如，模糊逻辑就是一种无穷值逻辑。下面我们介绍一种三值逻辑，称为 Kleene 三值逻辑。

　　在这种三值逻辑中，命题的真值，除了"真"、"假"外，还可以是"不能判定"。其逻辑运算定义如下：

$\wedge$	T	F	U
T	T	F	U
F	F	F	F
U	U	F	U

$\vee$	T	F	U
T	T	T	T
F	T	F	U
U	T	U	U

P	$\rightarrow P$
T	F
F	T
U	U

其中的第三个真值 U 的语义为"不可判定"，即不知道。显然，遵循这种逻辑，就可在证据不完全不充分的情况下进行推理。

　　除了上述的 Kleene 三值逻辑外，还有如 Luckasiewicz 三值逻辑、Bochvar 三值逻辑、

计算三值逻辑等。这些三值逻辑都是对第三个逻辑值赋予不同的语义而得。

8.1.5　非单调逻辑

所谓"单调"，是指一个逻辑系统中的定理随着推理的进行而总是递增的。那么，非单调就是逻辑系统中的定理随着推理的进行而并非总是递增的，就是说也可能有时要减少。传统的逻辑系统都是单调逻辑。但事实上，现实世界却是非单调的。例如，人们在对某事物的信息和知识不足的情况下，往往是先按假设或默认的情况进行处理，但后来发现得到了错误的或者矛盾的结果，则就又要撤消原来的假设以及由此得到的一切结论。这种例子不论在日常生活中还是在科学研究中都是屡见不鲜的。这就说明，人工智能系统中就必须引入非单调逻辑。

在非单调逻辑中，若由某假设出发进行的推理中一旦出现不一致，即出现与假设矛盾的命题，那么允许撤消原来的假设及由它推出的全部结论。基于非单调逻辑的推理称为非单调逻辑推理，或非单调推理。

非单调推理至少在以下场合适用：

（1）在问题求解之前，因信息缺乏先作一些临时假设，而在问题求解过程中根据实际情况再对假设进行修正。

（2）非完全知识库。随着知识的不断获取，知识数目渐增，则可能出现非单调现象。例如，设初始知识库有规则：

$$\forall x(\mathrm{bird}(x) \rightarrow \mathrm{fly}(x))$$

即"所有的鸟都能飞"。后来得到了事实：

$$\mathrm{bird}(\mathrm{ostrich})$$

即"驼鸟是一种鸟"。如果再将这条知识加入知识库则就出现了矛盾，因为驼鸟不会飞。这就需要对原来的知识进行修改。

（3）动态变化的知识库。常见的非单调推理有缺省推理（reasoning by default）和界限推理。由于篇幅所限，这两种推理不再详细介绍，有兴趣的读者可参阅有关专著。

8.1.6　时序逻辑

对于时变性，人们提出了时序逻辑。时序逻辑也称时态逻辑，它将时间词（称为时态算子，如"过去"，"将来"，"有时"，"一直"等）或时间参数引入逻辑表达式，使其在不同的时间有不同的真值。从而可描述和解决时变性问题。时序逻辑在程序规范（specifications）、程序验证以及程序语义形式化方面有重要应用，因而它现已成为计算机和人工智能科学理论的一个重要研究课题。

8.2　几种经典的不确定性推理模型

8.2.1　确定性理论

确定性理论是肖特里菲（E. H. Shortliffe）等于 1975 年提出的一种不精确推理模型，它在专家系统 MYCIN 中得到了应用。

1. 不确定性度量

CF(Certainty Factor)，称为确定性因子，（一般亦称可信度），其定义为

$$CF(H, E) = \begin{cases} \dfrac{P(H \mid E) - P(H)}{1 - P(H)} & \text{当 } P(H \mid E) > P(H) \\[2mm] 0 & \text{当 } P(H \mid E) = P(H) \\[2mm] \dfrac{P(H \mid E) - P(H)}{P(H)} & \text{当 } P(H \mid E) < P(H) \end{cases} \qquad (8-3)$$

其中，E 表示规则的前提，H 表示规则的结论，$P(H)$ 是 H 的先验概率，$P(H|E)$ 是 E 为真时 H 为真的条件概率。

由此定义，可以求得 CF 的取值范围为 $[-1, 1]$。当 $CF = 1$ 时，表示 H 肯定真；$CF = -1$ 表示 H 肯定假；$CF = 0$ 表示 E 与 H 无关。

这个可信度的表达式是什么意思呢？原来，CF 是由称为信任增长度 MB 和不信任增长度 MD 相减而来的。即

$$CF(H, E) = MB(H, E) - MD(H, E)$$

而

$$MB(H, E) = \begin{cases} 1 & \text{当 } P(H) = 1 \\[2mm] \dfrac{\max\{P(H \mid E), P(H)\} - P(H)}{1 - P(H)} & \text{否则} \end{cases}$$

$$MD(H, E) = \begin{cases} 1 & \text{当 } P(H) = 0 \\[2mm] \dfrac{\min\{P(H \mid E), P(H)\} - P(H)}{-P(H)} & \text{否则} \end{cases}$$

当 $MB(H, E) > 0$，表示由于证据 E 的出现增加了对 H 的信任程度。当 $MD(H, E) > 0$，表示由于证据 E 的出现增加了对 H 的不信任程度。由于对同一个证据 E，它不可能既增加对 H 的信任程度又增加对 H 的不信任程度，因此，$MB(H, E)$ 与 $MD(H, E)$ 是互斥的，即

$$\text{当 } MB(H, E) > 0 \text{ 时，} MD(H, E) = 0$$
$$\text{当 } MD(H, E) > 0 \text{ 时，} MB(H, E) = 0$$

下面是 MYCIN 中的一条规则：

> 如果
>> 该细菌的染色斑呈革兰氏阳性，且
>> 形状为球状，且
>> 生长结构为链形，
> 则 该细菌是链球菌(0.7)。

这里的 0.7 就是规则结论的 CF 值。

最后需说明的是，一个命题的可信度 CF 也可由有关统计规律、概率计算或由专家凭经验主观给出。

2. 前提证据事实总 CF 值计算

$$CF(E_1 \wedge E_2 \wedge \cdots \wedge E_n) = \min\{CF(E_1), CF(E_2), \cdots, CF(E_n)\} \qquad (8-4)$$
$$CF(E_1 \vee E_2 \vee \cdots \vee E_n) = \max\{CF(E_1), CF(E_2), \cdots, CF(E_n)\} \qquad (8-5)$$

其中 E_1，E_2，$\cdots$，E_n 是与规则前提各条件匹配的事实。

3. 推理结论 CF 值计算

$$CF(H) = CF(H, E) \cdot \max\{0, CF(E)\} \tag{8-6}$$

其中 E 是与规则前提对应的各事实，$CF(H, E)$ 是规则中结论的可信度，即规则强度。

4. 重复结论的 CF 值计算

若同一结论 H 分别被不同的两条规则推出，而得到两个可信度 $CF(H)_1$ 和 $CF(H)_2$，则最终的 $CF(H)$ 为

$$CF(H) = \begin{cases} CF(H)_1 + CF(H)_2 - CF(H)_1 \cdot CF(H)_2 \\ \qquad\qquad 当\, CF(H)_1 \geqslant 0,\ 且\, CF(H)_2 \geqslant 0 \\ CF(H)_1 + CF(H)_2 + CF(H)_1 \cdot CF(H)_2 \\ \qquad\qquad 当\, CF(H)_1 < 0,\ 且\, CF(H)_2 < 0 \\ CF(H)_1 + CF(H)_2 \qquad\qquad 否则 \end{cases} \tag{8-7}$$

例 8.6　设有如下一组产生式规则和证据事实，试用确定性理论求出由每一个规则推出的结论及其可信度。

规则：

①　if A then B (0.9)

②　if B and C then D (0.8)

③　if A and C then D (0.7)

④　if B or D then E (0.6)

事实：

A，$CF(A) = 0.8$；C，$CF(C) = 0.9$

解

由规则①得：$CF(B) = 0.9 \times 0.8 = 0.72$

由规则②得：$CF(D)_1 = 0.8 \times \min\{0.72, 0.9\} = 0.8 \times 0.72 = 0.576$

由规则③得：$CF(D)_2 = 0.7 \times \min\{0.8, 0.9\} = 0.7 \times 0.8 = 0.56$

从而

$$CF(D) = CF(D)_1 + CF(D)_2 - CF(D)_1 \times CF(D)_2$$
$$= 0.576 + 0.56 - 0.576 \times 0.56 = 0.813\,44$$

由规则④得：$CF(E) = 0.6 \times \max\{0.72, 0.813\,44\} = 0.6 \times 0.813\,44 = 0.488\,064$

8.2.2　主观贝叶斯方法

主观贝叶斯方法是 R. O. Duda 等人于 1976 年提出的一种不确定性推理模型，并成功地应用于地质勘探专家系统 PROSPECTOR。主观贝叶斯方法是以概率统计理论为基础，将贝叶斯(Bayesian)公式与专家及用户的主观经验相结合而建立的一种不确定性推理模型。

1. 不确定性度量

主观贝叶斯方法的不确定性度量为概率 $P(x)$，另外还有三个辅助度量：LS，LN 和 $O(x)$，分别称充分似然性因子、必要似然性因子和几率函数。

在 PROSPECTOR 中，规则一般表示为

$$\text{if } E \text{ then}(LS, LN) \ H \ (P(H))$$

或者表示为

$$E \xrightarrow{\quad(LS,\ LN)\quad} H(P(H))$$

其中，E 为前提(称为证据)；H 为结论(称为假设)；$P(H)$ 为 H 为真的先验概率；LS, LN 分别为充分似然性因子和必要似然性因子，其定义为

$$LS = \frac{P(E \mid H)}{P(E \mid \neg H)} \tag{8-8}$$

$$LN = \frac{P(\neg E \mid H)}{P(\neg E \mid \neg H)} \tag{8-9}$$

前者刻画 E 为真时对 H 的影响程度，后者刻画 E 为假时对 H 的影响程度。另外，几率函数 $O(x)$ 的定义为

$$O(x) = \frac{P(x)}{P(\neg x)} = \frac{P(x)}{1 - P(x)} \tag{8-10}$$

它反映了一个命题为真的概率(或假设的似然性(likelihood))与其否定命题为真的概率之比，其取值范围为 $[0, +\infty]$。

下面我们介绍 LS, LN 的来历并讨论其取值范围和意义。由概率论中的贝叶斯公式

$$P(H \mid E) = \frac{P(H)P(E \mid H)}{P(E)}$$

有

$$P(\neg H \mid E) = \frac{P(\neg H)P(E \mid \neg H)}{P(E)}$$

两式相除得

$$\frac{P(H \mid E)}{P(\neg H \mid E)} = \frac{P(H)P(E \mid H)}{P(\neg H)P(E \mid \neg H)}$$

即

$$\frac{P(H \mid E)}{P(\neg H \mid E)} = \frac{P(H)}{P(\neg H)} \cdot LS$$

亦即

$$O(H \mid E) = O(H) \cdot LS$$

从而

$$LS = \frac{O(H \mid E)}{O(H)}$$

由此式不难看出：

$LS>1$ 当且仅当 $O(H|E)>O(H)$，说明 E 以某种程度支持 H；

$LS<1$ 当且仅当 $O(H|E)<O(H)$，说明 E 以某种程度不支持 H；

$LS=1$ 当且仅当 $O(H|E)=O(H)$，说明 E 对 H 无影响。

将上面贝叶斯公式中 E 的换为 $\neg E$，用类似的过程即可得到

$$O(H \mid \neg E) = O(H) \cdot LN$$

进而有

$$LN = \frac{O(H \mid \neg E)}{O(H)}$$

由此式不难看出：

$LN>1$ 当且仅当 $O(H|→E)>O(H)$，说明 $→E$ 以某种程度支持 H；

$LN<1$ 当且仅当 $O(H|→E)<O(H)$，说明 $→E$ 以某种程度不支持 H；

$LN=1$ 当且仅当 $O(H|→E)=O(H)$，说明 $→E$ 对 H 无影响。

因为一个证据 E 及其否定 $→E$ 不可能同时既支持又反对一个假设 H，因此任一条规则 $E→H$ 的 LS、LN 只能是下列情况中的一种：

① $LS>1$，且 $LN<1$；

② $LS<1$，且 $LN>1$；

③ $LS=LN=1$。

需说明的是，在概率论中，一个事件的概率是在统计数据的基础上计算出来的，这通常需要做大量的统计工作。为了避免大量的统计工作，在主观贝叶斯方法中，一个命题的概率可由领域专家根据经验直接给出，这种概率称为主观概率。推理网络中每个陈述 H 的先验概率 $P(H)$ 都是由专家直接给出的主观概率。同时，推理网络中每条规则的 LS、LN 也需由专家指定。这就是说，虽然前面已有 LS、LN 的计算公式，但实际上领域专家并不一定真按公式计算规则的 LS、LN，而往往是凭经验给出。所以，领域专家根据经验所提供的 LS、LN 通常不满足这一理论上的限制，它们常常在承认 E 支持 H（即 $LS>1$）的同时却否认 E 反对 H（即 $LN<1$）。例如 PROSPECTOR 中有规则

$$CVR \xrightarrow{(800,\ 1)} FLE$$

说明专家认为：当 CVR 为真时，它支持 FLE 为真；但当 CVR 为假时，FLE 的成立与否与 CVR 无关。而按理论限制应有 $LS=800>1$ 时，$LN<1$。这种主观概率与理论值不一致的情况称为主观概率不一致。当出现这种情况时，并不是要求专家修改他提供的 LS、LN 使之与理论模型一致（这样做通常比较困难），而是使似然推理模型符合专家的意愿。

2. 推理中后验概率的计算

推理中后验概率的计算有以下几个公式：

$$P(H\mid E)=\frac{LS\cdot P(H)}{1+P(H)(LS-1)} \tag{8-11}$$

这是当证据 E 肯定存在即为真时，求假设 H 的后验概率的计算公式。其中的 LS 和 $P(H)$ 由专家主观给出。

$$P(H\mid →E)=\frac{LN\cdot P(H)}{1+P(H)(LN-1)} \tag{8-12}$$

这是当证据 E 肯定不存在即为假时，求假设 H 的后验概率的计算公式。其中的 LN 和 $P(H)$ 由专家主观给出。

由上面介绍的 LS，LN 的来历，有

$$\frac{P(H\mid E)}{P(→H\mid E)}=\frac{P(H)}{P(→H)}\cdot LS$$

由此式即可推得公式(8-11)。类似地也可得到公式(8-12)。

$$P(H \mid S) = \begin{cases} P(H \mid \neg E) + \dfrac{P(H) - P(H \mid \neg E)}{P(E)} P(E \mid S) & \text{当 } 0 \leqslant P(E \mid S) \leqslant P(E) \\[4mm] P(H) + \dfrac{P(H \mid E) - P(H)}{1 - P(E)} [P(E \mid S) - P(E)] & \text{当 } P(E) < P(E \mid S) \leqslant 1 \end{cases}$$

$$(8-13)$$

这是当证据 E 自身也不确定时，求假设 H 的后验概率的计算公式。其中的 S 为与 E 有关的观察，即能够影响 E 的事件。公式(8-13)是一个线性插值函数，其中 $P(H \mid \neg E)$，$P(H \mid E)$，$P(E)$，$P(H)$ 为公式中的已知值(前两个由公式(8-11)、(8-12)计算而得，后两个由专家直接给出)；$P(E \mid S)$ 为公式中的变量(其值由用户给出或由前一个规则 $S \to E$ 求得)。这个插值函数的几何解释如图 8-2 所示。

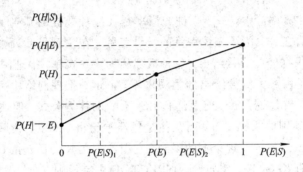

图 8-2　线性插值函数的几何解释

由公式(8-13)和图 8-2 可以看出，当证据 E 自身也不确定时，假设 H 的后验概率是通过已知的 $P(H \mid \neg E)$，$P(H \mid E)$，$P(E)$，$P(H)$ 和用户给出的概率 $P(E \mid S)$ 或前一个规则 $S \to E$ 的中间结果而计算的。这也就是把原来的后验概率 $P(H \mid E)$ 用后验概率 $P(H \mid S)$ 来代替了。这相当于把 S 对 E 的影响沿规则的弧传给了 H。

公式(8-13)是这样得来的：起初，Duda 等人证明了在某种合理的假定下，$P(H \mid S)$ 是 $P(E \mid S)$ 的线性函数，并且满足：

$$P(H \mid S) = \begin{cases} P(H \mid E) & \text{当 } P(H \mid S) = 1 \text{ 时} \\ P(H \mid \neg E) & \text{当 } P(H \mid S) = 0 \text{ 时} \\ P(H) & \text{当 } P(H \mid S) = P(E) \text{ 时} \end{cases}$$

但由于 $P(E)$，$P(H)$ 都是专家给出的主观概率，它们常常是不一致的，因此当 $P(E \mid S) = P(E)$ 时，按线性函数计算出的理论值 $P(H \mid S) = P_c(H)$ 通常并不是专家给出的先验概率 $P(H)$。当 $P(E) < P(E \mid S) < P_c(E)$ 时，按专家的意图应有 $P(H \mid S) > P(H)$，但按线性函数计算却是 $P(H \mid S) < P(H)$，这与专家本意相矛盾。为了解决这一问题，就采用了上述分段线性插值函数计算 $P(H \mid S)$。

3. 多证据的总概率合成

对于多条件前提的规则，应用公式(8-11)、(8-12)、(8-13)求结论的后验概率时，先要计算与其前提中对应证据事实的总概率。假设已知 $P(E_1 \mid S)$，$P(E_2 \mid S)$，$\cdots$，$P(E_n \mid S)$，并且诸 E_i 是相互独立的，则由概率的加法公式和乘法公式应有：

$$P(E_1 \vee E_2 \vee \cdots \vee E_n \mid S) = \sum_{i-1}^{n} P(E_i \mid S)$$

$$P(E_1 \wedge E_2 \wedge \cdots \wedge E_n \mid S) = \prod_{i=1}^{n} P(E_i \mid S)$$

但一条规则的前提中各条件 E_i 之间通常不满足独立要求，因此用这两个公式计算出的后验概率往往偏高或偏低。所以，主观贝叶斯方法中采用了如下公式：

$$P(E_1 \vee E_2 \vee \cdots \vee E_n \mid S) = \max_i P(E_i \mid S) \tag{8-14}$$

$$P(E_1 \wedge E_2 \wedge \cdots \wedge E_n \mid S) = \min_i P(E_i \mid S) \tag{8-15}$$

另外，根据全概率公式有

$$P(\neg E \mid S) = 1 - P(E \mid S) \tag{8-16}$$

这样，通过公式(8-14)、(8-15)、(8-16)，就可以计算由 $\to$、$\wedge$、$\vee$ 任意连接起来的组合证据的后验概率。

4. 相同结论的后验概率合成

设推理网络中有多条以 H 为结论的规则：

$$E_1 \xrightarrow{(LS_1, LN_1)} H, E_2 \xrightarrow{(LS_2, LN_2)} H, \cdots, E_n \xrightarrow{(LS_n, LN_n)} H$$

如果有证据 E_1，E_2，$\cdots$，E_n 相互独立，它们的观察依次为 S_1，S_2，$\cdots$，S_n，则这种情况下 H 的后验概率可视为在 E_1，E_2，$\cdots$，E_n 的综合作用下的后验概率。其求法是先用式 (8-11)、(8-12)、(8-13)式分别求出在单个证据 E_i 的作用下 H 的后验概率 $P(H \mid S_i)$ ($1 \leqslant i \leqslant n$)，再利用公式(8-10)把概率 $P(H)$ 和 $P(H \mid S_i)$ 转换为几率 $O(H)$ 和 $O(H \mid S_i)$，或者直接运用公式

$$O(H \mid E) = O(H) \cdot LS \tag{8-17}$$

$$O(H \mid \neg E) = O(H) \cdot LN \tag{8-18}$$

得到几率 $O(H \mid S_i)$；然后用下面的公式

$$O(H \mid S_1 \wedge S_2 \wedge \cdots \wedge S_n) = \frac{O(H \mid S_1)}{O(H)} \cdot \frac{O(H \mid S_2)}{O(H)} \cdot \cdots \cdot \frac{O(H \mid S_n)}{O(H)} \cdot O(H) \tag{8-19}$$

来计算 H 的综合后验几率 $O(H \mid S_1 \wedge S_2 \wedge \cdots \wedge S_n)$；最后再用公式

$$P(x) = \frac{O(x)}{1 + O(x)} \tag{8-20}$$

将 $O(H \mid S_1 \wedge S_2 \wedge \cdots \wedge S_n)$ 转换为后验概率 $P(H \mid S_1 \wedge S_2 \wedge \cdots \wedge S_n)$。

5. 推理举例

例 8.7　设有规则 if E_1 then (100，0.01) H_1 ($P(H_1) = 0.6$)，并已知证据 E_1 肯定存在，求 H_1 的后验概率 $P(H_1 \mid E_1)$。

解　由于证据 E_1 肯定存在，因此可用公式(8-11)计算 $P(H_1 \mid E_1)$。于是有

$$P(H_1 \mid E_1) = \frac{LS \cdot P(H_1)}{1 + P(H_1)(LS - 1)} = \frac{100 \times 0.6}{1 + 0.6 \times (100 - 1)} \approx 0.99$$

例 8.8　设有规则 if E_1 then (100，0.01) H_1 ($P(H_1) = 0.6$)，并已知证据 E_1 肯定不存在，求 H_1 的后验概率 $P(H_1 \mid \neg E_1)$。

解　由于证据 E_1 肯定不存在，因此可用公式(8-12)计算 $P(H_1 \mid \neg E_1)$。于是有

$$P(H_1 \mid \neg E_1) = \frac{LN \cdot P(H_1)}{1 + P(H_1)(LN - 1)} = \frac{0.01 \times 0.6}{1 + 0.6 \times (0.01 - 1)} \approx 0.006$$

例 8.9 设有规则 if E_1 then $(100, 0.01)$ $H_1(P(H_1)=0.6)$，并已知证据 E_1 不确定，但 $P(E_1|S_1)=0.7$，S_1 为影响 E_1 的观察或条件，而 E_1 的先验概率 $P(E_1)=0.5$，求 H_1 的后验概率 $P(H_1|E_1)$。

解 由于证据 E_1 不确定，因此要用插值公式(8 - 13)计算 $P(H_1|E_1)$。又因为

$$P(E_1 \mid S_1) = 0.7 > P(E_1) = 0.5$$

所以应采用公式

$$P(H \mid S) = P(H) + \frac{P(H \mid E) - P(H)}{1 - P(E)}[P(E \mid S) - P(E)]$$

即

$$P(H_1 \mid S_1) = P(H_1) + \frac{P(H_1 \mid E_1) - P(H_1)}{1 - P(E_1)}[P(E_1 \mid S_1) - P(E_1)]$$

其中 $P(H_1)$、$P(E_1)$ 已知，还需要计算 E_1 肯定存在的情况下的 $P(H_1|E_1)$，我们直接采用前面例 8.7 的结果，于是有

$$P(H_1 \mid E_1) = P(H_1 \mid S_1) = 0.6 + \frac{0.99 - 0.6}{1 - 0.5} \times [0.99 - 0.5] = 0.9822$$

例 8.10 设有规则

$$R_1 : \text{if } E_1 \text{ then } (200, 0.02) H$$
$$R_2 : \text{if } E_2 \text{ then } (300, 1) H$$

已知证据 E_1 和 E_2 必然发生，并且 $P(H)=0.04$，求 H 的后验概率 $P(H|E_1E_2)$。

解 由 $P(H)=0.04$，有

$$O(H) = 0.04/(1 - 0.04) \approx 0.04$$

由 R_1 有

$$O(H \mid E_1) = LS_1 \times O(H) = 200 \times 0.04 = 8$$

由 R_2 有

$$O(H \mid E_2) = LS_2 \times O(H) = 300 \times 0.04 = 12$$

于是

$$O(H \mid E_1E_2) = \frac{O(H \mid E_1)}{O(H)} \cdot \frac{O(H \mid E_2)}{O(H)} \cdot O(H)$$
$$= \frac{8}{0.04} \times \frac{12}{0.04} \times 0.04 = 2400$$

从而

$$P(H \mid E_1E_2) = \frac{2400}{1 + 2400} = 0.999\ 583\ 5$$

8.2.3 证据理论

证据理论又称 Dempster-Shafer 理论或信任函数理论。证据理论是经典概率论的一种扩充形式。它产生于 20 世纪 60 年代 Dempster 在多值映射方面的工作。在其原始的表达式中，Dempster 把证据的信任函数与概率的上下值相联系，从而提供了一个构造不确定推理模型的一般框架。20 世纪 70 年代中期，Shafer 对 Dempster 的理论进行了扩充，在此基础上形成了处理不确定信息的证据理论。

1. 基本概念

1）识别框架

识别框架就是所考察判断的事物或对象的集合，记为 Ω。例如下面的集合都是识别框架：

$$\Omega_1 = \{晴天，多云，刮风，下雨\}$$
$$\Omega_2 = \{感冒，支气管炎，鼻炎\}$$
$$\Omega_3 = \{红，黄，蓝\}$$
$$\Omega_4 = \{80，90，100\}$$

识别框架的子集就构成求解问题的各种解答。这些子集也都可以表示为命题。证据理论就是通过定义在这些子集上的几种信度函数，来计算识别框架中诸子集为真的可信度。例如，在医疗诊断中，病人的所有可能的疾病集合构成识别框架，证据理论就从该病人的种种症状出发，计算病人患某类疾病（含多种病症并发）的可信程度。

2）基本概率分配函数

定义 1　给定识别框架 Ω，$A \in 2^{\Omega}$，称 $m(A)：2^{\Omega} \to [0, 1]$ 是 2^{Ω} 上的一个基本概率分配函数（function of basic probability assignment），若它满足

（1）$m(\Phi) = 0$；

（2）$\sum_{A \subseteq \Omega} m(A) = 1$。

例 8.11　设 $\Omega = \{a, b, c\}$，其基本概率分配函数为

$$m(\{a\}) = 0.4$$
$$m(\{a, b\}) = 0$$
$$m(\{a, c\}) = 0.4$$
$$m(\{a, b, c\}) = 0.2$$
$$m(\{b\}) = 0$$
$$m(\{b, c\}) = 0$$
$$m(\{c\}) = 0$$

可以看出，基本概率分配函数之值并非概率。如

$$m(\{a\}) + m(\{b\}) + m(\{c\}) = 0.4 \neq 1$$

基本概率分配函数值一般由主观给出，一般是某种可信度。所以，概率分配函数也被称为可信度分配函数。

3）信任函数

定义 2　给定识别框架 Ω，$\forall A \in 2^{\Omega}$，

$$\mathrm{Bel}(A) = \sum_{B \subseteq A} m(B)$$

称为 2^{Ω} 上的信任函数（function of belief）。

信任函数表示对 A 为真的信任程度。所以，它就是证据理论的信度函数。信任函数也称为下限函数。

可以证明，信任函数有如下性质：

（1）$\mathrm{Bel}(\Phi) = 0$，$\mathrm{Bel}(\Omega) = 1$，且对于 2^{Ω} 中的任意元素 A，有 $0 \leqslant \mathrm{Bel}(A) \leqslant 1$。

(2) 信任函数为递增函数。即若 $A1 \subseteq A2 \subseteq \Omega$，则 $\mathrm{Bel}(A1) \leqslant \mathrm{Bel}(A2)$。

(3) $\mathrm{Bel}(A) + \mathrm{Bel}(A') \leqslant 1$ (A' 为 A 的补集)。

例 8.12 由例 8.11 可知

$$\mathrm{Bel}(\{a, b\}) = m(\{a\}) + m(\{b\}) + m(\{a, b\}) = 0.4 + 0 + 0 = 0.4$$

4) 似真函数

定义 3 $Pl(A) = 1 - \mathrm{Bel}(A')$ ($A \in 2^\Omega$, A' 为 A 的补集)称为 A 的似真函数(plausible function)，函数值称为似真度。

似真函数又称为上限函数，它表示对 A 非假的信任程度。

例 8.13 由例 8.11、例 8.12 可知

$$Pl(\{a, b\}) = 1 - \mathrm{Bel}(\{a, b\}') = 1 - (\{c\}) = 1 - 0 = 1$$

5) 信任区间

定义 4 设 $\mathrm{Bel}(A)$ 和 $Pl(A)$ 分别表示 A 的信任度和似真度，称二元组

$$[\mathrm{Bel}(A), Pl(A)]$$

为 A 的一个信任区间。

信任区间刻划了对 A 所持信任程度的上下限。如：

(1) $[1, 1]$ 表示 A 为真($\mathrm{Bel}(A) = Pl(A) = 1$)。

(2) $[0, 0]$ 表示 A 为假($\mathrm{Bel}(A) = Pl(A) = 0$)。

(3) $[0, 1]$ 表示对 A 完全无知。因为 $\mathrm{Bel}(A) = 0$，说明对 A 不信任；而 $\mathrm{Bel}(A') = 1 - Pl(A) = 0$，说明对 A' 也不信任。

(4) $[1/2, 1/2]$ 表示 A 是否为真是完全不确定的。

(5) $[0.25, 0.85]$ 表示对 A 为真信任的程度为 0.25；由 $\mathrm{Bel}(A) = 1 - 0.85 = 0.15$ 表示对 A' 也有一定程度的信任。

由上面的讨论，$Pl(A) - \mathrm{Bel}(A)$ 表示对 A 不知道的程度，即既非对 A 信任又非不信任的那部分。

似真函数 Pl 具有下述性质：

(1) $Pl(A) = \sum\limits_{A \cap B \neq \Phi} m(B)$。

(2) $Pl(A) + Pl(A') \geqslant 1$。

(3) $Pl(A) \geqslant \mathrm{Bel}(A)$。

这里，性质(1)指出似真函数也可以由基本概率分配函数构造，性质(2)指出 A 的似真度与 A' 的似真度之和不小于 1，性质(3)指出 A 的似真度一定不小于 A 的信任度。

6) Dempster 组合规则

(1) 基本的组合规则。设 $m_1(A)$ 和 $m_2(A)$ ($A \in 2^\Omega$)是识别框架 Ω 基于不同证据的两个基本概率分配函数，则将二者可按下面的 Dempster 组合规则合并：

$$m(A) = \sum\limits_{B \cap C = A} m_1(B) m_2(C)$$

该表达式一般称为 m_1 与 m_2 的正交和，并记为 $m = m_1 \oplus m_2$。不难证明，组合后的 $m(A)$ 满足

$$\sum\limits_{A \subseteq \Omega} m(A) = 1$$

例 8.14　设识别框架 $\Omega=\{a,b,c\}$，若基于两组不同证据而导出的基本概率分配函数分别为：

$$m_1(\{a\})=0.4$$
$$m_1(\{a,c\})=0.4$$
$$m_1(\{a,b,c\})=0.2$$
$$m_2(\{a\})=0.6$$
$$m_2(\{a,b,c\})=0.4$$

将 m_1 和 m_2 合并

$$
\begin{aligned}
m(\{a\}) &= \sum_{B\cap C=\{a\}} m_1(B)m_2(C) \\
&= m_1(\{a\})m_2(\{a\})+m_1(\{a\})m_2(\{a,b,c\})+m_1(\{a,c\})m_2(\{a\}) \\
&\quad + m_1(\{a,b,c\})m_2(\{a\}) = 0.76
\end{aligned}
$$
$$m(\{a,c\}) = m_1(\{a,c\})m_2(\{a,b,c\}) = 0.16$$
$$m(\{a,b,c\}) = m_1(\{a,b,c\})m_2(\{a,b,c\}) = 0.08$$

（2）含冲突修正的组合规则。上述组合规则在某些情况下会有问题。考察两个不同的基本概率分配函数 m_1 和 m_2，若存在集合 B、C，$B\cap C=\Phi$，且 $m_1(A)>0$，$m_2(B)>0$，这时使用 Dempster 组合规则将导出

$$m(\Phi) = \sum_{B'\cap C'=\Phi} m_1(B')m_2(C') \geqslant m_1(B)m_2(C) > 0$$

这与概率分配函数的定义冲突。这时，需将 Dempster 组合规则进行如下修正：

$$
m(A) = \begin{cases}
0, & A=\Phi \\
K\displaystyle\sum_{B\cap C=A} m_1(B)m_2(C), & A\neq\Phi
\end{cases}
$$

其中 K 为规范数，且 $K = \left(1-\displaystyle\sum_{B\cap C=\Phi} m_1(B)m_2(C)\right)^{-1}$。

规范数 K 的引入，实际上是把空集所丢弃的正交和按比例地补到非空集上，使 $m(A)$ 仍然满足

$$\sum_{A\subseteq\Omega} m(A) = 1$$

如果所有交集均为空集，则出现 $K=\infty$ ，显然，Dempster 组合规则在这种情况下将失去意义。

组合规则可推广到多个不同的基本概率分配函数的情形。

2. 基于证据理论的不确定性推理

基于证据理论的不确定性推理，大体可分为以下步骤：

（1）建立问题的识别框架 Ω。

（2）给幂集 2^Ω 定义基本概率分配函数。

（3）计算所关心的子集 $A\in 2^\Omega$（即 Ω 的子集）的信任函数值 Bel(A)、似真函数值 $Pl(A)$。

（4）由 Bel(A)、$Pl(A)$ 得出结论。

其中第二步的基本概率分配函数可由经验给出，或者由随机性规则和事实的信度度量计算求得。

我们通过实例再作以详细说明。

例 8.15 设有规则：

如果 流鼻涕 则 感冒但非过敏性鼻炎(0.9) 或 过敏性鼻炎但非感冒(0.1)

如果 眼发炎 则 感冒但非过敏性鼻炎(0.8) 或 过敏性鼻炎但非感冒(0.05)

括号中的数字表示规则前提对结论的支持程度。

又有事实：

小王流鼻涕(0.9)

小王眼发炎(0.4)

括号中的数字表示事实的可信程度。

问：小王患什么病？

我们用证据理论求解这一医疗诊断问题。

首先，取识别框架

$$\Omega = \{h_1, h_2, h_3\}$$

其中，h_1 表示"感冒但非过敏性鼻炎"，h_2 表示"过敏性鼻炎但非感冒"，h_3 表示"同时得了两种病"。

再取下面的基本概率分配函数：

$m_1(\{h_1\}) = $ 规则前提事实可信度 × 规则结论可信度 $= 0.9 \times 0.9 = 0.81$

$m_1(\{h_2\}) = 0.9 \times 0.1 = 0.09$

$m_1(\{h_1, h_2, h_3\}) = 1 - m_1(\{h_1\}) - m_1(\{h_2\}) = 1 - 0.81 - 0.09 = 0.1$

$m_1(A) = 0$ （A 为 Ω 的其他子集）

$m_2(\{h_1\}) = 0.4 \times 0.8 = 0.32$

$m_2(\{h_2\}) = 0.4 \times 0.05 = 0.02$

$m_2(\{h_1, h_2, h_3\}) = 1 - m_2(\{h_1\}) - m_2(\{h_2\}) = 1 - 0.32 - 0.02 = 0.66$

$m_2(A) = 0$ （A 为 Ω 的其他子集）

将两个概率分配函数合并

$$K = 1/\{1 - [m_1(\{h_1\})m_2(\{h_2\}) + m_1(\{h_2\})m_2(\{h_1\})]\}$$
$$= 1/\{1 - [0.81 \times 0.02 + 0.09 \times 0.32]\}$$
$$= 1/\{1 - 0.045\} = 1/0.955 = 1.05$$

$$m(\{h_1\}) = K \cdot [m_1(\{h_1\})m_2(\{h_1\}) + m_1(\{h_1\})m_2(\{h_1, h_2, h_3\})$$
$$+ m_1(\{h_1, h_2, h_3\})m_2(\{h_1\})]$$
$$= 1.05 \times 0.8258 = 0.87$$

$$m(\{h_2\}) = K \cdot [m_1(\{h_2\})m_2(\{h_2\}) + m_1(\{h_2\})m_2(\{h_1, h_2, h_3\})$$
$$+ m_1(\{h_1, h_2, h_3\})m_2(\{h_2\})]$$
$$= 1.05 \times 0.0632 = 0.066$$

$$m(\{h_1, h_2, h_3\}) = 1 - m(\{h_1\}) - m(\{h_2\}) = 1 - 0.87 - 0.066 = 0.064$$

由信任函数求信任度

$$\text{Bel}(\{h_1\}) = m(\{h_1\}) = 0.87$$

$$\text{Bel}(\{h_2\}) = m(\{h_2\}) = 0.066$$

由似真函数求似真度

$$Pl(\{h_1\}) = 1 - \text{Bel}(\{h_1\}') = 1 - \text{Bel}(\{h_2, h_3\})$$
$$= 1 - [m(\{h_2\} + m(\{h_3\})$$
$$= 1 - [0.066 + 0] = 0.934$$
$$Pl(\{h_2\}) = 1 - \text{Bel}(\{h_2\}') = 1 - \text{Bel}(\{h_1, h_3\})$$
$$= 1 - [m(\{h_1\}) + m(\{h_3\})]$$
$$= 1 - [0.87 + 0] = 0.13$$

于是，最后得到：

"感冒但非过敏性鼻炎"为真的信任度为 0.87，非假的信任度为 0.934；

"过敏性鼻炎但非感冒"为真的信任度为 0.066，非假的信任度为 0.13。

所以，看来该患者是感冒了。

证据理论是被推崇的处理不确定性的好方法，受到人工智能特别是专家系统领域的广泛重视，并且已为许多专家系统所采用。如著名人工智能学者、美国普渡大学教授傅京孙设计的结构损伤估计系统 SPERIL—Ⅰ 便是用证据理论实现的。当然，证据理论并非十全十美。因此，至今人们仍然对它作进一步的理论探讨和应用推广。如 J. Gordan 和 Shortliffe 将证据理论引入到 MYCIN 系统的工作中，并在层次化假设空间的基础上对证据理论作了重要的简化。

8.3　基于贝叶斯网络的概率推理

8.3.1　什么是贝叶斯网络

贝叶斯网络是一种以随机变量为节点，以条件概率为节点间关系强度的有向无环图（Directed Acyclic Graph，DAG）。具体来讲，贝叶斯网络的拓扑结构为一个不含回路的有向图，图中的节点表示随机变量，有向边描述了相关节点或变量之间的某种依赖关系，而且每个节点附一个条件概率表（Condition Probability Table，CPT），以刻画相关节点对该节点的影响，条件概率可视为节点之间的关系强度。有向边的发出端节点称为因节点（或父节点），指向端节点称为果节点（或子节点）。

例如，图 8 - 3 就是一个贝叶斯网络。其中 A，B，C，D，E，F 为随机变量；5 条有向边描述了相关节点或变量之间的关系；每个节点的条件概率表如表 8.1～表 8.6 所示。

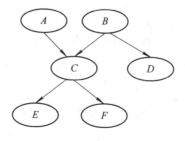

图 8 - 3　贝叶斯网络示意图

表 8.1
$P(A)$
0.1

表 8.2
$P(B)$
0.2

表 8.3

A	B	$P(C|A, B)$
t	t	1
t	f	0.85
f	t	0.60
f	f	0

表 8.4

B	$P(D|B)$
t	0.95
f	0

表 8.5

C	$P(E|C)$
t	0.99
f	0.01

表 8.6

C	$P(F|C)$
t	1
f	0

贝叶斯网络中的节点一般可代表事件、对象、属性或状态；有向边一般表示节点间的因果关系。贝叶斯网络也称因果网络（causal network）、信念网络（belief network）、概率网络（probability network）、知识图（knowledge map）等。它是描述事物之间因果关系或依赖关系的一种直观图形。所以，贝叶斯网络可作为一种不确定性知识的表示形式和方法。

8.3.2　用贝叶斯网络表示不确定性知识

下面我们举例说明如何用贝叶斯网络表示不确定性知识。

医学告诉我们：吸烟可能会患气管炎；感冒也会引起气管发炎，并还有发烧、头痛等症状；气管炎又会有咳嗽或气喘等症状。我们把这些知识表示为一个贝叶斯网络（如图 8-4 所示）。

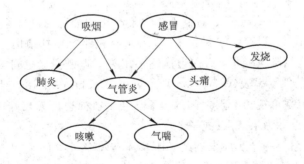

图 8-4　用贝叶斯网络表示医学知识

为了便于叙述，我们将吸烟、感冒、气管炎、咳嗽、气喘分别记为：S, C, T, O, A。并将这几个变量的条件概率表用下面的概率表达式表示：

$P(S)=0.4$，$P(\to S)=0.6$；

$P(C)=0.8$，$P(\to C)=0.2$；

$P(T \mid S, C)=0.35$，$P(T \mid \to S, C)=0.25$，$P(T \mid S, \to C)=0.011$，$P(T \mid \to S, \to C)=0.002$；

$P(O \mid T)=0.85$，$P(O \mid \to T)=0.15$；

$P(A \mid T)=0.50$，$P(A \mid \to T)=0.10$。

8.3.3　基于贝叶斯网络的概率推理

根据贝叶斯网络的结构特征和语义特征，基于网络中的一些已知节点（称为证据变量），利用这种概率网络就可以推算出网络中另外一些节点（称为查询变量）的概率，即实现概率推理。具体来讲，基于贝叶斯网络可以进行因果推理、诊断推理、辩解和混合推理。

这几种概率推理过程将涉及到联合概率（即乘法公式）和条件独立关系等概念。

联合概率：设一个贝叶斯网络中全体变量的集合为 $X = \{x_1, x_2, \cdots, x_n\}$，则这些变量的联合概率为

$$P(x_1, x_2, \cdots, x_n) = P(x_1)P(x_2 \mid x_1)P(x_3 \mid x_1, x_2) \cdots P(x_n \mid x_1, x_2, \cdots, x_{n-1})$$

$$= \prod_{i=1}^{n} P(x_i \mid x_1 x_2 \cdots x_{i-1}) \tag{8-21}$$

条件独立：贝叶斯网络中任一节点与它的非祖先节点和非后代节点都是条件独立的。

下面我们就以图 8-4 所示的贝叶斯网络为例，介绍因果推理和诊断推理的一般方法。

1. 因果推理

因果推理就是由原因到结果的推理，即已知网络中的祖先节点而计算后代节点的条件概率。这种推理是一种自上而下的推理。

以图 8-4 所示的贝叶斯网络为例，假设已知某人吸烟(S)，我们计算他患气管炎(T)的概率 $P(T|S)$。首先，由于 T 还有另一个因节点——感冒(C)，因此我们可以对概率 $P(T|S)$ 进行扩展，得

$$P(T \mid S) = P(T, C \mid S) + P(T, \neg C \mid S) \tag{8-22}$$

这是两个联合概率的和，意思是因吸烟而得气管炎的概率 $P(T|S)$ 等于因吸烟而得气管炎且患感冒的概率 $P(T, C|S)$ 与因吸烟而得气管炎且未患感冒的概率 $P(T, \neg C|S)$ 之和。

接着，对(8-22)式中的第一项 $P(T, C|S)$ 做如下变形：

$$P(T, C \mid S) = P(T, C, S)/P(S) \quad （对 P(T, C \mid S) 逆向使用概率的乘法公式）$$
$$= P(T \mid C, S)P(C, S)/P(S) \quad （对 P(T, C, S) 使用乘法公式）$$
$$= P(T \mid C, S)P(C \mid S) \quad （对 P(C, S)/P(S) 使用乘法公式）$$
$$= P(T \mid C, S)P(C) \quad （因为 C 与 S 条件独立）$$

同理可得(8-22)式中的第二项

$$P(T, \neg C \mid S) = P(T \mid \neg C, S)P(\neg C)$$

于是

$$P(T \mid S) = P(T \mid C, S)P(C) + P(T \mid \neg C, S)P(\neg C) \tag{8-23}$$

可以看出，这个等式右端的概率值在图 8-4 中的 CPT 中已给出，即都为已知。现在，将这些概率值代入(8-23)式右端便得

$$P(T \mid S) = 0.35 \times 0.8 + 0.011 \times 0.2 = 0.2822$$

即吸烟可引起气管炎的概率为 0.2822。

由这个例子，我们给出因果推理的一个种思路和方法：

（1）首先，对于所求的询问节点的条件概率，用所给证据节点和询问节点的所有因节点的联合概率进行重新表达。

（2）然后，对所得表达式进行适当变形，直到其中的所有概率值都可以从问题贝叶斯

网络的 CPT 中得到。

（3）最后，将相关概率值代入概率表达式进行计算即得所求询问节点的条件概率。

2. 诊断推理

诊断推理就是由结果到原因的推理，即已知网络中的后代节点而计算祖先节点的条件概率。这种推理是一种自下而上的推理。

诊断推理的一般思路和方法是，先利用贝叶斯公式将诊断推理问题转化为因果推理问题；然后进行因果推理；再用因果推理的结果，导出诊断推理的结果。

我们仍以图 8 - 4 所示的贝叶斯网络为例，介绍诊断推理。假设已知某人患了气管炎(T)，计算他吸烟(S)的后验概率 $P(S|T)$。

由贝叶斯公式，有

$$P(S \mid T) = \frac{P(T \mid S)P(S)}{P(T)}$$

由上面的因果推理知，

$$\begin{aligned}
P(T \mid S) &= P(T, C \mid S) + P(T, \neg C \mid S) \\
&= P(T \mid C, S)P(C) + P(T \mid \neg C, S)P(\neg C) \\
&= 0.35 \times 0.8 + 0.011 \times 0.2 \quad \text{（诸概率由图 8 - 4 的条件概率表得）} \\
&= 0.2822
\end{aligned}$$

又

$$P(S) = 0.6 \qquad \text{（由图 8 - 4 的条件概率表得）}$$

从而

$$P(S \mid T) = \frac{P(T \mid S)P(S)}{P(T)} = \frac{0.2822 \times 0.6}{P(T)} = \frac{0.169\,32}{P(T)}$$

同理，由因果推理方法有

$$\begin{aligned}
P(T \mid \neg S) &= P(T, C \mid \neg S) + P(T, \neg C \mid \neg S) \\
&= P(T \mid C, \neg S)P(C) + P(T \mid \neg C, \neg S)P(\neg C) \\
&= 0.25 \times 0.8 + 0.002 \times 0.2 \quad \text{（诸概率由图 8 - 4 的条件概率表得）} \\
&= 0.2004
\end{aligned}$$

从而

$$P(\neg S \mid T) = \frac{P(T \mid \neg S)P(\neg S)}{P(T)} = \frac{0.2004 \times 0.4}{P(T)} = \frac{0.8016}{P(T)}$$

因为

$$P(S \mid T) + P(\neg S \mid T) = 1$$

所以

$$\frac{0.169\,32}{P(T)} + \frac{0.8016}{P(T)} = 1$$

解之得

$$P(T) = 0.970\,82$$

于是

$$P(S \mid T) = \frac{P(T \mid S)P(S)}{P(T)} = \frac{0.2822 \times 0.6}{0.970\,82} = 0.174\,409\,2$$

即该人的气管炎是由吸烟导致的概率为 0.174 409 2。

由上所述可以看出，基于贝叶斯网络结构和条件概率，我们不仅可以由祖先节点推算出后代节点的后验概率，更重要的是利用贝叶斯公式还可以通过后代节点的概率反向推算出祖先节点的后验概率。这正是称这种因果网络为贝叶斯网络的原因，这也是贝叶斯网络的优越之处。因为通过后代节点的概率反向推算出祖先节点的后验概率要用贝叶斯公式，所以这种概率推理就称为基于贝叶斯网络的不确定性推理。

贝叶斯网络的建造涉及其拓扑结构和条件概率，因此是一个比较复杂和困难的问题。一般需要知识工程师和领域专家的共同参与，在实际中可能是反复交叉进行而不断完善的。现在，人们也采用机器学习的方法来解决贝叶斯网络的建造问题，称为贝叶斯网络学习。

8.4 基于模糊集合与模糊逻辑的模糊推理

1965 年美国学者 L. A. Zadeh 推广了传统集合的定义，提出了模糊集合的概念。基于模糊集合人们又发展了模糊逻辑、模糊推理、模糊控制等，形成了一系列处理不确切性信息和知识的理论和方法，构成了现在所称的模糊理论、模糊技术或模糊计算。本节就介绍模糊集合、模糊逻辑和模糊推理的基本原理和方法。

8.4.1 模糊集合

1. 模糊集合

定义 1 设 U 是一个论域，U 到区间[0，1]的一个映射

$$\mu: U \longrightarrow [0, 1]$$

就确定了 U 的一个模糊子集 A。映射 μ 称为 A 的隶属函数，记为 $\mu_A(u)$。对于任意的 $u \in U$，$\mu_A(u) \in [0，1]$ 称为 u 属于模糊子集 A 的程度，简称隶属度。

由定义，模糊集合完全由其隶属函数确定，即一个模糊集合与其隶属函数是等价的。

可以看出，对于模糊集 A，当 U 中的元素 u 的隶属度全为 0 时，则 A 就是个空集；反之，当全为 1 时，A 就是全集 U；当仅取 0 和 1 时，A 就是普通子集。这就是说，模糊子集实际是普通子集的推广，而普通子集就是模糊子集的特例。

论域 U 上的模糊集合 A，一般可记为

$$A = \{\mu_A(u_1)/u_1, \mu_A(u_2)/u_2, \mu_A(u_3)/u_3, \cdots\}$$

或

$$A = \mu_A(u_1)/u_1 + \mu_A(u_2)/u_2 + \mu_A(u_3)/u_3 + \cdots$$

或

$$A = \int_{u \in U} \mu_A(u)/u$$

或

$$A = \{(\mu_1, \mu_A(u_1)), (\mu_2, \mu_A(u_2)), (\mu_3, \mu_A(u_3)), \cdots\}$$

对于有限论域 U，甚至也可表示成

$$A = (\mu_A(u_1), \mu_A(u_2), \mu_A(u_3), \cdots, \mu_A(u_n))$$

例 8.16　设 $U=\{0, 1, 2, 3, 4, 5, 6, 7, 8, 9, 10\}$，则

$S_1 = 0/0 + 0/1 + 0/2 + 0.1/3 + 0.2/4 + 0.3/5 + 0.5/6 + 0.7/7 + 0.9/8$
$\qquad + 1/9 + 1/10$

$S_2 = 1/0 + 1/1 + 1/2 + 0.8/3 + 0.7/4 + 0.5/5 + 0.4/6 + 0.2/7 + 0/8$
$\qquad + 0/9 + 0/10$

就是论域 U 的两个模糊子集，它们可分别表示 U 中"大数的集合"和"小数的集合"。

可以看出，上面"大数的集合"和"小数的集合"实际上是用外延法描述了"大"和"小"两个软概念。这就是说，模糊集可作为软概念的数学模型。

例 8.17　通常所说的"高个"、"矮个"、"中等个"就是三个关于身高的语言值。我们用模糊集合为它们建模。

取人类的身高范围 $[1.0, 3.0]$ 为论域 U，在 U 上定义隶属函数 $\mu_{矮}(x)$、$\mu_{中等}(x)$、$\mu_{高}(x)$ 如下（函数图像如图 8-5 所示）。这三个隶属函数就确定了 U 上的三个模糊集合，它们也就是相应三个语言值的数学模型。

$$\mu_{矮}(x) = \begin{cases} 1 & 1.0 \leqslant x \leqslant 1.50 \\ \dfrac{1.65 - x}{0.15} & 1.50 \leqslant x \leqslant 1.65 \\ 0 & 1.65 < x \leqslant 3.0 \end{cases}$$

$$\mu_{中等}(x) = \begin{cases} 0 & 1 \leqslant x < 1.50 \\ \dfrac{x - 1.5}{0.15} & 1.50 \leqslant x \leqslant 1.65 \\ 1 & 1.65 \leqslant x \leqslant 1.75 \\ \dfrac{1.8 - x}{0.05} & 1.75 \leqslant x \leqslant 1.80 \\ 0 & 1.80 < x \leqslant 3.0 \end{cases}$$

$$\mu_{高}(x) = \begin{cases} 0 & 1.0 \leqslant x < 1.75 \\ \dfrac{x - 1.75}{0.05} & 1.75 \leqslant x \leqslant 1.80 \\ 1 & 1.80 \leqslant x \leqslant 3.0 \end{cases}$$

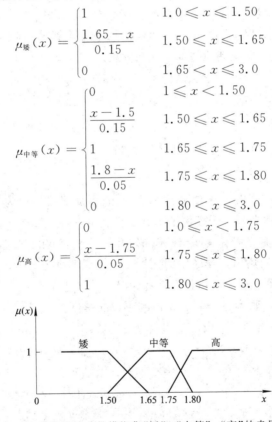

图 8-5　身高论域上的模糊集"矮"、"中等"、"高"的隶属函数

值得指出的是，模糊集合的隶属函数定义至今却没有一个统一的方法和一般的形式，基本上是由人们主观给出。虽然有些文献中也提出了隶属函数的一些具体形式，如三角形、梯形、钟形、正态分布形、S 形等等，但这些形式并无多少理论依据，主要是靠人的主观想象而得，有些甚至纯粹是从数学美的角度给出的，因而带有很大的随意性。

2. 模糊关系

除了有些性质概念是软概念外，还存在不少软关系(soft relation)概念。如"远大于"、"基本相同"、"好朋友"等就是一些软关系。在模糊集理论中把软关系称为模糊关系，模糊关系也可以用模糊集合表示。下面我们就用模糊子集定义模糊关系。

定义 2　集合 $U_1, U_2, \cdots, U_n$ 的笛卡尔积集 $U_1 \times U_2 \times \cdots \times U_n$ 的一个模糊子集 R，称为 $U_1, U_2, \cdots, U_n$ 间的一个 n 元模糊关系。特别地，U^n 的一个模糊子集称为 U 上的一个 n 元模糊关系。

例 8.18　设 $U = \{1, 2, 3, 4, 5\}$，U 上的"远大于"这个模糊关系可用模糊子集表示如下：

$$R_{远大于} = 0.1/(1, 2) + 0.4/(1, 3) + 0.7/(1, 4) + 1/(1, 5) + 0.2/(2, 3)$$
$$+ 0.4/(2, 4) + 0.7/(2, 5) + 0.1/(3, 4) + 0.4/(3, 5) + 0.1/(4, 5)$$

就像通常的关系可用矩阵表示一样，模糊关系也可以用矩阵来表示。例如上面的"远大于"用矩阵可表示如下：

$$
\begin{array}{c|ccccc}
 & 1 & 2 & 3 & 4 & 5 \\
1 & 0 & 0.1 & 0.4 & 0.7 & 1 \\
2 & 0 & 0 & 0.2 & 0.4 & 0.7 \\
3 & 0 & 0 & 0 & 0.1 & 0.4 \\
4 & 0 & 0 & 0 & 0 & 0.1 \\
5 & 0 & 0 & 0 & 0 & 0 \\
\end{array}
$$

表示模糊关系的矩阵一般称为**模糊矩阵**。

3. 模糊集合的运算

与普通集合一样，也可定义模糊集合的交、并、补运算。

定义 3　设 A、B 是 X 的模糊子集，A、B 的交集 $A \cap B$、并集 $A \cup B$ 和补集 A'，分别由下面的隶属函数确定：

$$\mu_{A \cap B}(x) = \min(\mu_A(x), \mu_B(x))$$
$$\mu_{A \cup B}(x) = \max(\mu_A(x), \mu_B(x))$$
$$\mu_{A'}(x) = 1 - \mu_A(x)$$

8.4.2　模糊逻辑

模糊逻辑是研究模糊命题的逻辑。设 n 元谓词

$$P(x_1, x_2, \cdots, x_n)$$

表示一个模糊命题。定义这个模糊命题的真值为其中对象 $x_1, x_2, \cdots, x_n$ 对模糊集合 P 的隶属度，即

$$T(P(x_1, x_2, \cdots, x_n)) = \mu_P(x_1, x_2, \cdots, x_n)$$

此式把模糊命题的真值定义为一个区间 $[0, 1]$ 中的一个实数。那么，当一个命题的真值为 0 时，它就是假命题；为 1 时，它就是真命题；为 0 和 1 之间的某个值时，它就是有某种程度的真(又有某种程度的假)的模糊命题。

可以看出，上述定义的模糊命题的真值，实际是把一个命题内部的隶属度，转化为整个命题的真实度。

在上述真值定义的基础上,我们再定义三种逻辑运算:

$$T(P \wedge Q) = \min(T(P), T(Q))$$
$$T(P \vee Q) = \max(T(P), T(Q))$$
$$T(\rightarrow P) = 1 - T(P)$$

其中 P 和 Q 都是模糊命题。这三种逻辑运算称为模糊逻辑运算。由这三种模糊逻辑运算所建立的逻辑系统就是所谓的模糊逻辑。可以看出,模糊逻辑是传统二值逻辑的一种推广。

8.4.3 模糊推理

模糊推理是基于不确切性知识(模糊规则)的一种推理。例如

如果 x 小,那么 y 大。

x 较小

y?

就是模糊推理所要解决的问题。

模糊推理是一种近似推理,一般采用 Zadeh 提出的语言变量、语言值、模糊集和模糊关系合成的方法进行推理。

1. 语言变量,语言值

简单来讲,语言变量就是我们通常所说的属性名,如"年纪"就是一个语言变量。语言值是指语言变量所取的值,如"老"、"中"、"青"就是语言变量年纪的三个语言值。

2. 用模糊(关系)集合表示模糊规则

可以看出,模糊命题中描述事物属性、状态和关系的语词,就是这里的语言值。这些语言值许多都可用模糊集合表示。我们知道,一条规则实际是表达了前提中的语言值与结论中的语言值之间的对应关系(如上例中的规则就表示了语言值"小"与"大"的对应关系)。现在语言值又可用集合表示,所以,一条模糊规则实际就刻划了其前提中的模糊集与结论中的模糊集之间的一种对应关系。Zadeh 认为,这种对应关系是两个集合间的一种模糊关系,因而它也可以表示为模糊集合。于是,一条模糊规则就转换成了一个模糊集合。特别地,对于有限集,则就是一个模糊矩阵。

例如,设有规则

如果 x is A 那么 y is B

其中 A、B 是两个语言值。那么,按 Zadeh 的观点,A、B 可表示为两个模糊集(我们仍以 A、B 标记);这个规则表示了 A、B 之间的一种模糊关系 R,R 也可以表示为一个模糊集。于是,有

$$R = \mu_R(u_1, v_1)/(u_1, v_1) + \mu_R(u_1, v_2)/(u_1, v_2) + \cdots + \mu_R(u_i, v_j)/(u_i, v_j) + \cdots$$
$$= \int_{U \times V} \mu_R(u, v)/(u, v)$$

其中 U、V 分别为模糊集合 A、B 所属的论域,$\mu_R(u_i, v_j)$ $(i, j = 1, 2, \cdots)$ 是元素 (u_i, v_j) 对于 R 的隶属度。

现在的问题是,怎样求得隶属度 $\mu_R(u_i, v_j)$ $(i, j = 1, 2, \cdots)$ 呢? 对此,Zadeh 给出了

好多种方法，其中具代表性的一种方法为

$$\mu_R(u_i, v_j) = (\mu_A(u_i) \wedge \mu_B(v_j)) \vee (1 - \mu_A(u_i)) \quad (i, j = 1, 2, \cdots)$$

其中 $\wedge$、$\vee$ 分别代表取最小值和取最大值，即 min、max。

例如，对于规则

$$如果\ x\ 小\ 那么\ y\ 大$$

令 A、B 分别表示"小"和"大"，将它们表示成论域 U、V 上的模糊集，设论域

$$U = V = \{1, 2, 3, 4, 5\}$$

定义

$$A = 1/1 + 0.8/2 + 0.5/3 + 0/4 + 0/5$$
$$B = 0/1 + 0/2 + 0.5/3 + 0.8/4 + 1/5$$

则

$$\mu_R(1, 1) = (\mu_A(1) \wedge \mu_B(1)) \vee (1 - \mu_A(1)) = (1 \wedge 0) \vee (1 - 1)) = 0$$
$$\mu_R(1, 2) = (\mu_A(1) \wedge \mu_B(2)) \vee (1 - \mu_A(1)) = (1 \wedge 0) \vee (1 - 1)) = 0$$
$$\mu_R(1, 3) = (\mu_A(1) \wedge \mu_B(3)) \vee (1 - \mu_A(1)) = (1 \wedge 0.5) \vee (1 - 1)) = 0.5$$
$$\cdots\cdots$$
$$\mu_R(2, 3) = (\mu_A(2) \wedge \mu_B(3)) \vee (1 - \mu_A(2)) = (0.8 \wedge 0.5) \vee (1 - 0.8)) = 0.5$$
$$\cdots\cdots$$
$$\mu_R(5, 5) = (\mu_A(5) \wedge \mu_B(5)) \vee (1 - \mu_A(5)) = (0 \wedge 1) \vee (1 - 0)) = 1$$

从而

$$R = 0/(1, 1) + 0/(1, 2) + 0.5/(1, 3) + \cdots + 0.5/(2, 3) + \cdots + 1/(5, 5)$$

如果只取隶属度，且写成矩阵形式，则

$$R = \begin{bmatrix} 0 & 0 & 0.5 & 0.8 & 1 \\ 0.2 & 0.2 & 0.5 & 0.8 & 0.8 \\ 0.5 & 0.5 & 0.5 & 0.5 & 0.5 \\ 1 & 1 & 1 & 1 & 1 \\ 1 & 1 & 1 & 1 & 1 \end{bmatrix}$$

于是，原自然语言规则就变成了一个数值集合（矩阵），即

$$A \to B = R$$

3. 模糊关系合成

什么是模糊关系合成呢？模糊关系合成也就是两个模糊关系复合为一个模糊关系。用集合的话来讲，就是两个集合合成为一个集合。如果是两个有限模糊集，则其合成可以用矩阵运算来表示。下面就以有限模糊集为例，给出 Zadeh 的模糊关系合成法则。

设

$$R_1 = \begin{bmatrix} s_{11} & s_{12} & \cdots & s_{1k} \\ s_{21} & s_{22} & \cdots & s_{2k} \\ \vdots & \vdots & & \vdots \\ s_{n1} & s_{n2} & \cdots & s_{nk} \end{bmatrix}_{n \times k}$$

$$R_2 = \begin{bmatrix} t_{11} & t_{12} & \cdots & t_{1m} \\ t_{21} & t_{22} & \cdots & t_{2m} \\ \vdots & \vdots & & \vdots \\ t_{k1} & t_{k2} & \cdots & t_{km} \end{bmatrix}_{k \times m}$$

则

$$R = R_1 \circ R_2 = (r_{ij})_{n \times m}$$

其中

$$r_{ij} = \bigvee_{l=1}^{k} (s_{il} \wedge t_{lj}) \quad (i = 1, 2, \cdots, n; j = 1, 2, \cdots, m)$$

即，对 R_1 第 i 行和 R_2 第 j 列对应元素取最小，再对 k 个结果取最大，所得结果就是 R 中第 i 行第 j 列处的元素。

例如：设

$$R_1 = \begin{bmatrix} 0.1 & 0.6 & 0.3 \\ 0.4 & 0.7 & 0.9 \\ 0.5 & 0.8 & 1 \end{bmatrix}$$

$$R_2 = \begin{bmatrix} 0.1 & 0.4 \\ 1 & 0.9 \\ 0.7 & 0.8 \end{bmatrix}$$

则

$$R = R_1 \circ R_2 = \begin{bmatrix} 0.6 & 0.6 \\ 0.7 & 0.8 \\ 0.8 & 0.8 \end{bmatrix}$$

用隶属函数来表示，Zadeh 的模糊关系合成法则就是下面的公式：

$$\mu_{R_1 \circ R_2}(x, z) = \bigvee_{y} \{\mu_{R_1}(x, y) \wedge \mu_{R_2}(y, z)\} \tag{8-24}$$

4. 基于关系合成的模糊推理

同规则一样，证据事实也可表示成模糊矩阵（实际是向量）。如，把"比较小"表示为

$$A' = 1/1 + 1/2 + 0.5/3 + 0.2/4 + 0/5$$
$$= (1, 1, 0.5, 0.2, 0)$$

现在，就可通过模糊关系的合成运算进行模糊推理了。其模式是

$$B' = A' \circ R \tag{8-25}$$

其中，B' 就是所推的结论。当然，它仍是一个模糊集合。如果需要，可再将它翻译为自然语言形式。

用隶属函数表示，(8-25)式就是，对于 $\forall y \in V$

$$\mu_{B'}(y) = \bigvee_{x \in U} \{\mu_{A'}(x) \wedge \mu_R(x, y)\}$$
$$= \bigvee_{x \in U} \{\mu_{A'}(x) \wedge [(\mu_A(x) \wedge \mu_B(y)) \vee (1 - \mu_A(x))]\} \tag{8-26}$$

例 8.19　现在我们就来解决本节开始提出的问题。即已知

(1) 如果 x 小，那么 y 大。

(2) x 比较小。

问：y 怎么样？

解

如前所述，由（1）得

$$R = \begin{bmatrix} 0 & 0 & 0.5 & 0.8 & 1 \\ 0.2 & 0.2 & 0.5 & 0.8 & 0.8 \\ 0.5 & 0.5 & 0.5 & 0.5 & 0.5 \\ 1 & 1 & 1 & 1 & 1 \\ 1 & 1 & 1 & 1 & 1 \end{bmatrix}$$

由（2）得

$$A' = (1, 1, 0.5, 0.2, 0)$$

从而

$$B' = A' \circ R = (0.5, 0.5, 0.5, 0.8, 1)$$

即

$$B' = 0.5/1 + 0.5/2 + 0.5/3 + 0.8/4 + 1/5$$

可以解释为：y 比较大。

推理模式（8-25）是肯定前件的模糊推理。同理，可得否定后件的模糊推理：

$$A' = R \circ B' \tag{8-27}$$

可以看出，这一模式可解决下面的问题：

设已知

（1）如果 x 小，那么 y 大。

（2）y 比较大。

问：x 怎么样？

需说明的是，上面我们是把一条模糊规则表示为一个模糊关系（矩阵），但实际问题中往往并非仅有一条规则，而是多条规则，那该怎么办呢？所幸的是对于多条规则用模糊关系的合成法则仍然可化为一个模糊关系（矩阵）。由于篇幅所限这里不作介绍，有兴趣的读者可进一步参考模糊推理的有关文献。

5．模糊推理的应用与发展

由上所述我们看到，这种模糊推理实际是把推理变成了计算，从而为不确定性推理开辟了一条新途径。特别是这种模糊推理很适合于控制。用模糊推理原理构造的控制器称为模糊控制器。模糊控制器结构简单，可用硬件芯片实现，造价低、体积小，现已广泛应用于控制领域。

事实上，自 Zadeh 1965 年提出模糊集合的概念，特别是 1974 年他又将模糊集引入推理领域开创了模糊推理技术以来，模糊推理就成为一种重要的近似推理方法。特别是 20 世纪 90 年代初，日本率先将模糊控制用于家用电器并取得成功，引起了全世界的巨大反响和关注。之后，欧美各国都竞相在这一领域展开角逐。时至今日，模糊技术已向自动化、计算机、人工智能等领域全面推进。模糊推理机、模糊控制器、模糊芯片、模糊计算机……应有尽有，模糊逻辑、模糊语言、模糊数据库、模糊知识库、模糊专家系统、模糊神经网络……层出不穷。可以说，模糊技术现在已成为与面向对象、神经网络等并驾齐驱的高新技术之一。

　　然而，尽管模糊推理在实践中已取得了辉煌的成就，但我们仍不能不清醒地看到，模糊推理的理论基础却并不牢靠。所以，下面我们想对模糊推理的发展作一简单评述。

　　如上所述的 Zadeh 给出的模糊推理方法，一般称为模糊推理的 CRI（Compositional Rule of Inference)法。可以看出，CRI 法的关键有两步：一步是由模糊规则导出模糊关系矩阵 R，一步是模糊关系的合成运算。在第一步中，Zadeh 给出的求 R 的公式，其依据是把模糊规则 $A \to B$ 作为明晰规则 $A \to B$ 的推广，并且利用逻辑等价式

$$A \to B = \neg A \vee B = (\neg A \vee B) \wedge (\neg A \vee A) = A \wedge B \vee \neg A$$

再运用他给出的模糊集合的交、并、补运算而得出来的。但仔细分析，不难看出，这样做是存在问题的。因为，规则前提模糊集与结论模糊集元素之间的关系应该是函数关系，而不是逻辑关系，但这里是用逻辑关系来处理函数关系的。

　　至于第二步的模糊关系合成法则，则完全是人为地给出来的。

　　正由于 CRI 方法缺乏坚实的理论依据，所以常导致推理的失效。为此，包括 Zadeh 本人在内的许多学者，都致力于模糊推理的理论和方法研究，并提出了许许多多（不下数十种）的新方法。例如，Mandani 推理法、TVR 法、直接法、强度转移法、模糊计算逻辑推理法等等，其中也有我国学者的重要贡献。但总的说来，这些方法几乎还都是在逻辑框架下提出的一些隶属度变换或计算模型，因而总存在这样或那样的问题或缺陷。因此，模糊推理理论与技术仍然是人工智能中的重要课题。

　　我们认为，一个语言值规则 $A \to B$ 概括了论域 U 中一个子域上的局部函数关系 $y = f_{AB}(x)$，表示了二维空间 $U \times V$ 中块点曲线 $Y = F(X)$ 上的一个点 (X_A, Y_B)，所以，模糊推理实质是论域 U 上（模糊）大粒度函数的近似求值或空间 $U \times V$ 中（模糊）块点曲线的点坐标近似计算。

习　题　八

　　1. 何为不确定性？不确定性有哪些类型？

　　2. 举一个不确定性产生式规则和一个不确切性产生式规则实例，并用适当的度量表示之，再用 PROLOG 语言表示之。

　　3. 写一个程度框架和一个程度语义网络，并用 PROLOG 语言表示之。

　　4. 用模糊集表示天气的"热"，"冷"概念。

　　5. 什么是不确定性推理？它与确定性推理的区别何在？

　　6. 何为不确定性推理模型？试给出你所知的不确定性推理模型的名称。

　　7. 设有如下一组规则：

r_1 : if E_1 then $E_2(0.6)$

r_2 : if E_2 and E_3 then $E_4(0.8)$

r_3 : if E_4 then $H(0.7)$

r_4 : if E_5 then $H(0.9)$

且已知

$$CF(E_1) = 0.5, \ CF(E_3) = 0.6, \ CF(E_5) = 0.4$$

用确定性理论求 $CF(H)$。

8. 试用贝叶斯网络表示某设备(如电视机、汽车、计算机)的故障诊断方面的知识,并进行相应的因果推理和诊断推理。

9. 设论域 $U=V=\{1,2,3,4,5\}$,"低"和"大"可分别用 U,V 上的两个模糊子集表示:

$$S_{低}=1/1+0.8/2+0.5/3+0.2/4+0/5$$

$$S_{大}=0/1+0.2/2+0.5/3+0.8/4+1/5$$

又设有模糊控制规则

"如果炉温偏低,则就将风门开大。"

和已知事实

"炉温有些低"

若再给出定义

$$S_{有些低}=1/1+1/2+0.6/3+0.3/4+0/5$$

请用 Zadeh 的 CRI 法进行模糊推理,作出决策。

10. 一个旅行者在沙漠中行走,想找水喝,这时他发现路旁正好放着两瓶液体,一个瓶子上写着"纯净水,可信度:0.8",另一个瓶子上写着"纯净水,隶属度:0.7"。问:这位旅行者该喝哪一瓶"纯净水"?为什么?

第4篇 学习与发现

学习是系统积累经验或运用规律指导自己的行为或改进自身性能的过程，而发现则是系统从所接收的信息中发现规律的过程。学习与发现关系密切，以致在不少文献中二者几乎是同义语。

当今人工智能中的机器学习（machine learning）主要指机器对自身行为的修正或性能的改善（这类似于人类的技能训练和对环境的适应）和机器对客观规律的发现（这类似于人类的科学发现）。

机器学习从20世纪50年代就开始研究，现在已取得了不少成就，并分化出了许多研究方向，主要有符号学习、连接学习（即神经网络学习）和统计学习等。

机器对于客观规律的发现，也称为知识发现（Knowledge Discovery, KD）。早在20世纪70～80年代，知识发现就取得了不少重要成果。例如，AM程序（1977），从集合论的几个基本概念出发，经过学习可以发现标准数论的一些概念和定理，甚至有一些是数学家未提出过的概念。还有，发现学习系统BACON.3（1979），可以重新发现理想气体的波义耳定律、欧姆定律、刻卜勒定律和库仑定律等物理学基本定律。BACON.4还能发现一些早期化学家发现的定律，如普罗斯特定律、盖吕萨克定律、康尼查罗测定法以及普罗斯特的假设等。

当前，知识发现有一个重要研究和应用领域称为数据库中的知识发现（KDD）或数据挖掘（DM）。数据库中的知识发现主要指从海量数据（如数据仓库、Internet和Web上的数据信息）中提取有用信息和知识。数据挖掘也要用到机器学习，或者说数据挖掘是一种特定领域的机器学习。同时，在数据挖掘的研究中，人们也开发出了不少新的机器学习方法。目前，KDD已成为人工智能研究和应用的一个热门领域。

需要指出的是，虽然机器学习的研究现在已经取得了长足的进步和发展，但其内容和成果还主要是机器的直接发现性学习，而类似人类通过听讲、阅读等形式获取前人或他人所发现的知识（书本知识）的这种间接继承性学习，还涉及甚少。显然，这种间接继承性机器学习的意义是巨大的。但由于后者的特点是需要"理解"（包括自然语言理解和图形图像理解等），而且多数情况下面对的是非结构化信息，因此，这种机器学习将是机器学习领域的又一个新的重要课题，也是对机器学习乃至人工智能学科的一个挑战。

第 9 章　机器学习与知识发现

9.1　机器学习概述

9.1.1　机器学习的概念

顾名思义，机器学习就是让计算机模拟人的学习行为，或者说让计算机也具有学习的能力。但什么是学习呢？

心理学中对学习的解释是：学习是指（人或动物）依靠经验的获得而使行为持久变化的过程。人工智能和机器学习领域的几位著名学者也对学习提出了各自的说法。如 Simon 认为：如果一个系统能够通过执行某种过程而改进它的性能，这就是学习。Minsky 认为：学习是在人们头脑中（心理内部）进行有用的变化。Tom M. Mitchell 在《机器学习》一书中对学习的定义是：对于某类任务 T 和性能度 P，如果一个计算机程序在 T 上以 P 衡量的性能随着经验 E 而自我完善，那么，我们称这个计算机程序从经验 E 中学习。

基于以上对于学习的解释，在当前关于机器学习的许多文献中也大都认为：学习是系统积累经验以改善其自身性能的过程。

9.1.2　机器学习的原理

从以上对于学习的解释可以看出：

（1）学习与经验有关。

（2）学习可以改善系统性能。

（3）学习是一个有反馈的信息处理与控制过程。因为经验是在系统与环境的交互过程中产生的，而经验中应该包含系统输入、响应和效果等信息。因此经验的积累、性能的完善正是通过重复这一过程而实现的。

于是，我们将机器学习原理图示如下（见图 9 - 1）。

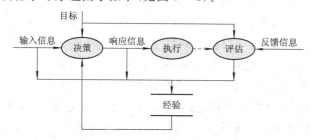

图 9 - 1　机器学习原理 1

　　这里的输入信息是指系统在完成某任务时，接收到的环境信息；响应信息是指对输入信息做出的回应；执行是指根据响应信息实施相应的动作或行为。按图 9－1，机器学习的流程就是：① 对于输入信息，系统根据目标和经验做出决策予以响应，即执行相应动作；② 对目标的实现或任务的完成情况进行评估；③ 将本次的输入、响应和评价作为经验予以存储记录。可以看出，第一次决策时系统中还无任何经验，但从第二次决策开始，经验便开始积累。这样，随着经验的丰富，系统的性能自然就会不断改善和提高。

　　图 9－1 所示的学习方式现在一般称为记忆学习。例如，Samuel 的跳棋程序就采用这种记忆学习方法。还有，基于范例的学习也可以看作是这种记忆学习的一个特例。记忆学习实际上也是人类和动物的一种基本学习方式。然而，这种依靠经验来提高性能的记忆学习存在严重不足。其一，由于经验积累是一个缓慢过程，所以系统性能的改善也很缓慢；其二，由于经验毕竟不是规律，故仅凭经验对系统性能的改善是有限的，有时甚至是靠不住的。

　　所以，学习方式需要延伸和发展。可想而知，如果能在积累的经验中进一步发现规律，然后利用所发现的规律即知识来指导系统行为，那么，系统的性能将会得到更大的改善和提高，于是，我们有图 9－2 所示的机器学习原理 2。

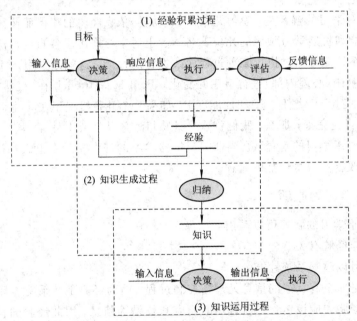

图 9－2　机器学习原理 2

　　可以看出，这才是一个完整的学习过程。它可分为三个子过程，即经验积累过程、知识生成过程和知识运用过程。事实上，这种学习方式就是人类和动物的技能训练或者更一般的适应性训练过程，如骑车、驾驶、体操、游泳等都是以这种方式学习的。所以，图 9－2 所示这种学习方式也适合于机器的技能训练，如机器人的驾车训练。

　　但现在的机器学习研究一般都省去了上面的经验积累过程，而是一开始就把事先组织好的经验数据（包括实验数据和统计数据）直接作为学习系统的输入，然后对其归纳推导而得出知识，再用所得知识去指导行为、改善性能，其过程如图 9－3 所示。在这里把组织好的经验数据称为训练样本或样例，把由样例到知识的转换过程称为学习或训练。

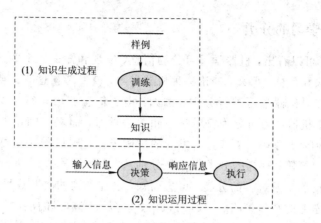

图 9 - 3　机器学习原理 3

考察上面的图 9 - 1、图 9 - 2 和图 9 - 3 可以发现，从经验数据中发现知识才是机器学习的关键环节。所以，在机器学习中，人们就进一步把图 9 - 3 所示的机器学习过程简化为只有知识生成一个过程（如图 9 - 4 所示），即只要从经验数据归纳推导出知识就算是完成了学习。

可以看出，图 9 - 4 所示的这类机器学习已经与机器学习的本来含义不一致了，实际上似乎已变成纯粹的知识发现了。

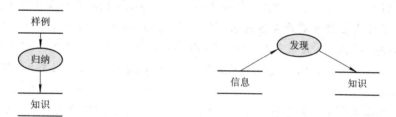

图 9 - 4　机器学习原理 4　　　　　　　　　图 9 - 5　机器学习原理 5

如果我们把图 9 - 4 中的训练样例再进一步扩充为更一般的数据信息，把归纳推导过程扩充为更一般的规律发现过程，则我们就得到如图 9 - 5 所示的更一般的机器学习原理图。事实上，当前的机器学习领域主要研究的正是这类机器学习。这就是说，虽然从概念来讲，学习是系统基于经验的自我完善过程，但实际上现在的机器学习领域的主要研究内容已转变为机器的知识发现了。但为了照顾传统和习惯，人们仍然称这类机器发现为机器学习。

从以上关于机器学习的原理可以看出，现在的机器学习实际上主要还只是机器的直接发现式学习，而对于人类已有知识（如书本知识）的学习，还几乎未涉及。或者说，现在的机器学习主要就是知识发现和技能训练性学习，而并非是类似人类通过听讲、阅读等形式获取前人或他人所发现的知识的学习。我们无妨称后一种学习为间接继承性学习。间接继承性学习对人类来说是必不可少的，也是意义巨大的。那么，如果计算机也具有这种学习能力，其意义将是难以估量的。然而与直接发现式学习不同，间接继承式学习是需要"理解"（包括自然语言理解和图形图像理解等）的一种学习，而且大多数情况下面对的是非结构化信息，所以，实现这种机器学习将是机器学习的又一个重要课题，也是对机器学习乃至人工智能学科的一个挑战。

9.1.3　机器学习的分类

从图 9-5 可以看出，机器学习可分为信息、发现和知识三个要素，它们分别是机器学习的对象、方法和目标。那么，谈论一种机器学习，就要考察这三个要素。而分别基于这三个要素，就可以对机器学习进行分类。例如，由于信息有语言符号型与数值数据型之分，因此基于信息，机器学习可分为符号学习和数值学习；而基于知识的形式，机器学习又可分为规则学习和函数学习等；若基于发现的逻辑方法，则机器学习可分为归纳学习、演绎学习和类比学习等等。这样的分类也就是分别从"从哪儿学？"、"怎样学？"和"学什么？"这三个着眼点对机器学习进行的分类。可想而知，这样得到的类型数目应该是不小的。另外，人们还从机器学习的总体策略、学习的风格、模拟人脑学习的层次、所用的数学模型、算法特点、实现途径等不同侧面对机器学习进行分类，这就使得机器学习的类别更加繁多了，而且现在新的机器学习名称还在不断涌现。难怪不少文献中都认为要对机器学习进行全面分类是困难的。所以，下面我们从不同的视角，仅对一些常见的、典型的机器学习名称进行归类，以利于人们的理解和运用。

考察我们人脑的学习机理可以发现，其实，人脑的学习可分为心理级的学习和生理级的学习。心理级的学习就是基于显式思维过程（即可以用语言表达的心理活动过程）的一种学习。这种学习输入的是语言符号型信息，所用的方法是逻辑推理，包括归纳、演绎和类比，学得的知识也是语言型的，如概念或规则。例如我们的理论知识学习就是这样的学习。生理级的学习是基于隐式思维过程（即不可以用语言表达的神经信息处理过程）的一种学习。这种学习输入的是数量型信息；所用的方法是神经计算；所得的知识也是数量型的，而且只能存储于神经网络之中而无法准确地用语言显式地表达出来。例如我们的技能训练就是这样的一种学习。

另外，对于数量型的输入信息，绕过人脑的心理和生理学习机理，而采用纯数学的方法（如概率统计）也可以推导计算出相应的知识，如函数、集合等。这就是说，采用纯数学方法也可以实现机器学习。例如，现在的模式识别领域基本上采用的就是这种学习。

基于以上分析，我们给出如下的机器学习分类。

1. 基于学习策略的分类

1）模拟人脑的机器学习

（1）符号学习：模拟人脑的宏观心理级学习过程，以认知心理学原理为基础，以符号数据为输入，以符号运算为方法，用推理过程在图或状态空间中搜索，学习的目标为概念或规则等。符号学习的典型方法有记忆学习、示例学习、演绎学习、类比学习、解释学习等。

（2）神经网络学习（或连接学习）：模拟人脑的微观生理级学习过程，以脑和神经科学原理为基础，以人工神经网络为函数结构模型，以数值数据为输入，以数值运算为方法，用迭代过程在系数向量空间中搜索，学习的目标为函数。典型的连接学习有权值修正学习、拓扑结构学习等。

2）直接采用数学方法的机器学习

这种机器学习方法主要有统计机器学习。而统计机器学习又有广义和狭义之分。

广义统计机器学习指以样本数据为依据，以概率统计理论为基础，以数值运算为方法的一类机器学习。在这个意义下，神经网络学习也可划归为统计学习范畴。统计学习又可分为以概率表达式函数为目标和以代数表达式函数为目标两大类。前者的典型有贝叶斯学习、贝叶斯网络学习等，后者的典型有几何分类学习方法和支持向量机(SVM)。

狭义统计机器学习则是指从 20 世纪 90 年代开始以 Vapnik 的统计学习理论(Statistical Learning Theory，SLT)为标志和基础的机器学习。其最大特点是，它可以用于有限样本的学习问题。这种机器学习目前的典型方法就是支持向量机(SVM)或者更一般的核心机。

2. 基于学习方法的分类

1) 归纳学习

(1) 符号归纳学习：典型的符号归纳学习有示例学习、决策树学习等。

(2) 函数归纳学习(发现学习)：典型的函数归纳学习有神经网络学习、示例学习、发现学习、统计学习等。

2) 演绎学习

3) 类比学习

典型的类比学习有案例(范例)学习。

4) 分析学习

典型的分析学习有案例(范例)学习和解释学习等。

3. 基于学习方式的分类

(1) 有导师学习(监督学习)：输入数据中有导师信号，以概率函数、代数函数或人工神经网络为基函数模型，采用迭代计算方法，学习结果为函数。

(2) 无导师学习(非监督学习)：输入数据中无导师信号，采用聚类方法，学习结果为类别。典型的无导师学习有发现学习、聚类学习、竞争学习等。

(3) 强化学习(增强学习)：以环境反馈(奖/惩信号)作为输入，以统计和动态规划技术为指导的一种学习方法。

4. 基于数据形式的分类

(1) 结构化学习：以结构化数据为输入，以数值计算或符号推演为方法。典型的结构化学习有神经网络学习、统计学习、决策树学习和规则学习。

(2) 非结构化学习：以非结构化数据为输入，典型的非结构化学习有类比学习、案例学习、解释学习、文本挖掘、图像挖掘、Web 挖掘等。

5. 基于学习目标的分类

(1) 概念学习：即学习的目标和结果为概念，或者说是为了获得概念的一种学习。典型的概念学习有示例学习。

(2) 规则学习：即学习的目标和结果为规则，或者说是为了获得规则的一种学习。典型的规则学习有决策树学习。

(3) 函数学习：即学习的目标和结果为函数，或者说是为了获得函数的一种学习。典型的函数学习有神经网络学习。

(4) 类别学习：即学习的目标和结果为对象类，或者说是为了获得类别的一种学习。典型的类别学习有聚类分析。

（5）贝叶斯网络学习：即学习的目标和结果是贝叶斯网络，或者说是为了获得贝叶斯网络的一种学习。其又可分为结构学习和参数学习。

当然，以上仅是机器学习的一些分类而并非全面分类。事实上，除了以上分类外，还有许多其他分法。例如，有些机器学习还需要背景知识作指导，这就又有了基于知识的机器学习类型。如解释学习就是一种基于知识的机器学习。

9.2 符 号 学 习

符号学习的方法很多，内容也相当丰富，由于篇幅所限，本节简单介绍几种典型的传统符号学习方法。

9.2.1 记忆学习

记忆学习也称死记硬背学习或机械学习。这种学习方法不要求系统具有对复杂问题求解的能力，也就是没有推理能力，系统的学习方法就是直接记录与问题有关的信息，然后检索并利用这些存储的信息来解决问题。例如，对于某个数据 x，经过某种计算过程得到的结果是 y，那么系统就把 (x, y) 作为联想对存储起来，以后再要对 x 作同样的计算时，就可通过查询（而不是计算）直接得到 y。又如，对于某个事实 A，经过某种推理而得到结论 B，那么就可把序对 (A, B) 作为一条规则而记录下来，以后就可以由 A 直接得到 B。

使用记忆学习方法的一个成功例子是 Samuel 的跳棋程序（1959 年开发），这个程序是靠记住每一个经过评估的棋局势态，来改进弈棋的水平。程序采用极小—极大分析的搜索策略来估计可能的未来棋盘局势，学习环节只存储这些棋盘势态估值及相应的索引，以备以后弈棋使用。例如某一个势态 A 轮到程序走步，这时程序考虑向前搜索三步，根据假设的端节点静态值，用极小—极大法可求得 A 的倒推值 A_v。这时系统记住了该棋局及其倒推值 $[A, A_v]$。现在假定以后弈棋中，棋局 E 的搜索树端节点中出现了 A，这时就可以检索已存的 A_v 来使用，而不必再去计算其静态估值。这不仅提高了搜索效率，更重要的是 A 的倒推值比 A 的静态值更准确。用了所记忆的 A 倒推值，对棋局 E 来说，相当于局部搜索深度加大到 6，因而 E 的结果得到了改善。根据文献报道，Samuel 程序由于有机械学习机制，最后竟能战胜跳棋冠军。

机械学习是基于记忆和检索的办法，学习方法很简单，但学习系统需要几种能力。

（1）能实现有组织的存储信息。为了使利用一个已存的信息比重新计算该值来得快，必须有一种快速存取的方法。如在 Samuel 的程序中，通过对棋子位置的布局上加几个重要特征（如棋盘上棋子的数目）做为索引以利于检索。

（2）能进行信息综合。通常存储对象的数目可能很大，为了使其数目限制在便于管理的范围内，需要有某种综合技术。在 Samuel 程序中，被存储的对象数目就是博弈中可能出现的各种棋局棋子位置数目，该程序用简单的综合形式来减少这个数目，例如只存储一方棋子位置，就可使存储的棋子位置数目减少一半，也可以利用对称关系进行综合。

（3）能控制检索方向。当存储对象愈多时，其中可能有多个对象与给定的状态有关，这样就要求程序能从有关的存储对象中进行选择，以便把注意力集中到有希望的方向上来。Samuel 程序采用优先考虑相同评分下具有较少走步就能到达那个对象的方向。

9.2.2 示例学习

示例学习也称实例学习,它是一种归纳学习。示例学习是从若干实例(包括正例和反例)中归纳出一般概念或规则的学习方法。例如学习程序要学习"狗"的概念,可以先提供给程序以各种动物,并告知程序哪些动物是"狗",哪些不是"狗",系统学习后便概括出"狗"的概念模型或类型定义,利用这个类型定义就可作为动物世界中识别"狗"的分类的准则。这种构造类型定义的任务称为概念学习,当然这个任务所使用的技术必须依赖于描述类型(概念)的方法。下面我们使用 Winston(1975 年开发)提出的结构化概念学习程序的例子作为模型来说明示例学习的过程。

Winston 的程序是在简单的积木世界领域中运行,其目的是要建立积木世界中物体概念定义的结构化表示,例如学习房子、帐篷和拱的概念,构造出这些概念定义的结构化描述。

系统的输入是积木世界某物体(或景象)的线条图,使用语义网络来表示该物体结构化的描述。例如系统要学习拱桥概念,就给学习程序输入第一个拱桥示例,得到的描述如图 9-6 所示,这个结构化的描述就是拱桥概念的定义。接着再向程序输入第二个拱桥示例,其描述如图 9-7 所示。这时学习程序可归纳出如图 9-8 所示的描述。

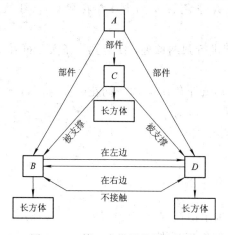

图 9-6 第一个拱桥的语义网络

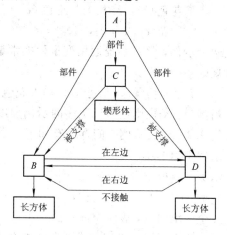

图 9-7 第二个拱桥的语义网络

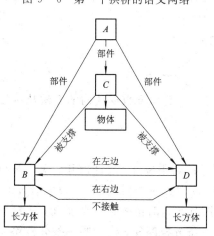

图 9-8 学习程序归纳出的语义网络

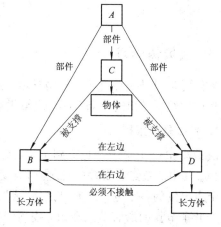

图 9-9 拱桥概念的语义网络

假定下一步向程序输入一个拱桥概念的近似样品，并告知程序这不是拱桥（即拱桥的反例），则比较程序会发现当前的定义描述（图 9 - 8）与近似样品的描述只是在 B 和 D 节点之间"不接触"的链接弧有区别。由于近似样品不是拱桥，不是推广当前定义描述去概括它，而是要限制该定义描述适用的范围，因而就要把"不接触"链修改为"必须不接触"，这时拱桥概念的描述如图 9 - 9 所示。这就是机器最后学到的拱桥概念。

示例学习不仅可以学习概念，也可获得规则。这样的示例学习一般是用所谓的示例空间和规则空间实现学习的。示例空间存放着系统提供的示例和训练事件，规则空间存放着由示例归纳出的规则。反过来，这些规则又需要进一步用示例空间的示例来检验，同时也需要运用示例空间中的示例所提供的启发式信息来引导对规则空间的搜索。所以，示例学习可以看做是示例空间和规则空间相互作用的过程。下面给出双空间示例学习的例子。

例 9.1　假设示例空间中有桥牌中"同花"概念的两个示例：

示例 1：

　　　　花色$(c_1，梅花) \wedge$ 花色$(c_2，梅花) \wedge$ 花色$(c_3，梅花) \wedge$ 花色$(c_4，梅花) \rightarrow$ 同花$(c_1，c_2，c_3，c_4)$

示例 2：

　　　　花色$(c_1，红桃) \wedge$ 花色$(c_2，红桃) \wedge$ 花色$(c_3，红桃) \wedge$ 花色$(c_4，红桃) \rightarrow$ 同花$(c_1，c_2，c_3，c_4)$

对这两个示例，学习系统运用变量代换常量规则进行归纳推理，便得到一条关于同花的一般性规则：

　　　　花色$(c_1，x) \wedge$ 花色$(c_2，x) \wedge$ 花色$(c_3，x) \wedge$ 花色$(c_4，x) \rightarrow$ 同花$(c_1，c_2，c_3，c_4)$

当然，这条规则还需用更多的示例加以验证。

例 9.2　假设示例空间存放有如下三个示例：

示例 1：$(0，2，7)$

示例 2：$(6，-1，10)$

示例 3：$(-1，-5，-10)$

这是三个 3 维向量，表示空间中的三个点。现要求求出过这三点的曲线。

对于这个问题可采用通常的曲线拟合技术，归纳出规则：

$$(x，y，2x+3y+1)$$

即

$$z=2x+3y+1$$

9.2.3　决策树学习

决策树学习是一种重要的归纳学习。其原理是用构造树型数据结构的方法从一批事实数据集中归纳总结出若干条分类、决策规则。

1. 什么是决策树

决策树（decision tree）也称判定树，它是由对象的若干属性、属性值和有关决策组成的一棵树。其中的节点为属性（一般为语言变量），分枝为相应的属性值（一般为语言值）。从同一节点出发的各个分枝之间是逻辑"或"关系；根节点为对象的某一个属性；从根节点到每一个叶子节点的所有节点和边，按顺序串连成一条分枝路径，位于同一条分枝路径上的各个"属性-值"对之间是逻辑"与"关系，叶子节点是这个与关系的对应结果，即决策。例如图 9 - 10 所示就是一棵决策树。其中，A，B，C 代表属性，a_i，b_j，c_k 代表属性值，d_l 代表对应的决策。处于同一层的属性(如图中的 B，C)可能相同，也可能不相同，所有叶子节点(如图中的 d_l，$l = 1$，2，$\cdots$，6)所表示的决策中也可能有相同者。

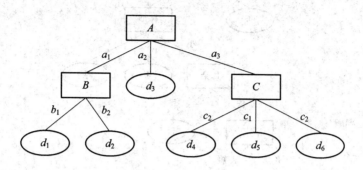

图 9 - 10 决策树示意图

由图 9 - 10 不难看出，一棵决策树上从根节点到每一个叶子节点的分枝路径上的诸"属性－值"对和对应叶子节点的决策，刚好就构成一个产生式规则：诸"属性－值"对的合取构成规则的前提，叶子节点的决策就是规则的结论。例如，图 9 - 10 中从根节点 A 到叶子节点 d_2 的这一条分枝路径就构成规则：

$$A = a_1 \wedge B = b_2 \Rightarrow d_2$$

而不同分枝路径所表示的规则之间为析取关系。

这样，一棵决策树实际上就表示了一组产生式规则，反过来，一组特定的产生式规则也可以表示成一棵决策树。这就是说，决策树也是一种知识表示形式。由产生式规则的表达能力可知，决策树也可以描述分类、决策、预测、诊断、评判、控制、概念判定等性质的知识。下面我们再举几个决策树的例子。

例 9.3 图 9 - 11 所示是机场指挥台关于飞机起飞的简单决策树。

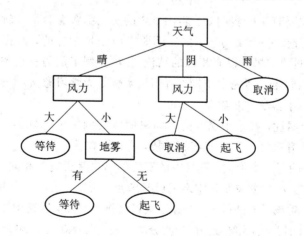

图 9 - 11 飞机起飞的简单决策树

例 9.4 图 9 - 12 所示是一个描述"兔子"概念的决策树。

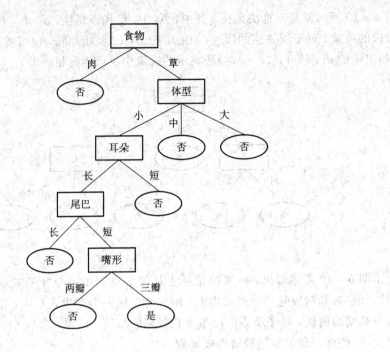

图 9 - 12　"兔子"概念的决策树

2. 怎样学习决策树

决策树是一种知识表示形式,构造决策树可以由人来完成,但也可以由机器从一些实例中总结、归纳出来,即由机器学习而得。机器学习决策树也就是所说的决策树学习。

决策树学习是一种归纳学习。由于一棵决策树就表示了一组产生式规则,因此决策树学习也是一种规则学习。特别地,当规则是某概念的判定规则时,这种决策树学习也就是一种概念学习。

决策树学习首先要有一个实例集。实例集中的实例都含有若干"属性－值"对和一个相应的决策、结果或结论。一个实例集中的实例要求应该是相容的,即相同的前提不能有不同的结论(当然,不同的前提可以有相同的结论)。对实例集的另一个要求是,其中各实例的结论既不能完全相同也不能完全不同,否则该实例集无学习意义。

决策树学习的基本方法和步骤是:

首先,选取一个属性,按这个属性的不同取值对实例集进行分类;并以该属性作为根节点,以这个属性的诸取值作为根节点的分枝,进行画树。

然后,考察所得的每一个子类,看其中的实例的结论是否完全相同。如果完全相同,则以这个相同的结论作为相应分枝路径末端的叶子节点;否则,选取一个非父节点的属性,按这个属性的不同取值对该子集进行分类,并以该属性作为节点,以这个属性的诸取值作为节点的分枝,继续进行画树。如此继续,直到所分的子集全都满足:实例结论完全相同,而得到所有的叶子节点为止。这样,一棵决策树就被生成。下面我们进一步举例说明。

设表 9.1 所示的是某保险公司的汽车驾驶保险类别划分的部分事例。我们将这张表作为一个实例集,用决策树学习来归纳该保险公司的汽车驾驶保险类别划分规则。

表 9.1　汽车驾驶保险类别划分实例集

序号	实例			
	性别	年龄段	婚状	保险类别
1	女	<21	未	C
2	女	<21	已	C
3	男	<21	未	C
4	男	<21	已	B
5	女	≥21 且≤25	未	A
6	女	≥21 且≤25	已	A
7	男	≥21 且≤25	未	C
8	男	≥21 且≤25	已	B
9	女	>25	未	A
10	女	>25	已	A
11	男	>25	未	B
12	男	>25	已	B

可以看出，该实例集中共有 12 个实例，实例中的性别、年龄段和婚状为 3 个属性，保险类别就是相应的决策项。为表述方便起见，我们将这个实例集简记为

$$S = \{(1, C), (2, C), (3, C), (4, B), (5, A), (6, A), (7, C), (8, B),$$
$$(9, A), (10, A), (11, B), (12, B)\}$$

其中每个元组表示一个实例，前面的数字为实例序号，后面的字母为实例的决策项保险类别(下同)。另外，为了简洁，在下面的决策树中我们用"小"、"中"、"大"分别代表"<21"、"≥21 且≤25"、">25"这三个年龄段。

显然，S 中各实例的保险类别取值不完全一样，所以需要将 S 分类。对于 S，我们按属性"性别"的不同取值将其分类。由表 9.1 可见，这时 S 应被分类为两个子集：

$$S_1 = \{(3, C), (4, B), (7, C), (8, B), (11, B), (12, B)\}$$
$$S_2 = \{(1, C), (2, C), (5, A), (6, A), (9, A), (10, A)\}$$

于是，我们得到以性别作为根节点的部分决策树(见图 9 - 13(a))。

考察 S_1 和 S_2，可以看出，在这两个子集中，各实例的保险类别也不完全相同。这就是说，还需要对 S_1 和 S_2 进行分类。对于子集 S_1，我们按"年龄段"将其分类；同样，对于子集 S_2，也按"年龄段"对其进行分类(注意，对于子集 S_2，也可按属性"婚状"分类)。分别得到子集 S_{11}，S_{12}，S_{13} 和 S_{21}，S_{22}，S_{23}。于是，我们进一步得到含有两层节点的部分决策树(如图 9 - 13(b)所示)。

　　注意到,这时除了 S_{12} 和 S_{13} 外,其余子集中各实例的保险类别已完全相同。所以,不需再对其进行分类,而每一个子集中那个相同的保险类别值就可作为相应分枝的叶子节点。添上这些叶子节点,我们又进一步得到发展了的部分决策树(如图 9-13(c) 所示)。

　　接着对 S_{12} 和 S_{13},按属性"婚状"进行分类(也只能按"婚状"进行分类)。由于所得子集 S_{121}, S_{122} 和 S_{131}, S_{132} 中再都只含有一个实例,因此无需对它们再进行分类。这时这 4 个子集中各自唯一的保险类别值也就是相应分枝的叶子节点。添上这两个叶子节点,就得到如图 9-13(d) 所示的决策树。

　　至此,全部分类工作宣告结束。现在,再去掉图 9-13(d) 中的所有实例集,我们就得到关于这个保险类别划分问题的一棵完整的决策树(如图 9-13(e) 所示)。

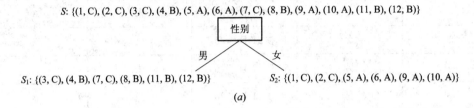

(a)

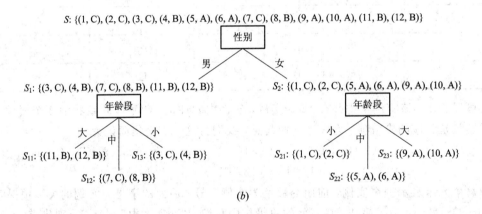

(b)

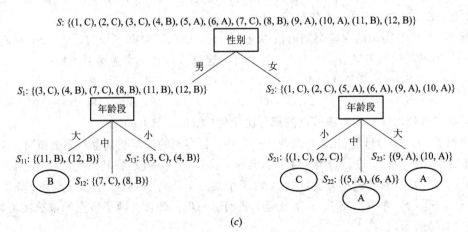

(c)

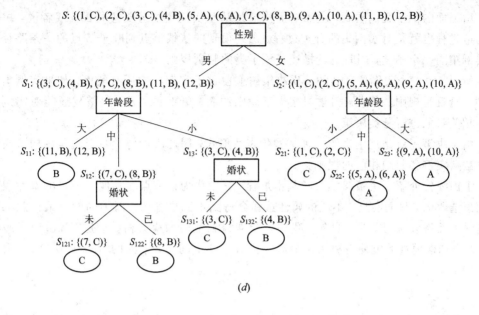

S: {(1, C), (2, C), (3, C), (4, B), (5, A), (6, A), (7, C), (8, B), (9, A), (10, A), (11, B), (12, B)}

(d)

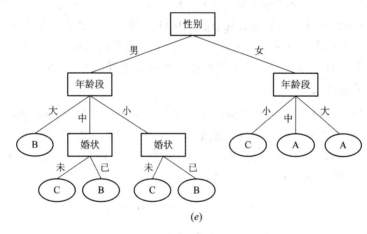

(e)

图 9—13 决策树生成过程

由这个决策树即得下面的规则集:

① 女性且年龄在 25 岁以上,则给予 A 类保险。

② 女性且年龄在 21 岁到 25 岁之间,则给予 A 类保险。

③ 女性且年龄在 21 岁以下,则给予 C 类保险。

④ 男性且年龄在 25 岁以上,则给予 B 类保险。

⑤ 男性且年龄在 21 岁到 25 岁之间且未婚,则给予 C 类保险。

⑥ 男性且年龄在 21 岁到 25 岁之间且已婚,则给予 B 类保险。

⑦ 男性且年龄在 21 岁以下且未婚,则给予 C 类保险。

⑧ 男性且年龄在 21 岁以下且已婚,则给予 B 类保险。

这个规则集就是我们通过决策树学习得到的某保险公司的汽车驾驶保险类别划分规则。我们从 12 个实例中归纳出 8 条规则(当然,①、②两条规则还可以手工地合并为 1 条规则),这 8 条规则之间是析取关系。

由上面的例子我们看到，决策树的构造是基于实例集的分类进行的，或者说，决策树的构造过程也就是对实例集的分类过程。最终得到的从根节点到叶子节点的一条路径就对应实例集的一个子类，同时也就描述了该子类的判别规则。

所以，由一个实例集得到的一棵决策树就覆盖了实例集中所有实例。如果实例集中的实例本身就是规则，则决策树学习相当于规则约简。更重要的是，决策树还能对实例集之外的相关对象进行分类决策。

由于决策树就是规则集的一种结构化表达形式，因此决策树学习也就是用构造决策树的方法从实例集归纳相应的规则集。

上面我们介绍了决策树学习的基本过程，其中作为根节点和其他子节点的属性我们都是随意选取的。显而易见，不同的属性选择会得到不同决策树。而不同的决策树意味着不同的学习效率和学习效果。自然，我们希望能得到最简的决策树。于是，就出现了一个问题：怎样选取属性才能使得决策树最简呢？对于这个问题，下面的"ID3 算法"将给出一个回答。

3. ID3 算法

ID3 算法是一个经典的决策树学习算法，由 Quinlan 于 1979 年提出。ID3 算法的基本思想是，以信息熵为度量，用于决策树节点的属性选择，每次优先选取信息量最多的属性或者说能使熵值变成最小的属性，以构造一棵熵值下降最快的决策树，到叶子节点处的熵值为 0。此时，每个叶子节点对应的实例集中的实例属于同一类。

1）信息熵和条件熵

ID3 算法将实例集视为一个离散的信息系统，用信息熵（entropy of information）表示其信息量。实例集中实例的结论视为随机事件，而将诸属性看做是加入的信息源。

设 S 是一个实例集（S 也可以是子实例集），A 为 S 中实例的一个属性。$H(S)$ 和 $H(S|A)$ 分别称为实例集 S 的信息熵和条件熵，其计算公式如下：

$$H(S) = -\sum_{i=1}^{n} P(\mu_i)\, \mathrm{lb}P(\mu_i) \tag{9-1}$$

其中，$\mu_i(i=1, 2, \cdots, n)$ 为 S 中各实例所有可能的结论；lb 即 $\log_2$。

$$H(S \mid A) = \sum_{k=1}^{m} \frac{\mid S_{a_k} \mid}{\mid S \mid} H(S_{a_k}) \tag{9-2}$$

其中，$a_k(k=1, 2, \cdots, m)$ 为属性 A 的取值，S_{a_k} 为按属性 A 对实例集 S 进行分类时所得诸子类中与属性值 a_k 对应的那个子类。

2）基于条件熵的属性选择

下面就是 ID3 算法中用条件熵指导属性选择的具体做法。

对于一个待分类的实例集 S，先分别计算各可取属性 $A_j(j=1, 2, \cdots, l)$ 的条件熵 $H(S|A_j)$，然后取其中条件熵最小的属性 A_s 作为当前节点。

例如对于上例，当第一次对实例集 S 进行分类时，可选取的属性有：性别、年龄段和婚状。先分别计算 S 的条件熵。

按性别划分，实例集 S 被分为两个子类：

$$S_{男} = \{(3, \text{C}), (4, \text{B}), (7, \text{C}), (8, \text{B}), (11, \text{B}), (12, \text{B})\}$$

$$S_{女} = \{(1, C), (2, C), (5, A), (6, A), (9, A), (10, A)\}$$

从而，对子集 $S_{男}$ 而言，

$$P(A) = \frac{0}{6} = 0, \ P(B) = \frac{4}{6}, \ P(C) = \frac{2}{6}$$

对子集 $S_{女}$ 而言，

$$P(A) = \frac{4}{6}, \ P(B) = \frac{0}{6} = 0, \ P(C) = \frac{2}{6}$$

于是，由公式(9-1)有：

$$\begin{aligned}
H(S_{男}) &= -(P(A)\mathrm{lb}P(A) + P(B)\mathrm{lb}P(B) + P(C)\mathrm{lb}P(C)) \\
&= -\left(\frac{0}{6} \times \mathrm{lb}\left(\frac{0}{6}\right) + \frac{4}{6} \times \mathrm{lb}\left(\frac{4}{6}\right) + \frac{2}{6} \times \mathrm{lb}\left(\frac{2}{6}\right)\right) \\
&= -\left(0 + \frac{4}{6} \times (-0.5850) + \frac{2}{6} \times (-1.5850)\right) \\
&= -(-0.39 - 0.5283) \\
&= 0.9183
\end{aligned}$$

$$\begin{aligned}
H(S_{女}) &= -(P(A)\mathrm{lb}P(A) + P(B)\mathrm{lb}P(B) + P(C)\mathrm{lb}P(C)) \\
&= -\left(\frac{4}{6} \times \mathrm{lb}\left(\frac{4}{6}\right) + \frac{0}{6} \times \mathrm{lb}\left(\frac{0}{6}\right) + \frac{2}{6} \times \mathrm{lb}\left(\frac{2}{6}\right)\right) \\
&= -\left(\frac{4}{6} \times (-0.5850) + 0 + \frac{2}{6} \times (-1.5850)\right) \\
&= -(-0.5283 - 0.39) \\
&= 0.9183
\end{aligned}$$

又

$$\frac{|S_{男}|}{|S|} = \frac{|S_{女}|}{|S|} = \frac{6}{12}$$

将以上 3 式代入公式(9-2)得：

$$H(S \mid 性别) = \frac{6}{12} \times H(S_{男}) + \frac{6}{12} \times H(S_{女}) = \frac{6}{12} \times 0.9183 + \frac{6}{12} \times 0.9183 = 0.9183$$

用同样的方法可求得：

$$H(S \mid 年龄段) = \frac{4}{12} \times H(S_{大}) + \frac{4}{12} \times H(S_{中}) + \frac{4}{12} \times H(S_{小}) = 1.1035$$

$$H(S \mid 婚状) = \frac{6}{12} \times H(S_{未}) + \frac{6}{12} \times H(S_{已}) = 1.5062$$

可见，条件熵 $H(S \mid 性别)$ 为最小，所以，应取"性别"这一属性对实例集进行分类，即以"性别"作为决策树的根节点。

根节点的属性确定后，再用同样的方法选择确定其他节点的属性，直到构造出整个决策树。本例中其余节点的属性选择留给读者去完成。

3) 决策树学习的发展

决策树学习是一种很早就出现的归纳学习方法，至今仍然在不断发展。据文献记载，20 世纪 60 年代初的"基本的感知器"(Elementary Perceiver and Memorizer，EPAM)中就使用了决策树学习。稍后的概念学习系统 CLS 则使用启发式的前瞻方法来构造决策树。继

1979 年的 ID3 算法之后，人们又于 1986、1988 年相继提出了 ID4 和 ID5 算法。1993 年 J. R. Quinlan 则进一步将 ID3 发展成 C4.5 算法。另一类著名的决策树学习算法称为 CART (Classification and Regression Trees)。

近年来，随着决策树算法的广泛应用，包括 C4.5 和 CART 的各种算法得到进一步改进。例如，多变量决策树算法、将遗传算法、神经网络和 C4.5 相结合的 GA - NN - C4.5 算法和 SVM 决策树算法等。这些改进算法结合各种方案的优势，以获得更合理的分类效果和更通用的决策规则。

9.2.4　演绎学习

演绎学习是基于演绎推理的一种学习。演绎推理是一种保真变换，即若前提真则推出的结论也真。在演绎学习中，学习系统由给定的知识进行演绎的保真推理，并存储有用的结论。例如，当系统能证明 A→B 且 B→C，则可得到规则 A→C，那么以后再要求证 C，就不必再通过规则 A→B 和 B→C 去证明，而直接应用规则 A→C 即可。演绎学习包括知识改造、知识编译、产生宏操作、保持等价的操作和其他保真变换。演绎学习及几年才作为独立的学习策略。

9.2.5　类比学习

这是一种基于类比推理的学习方法。具体来讲，就是寻找和利用事物间可类比的关系，而从已有的知识推导出未知的知识。例如，学生在做练习时，往往在例题和习题之间进行对比，企图发现相似之处，然后利用这种相似关系解决习题中的问题。

类比学习的过程包括以下主要步骤：

（1）回忆与联想，即当遇到新情况或新问题时，先通过回忆与联想，找出与之相似的已经解决了的有关问题，以获得有关知识。

（2）建立对应关系，即建立相似问题知识和求解问题之间的对应关系，以获得求解问题的知识。

（3）验证与归纳，即检验所获知识的有效性，如发现有错，就重复上述步骤进行修正，直到获得正确的知识。对于正确的知识，经过推广、归纳等过程取得一般性知识。

例如，设对象的知识是用框架集来表示，则类比学习可描述为把原框架中若干个槽的值传递给另一个目标框架的一些槽中，这种传递分两步进行：

（1）利用原框架产生若干个候选的槽，这些槽值准备传递到目标框架中。

（2）利用目标框架中现有的信息来筛选第一步提出来的某些相似性。

9.3　神经网络学习

这里所说的神经网络，严格来讲应该是人工神经网络。人工神经网络是对生物神经网络的某种简化，或者说前者是从后者抽象而来的。因此，要讲神经网络学习，我们先从生物神经网络谈起。

9.3.1　生物神经元

这里的**神经元**指神经细胞，它是生物神经系统的最基本的单元，其基本结构如图 9 - 14 所示。可以看出，神经元由细胞体、树突和轴突组成。细胞体是神经元的主体，它由细胞核、细胞质和细胞膜三部分构成。从细胞体向外延伸出许多突起，其中大部分突起呈树状，称为**树突**。树突起感受作用，接受来自其他神经元的传递信号；另外，由细胞体伸出的一条最长的突起，用来传出细胞体产生的输出信号，称之为**轴突**；轴突末端形成许多细的分枝，叫做神经末梢；每一条神经末梢可以与其他神经元形成功能性接触，该接触部位称为**突触**。所谓功能性接触是指并非永久性接触，它是神经元之间信息传递的奥秘之处。

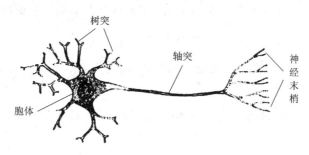

图 9 - 14　生物神经元的基本结构

　　一个神经元把来自不同树突的兴奋性或抑制性输入信号（突触后膜电位）累加求和的过程，称为**整合**。考虑到输入信号的影响要持续一段时间（毫秒级），因此，神经元的整合功能是一种时空整合。当神经元的时空整合产生的膜电位超过**阈值**电位时，神经元处于兴奋状态，产生兴奋性电脉冲，并经轴突输出；否则，无电脉冲产生，处于抑制状态。可见，神经元很像一个阈值逻辑器件。

9.3.2　人工神经元

　　如果我们对生物神经元作以适当的结构简化和功能抽象，就得到所谓的人工神经元。一般地，人工神经元的结构模型如图 9 - 15 所示。它是一个多输入单输出的非线性阈值器件。其中 x_1，x_2，$\cdots$，x_n 表示神经元的 n 个输入信号量；w_1，w_2，$\cdots$，w_n 表示对应输入的权值，它表示各信号源神经元与该神经元的连接强度；A 表示神经元的输入总和，它相应于生物神经细胞的膜电位，称为**激活函数**；y 为神经元的输出；θ 表示神经元的阈值。于是，人工神经元的输入、输出关系可描述为：

$$y = f(A)$$
$$A = \sum_{i=1}^{n} w_i x_i - \theta$$

函数 $y = f(A)$ 称为**特性函数**（亦称作用函数或传递函数）。特性函数可以看作是神经元的数学模型。常见的特性函数有以下几种。

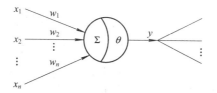

图 9 - 15　人工神经元结构模型

1. 阈值型

$$y = f(A) = \begin{cases} 1, & A > 0 \\ 0, & A \leqslant 0 \end{cases}$$

2. S 型

这类函数的输入－输出特性多采用指数、对数或双曲正切等 S 型函数表示。例如：

$$y = f(A) = \frac{1}{1 + e^{-A}}$$

S 型特性函数反映了神经元的非线性输出特性。

3. 分段线性型

神经元的输入－输出特性满足一定的区间线性关系，其特性函数表达为

$$y = \begin{cases} 0, & A \leqslant 0 \\ KA, & 0 < A \leqslant A_k \\ 1, & A_k < A \end{cases}$$

式中，K、A_k 均表示常量。

以上三种特性函数的图像依次如图 9-16(a)、(b)、(c)所示。由于特性函数的不同，神经元也就分为阈值型、S 型和分段线性型三类。另外，还有一类概率型神经元，它是一类二值型神经元。与上述三类神经元模型不同，其输出状态为 0 或 1 是根据激励函数值的大小，按照一定的概率确定的。例如，一种称为波尔茨曼机神经元就属此类。

本书后面所说的神经元及神经网络都是指人工神经元与人工神经网络。

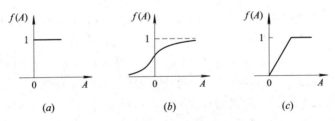

图 9-16 神经元特性函数

9.3.3 神经网络

如果将多个神经元按某种拓扑结构连接起来，就构成了神经网络。根据连接的拓扑结构不同，神经网络可分为四大类：分层前向网络、反馈前向网络、互连前向网络、广泛互连网络。

1. 分层前向网络

分层前向网络如图 9-17(a)所示。这种网络的结构特征是，网络由若干层神经元组成，一般有输入层、中间层（又称隐层，可有一层或多层）和输出层，各层顺序连接；且信息严格地按照从输入层进，经过中间层，从输出层出的方向流动。前向便因此而得名。其中输入层是网络与外部环境的接口，它接受外部输入；隐层是网络的内部处理层，神经网络具有的模式变换能力，如模式分类、模式完善、特征抽取等，主要体现在隐层神经元的处理能力上；输出层是网络的输出接口，网络信息处理结果由输出层向外输出。如后面将要

介绍的 BP 网络就是一种典型的分层前向网络。

2. 反馈前向网络

反馈前向网络如图 $9-17(b)$ 所示。它也是一种分层前向网络，但它的输出层到输入层具有反馈连接。反馈的结果形成封闭环路，具有反馈的单元也称为隐单元，其输出称为内部输出。

3. 互连前向网络

互连前向网络如图 $9-17(c)$ 所示。它也是一种分层前向网络，但它的同层神经元之间有相互连接。同一层内单元的相互连接使它们之间有彼此牵制作用。

4. 广泛互连网络

所谓广泛互连是指网络中任意两个神经元之间都可以或可能是可达的，即存在连接路径，广泛互连网络如图 $9-17(d)$ 所示。著名的 Hopfield 网络、波尔茨曼机模型结构均属此类。

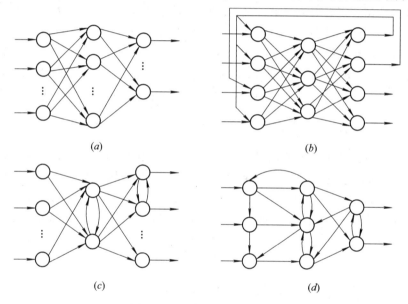

图 $9-17$　神经网络结构模型

显然，这四种网络结构其复杂程度是递增的。对于简单的前向网络，给定某一输入，网络能迅速产生一个相应的输出模式。但在互连型网络中，输出模式的产生就不这么简单。对于给定的某一输入模式，由某一初始网络参数出发，在一段时间内网络处于不断改变输出模式的动态变化中，网络最终可能会产生某一稳定输出模式，但也有可能进入周期性振荡或混沌状态。因此，互连型网络被认为是一种非线性动力学系统。

虽然单个神经元仅是一种阈值器件，其功能有限。然而，由大量的神经元连接起来的神经网络却能表现出非凡的智能。一个神经网络就是一个智能信息处理系统。神经网络信息处理的特点是分布存储和并行处理。即神经网络把信息分布地存储在神经元之间的连接强度上，而且对信息的处理是由网络中神经元集体完成的。因而神经网络具有很强的鲁棒性和容错性，有联想记忆、抽象概括和自适应能力。而这种抽象概括和自适应能力一般称之为自学习能力。自学习是神经网络最重要的特征。通过学习网络能够获得知识，适应环境。

具体来讲，神经网络至少可以实现如下功能：

——**数学上的映射逼近** 通过一组映射样本(x_1, y_1), (x_2, y_2), …, (x_n, y_n)，网络以自组织方式寻找输入与输出之间的映射关系：$y_i = f(x_i)$。这种映射逼近能力可用于系统建模、模式识别与分类等。具有这种能力的典型网络有 BP 网络等。

——**数据聚类、压缩** 通过自组织方式对所选输入模式聚类。若输入模式不属于已有的聚类，则可以产生新的聚类。同一聚类可对应于多个输入模式；另外，聚类是可变的。这是一种编码形式，而不同于分类。典型的网络如 ART 模型，其应用如语音识别中用来减小输入的维数，减小存储数据的位数等。

——**联想记忆** 实现模式完善、恢复，相关模式的相互回忆等。典型的如 Hopfield 网络、CPN 网络等。

——**优化计算和组合优化问题求解** 利用神经网络的渐进稳定态，特别是反馈网络的稳定平衡态，进行优化计算或求解组合优化问题的近似最优解。像 Hopfield 网络、波尔茨曼机等均有此能力。

——**模式分类** 现有的大多数神经网络模型都有这种分类能力。大多数网络必须首先对样本模式能够进行分类，即要离线学习，像 BP 网、CPN 网、Hopfield 网、新认知机等。

——**概率密度函数的估计** 根据给定的概率密度函数，通过自组织网络来响应在空间R^n中服从这一概率分布的一组向量样本X_1, X_2, …, X_k。像波尔茨曼机模型、CPN 网、SOM 网就有这种能力。

9.3.4 神经网络学习

学习(亦称训练)是神经网络的最重要特征之一。神经网络能够通过学习，改变其内部状态，使输入—输出呈现出某种规律性。网络学习一般是利用一组称为**样本**的数据，作为网络的输入(和输出)，网络按照一定的训练规则(又称学习规则或学习算法)自动调节神经元之间的连接强度或拓扑结构，当网络的实际输出满足期望的要求，或者趋于稳定时，则认为学习成功。

1. 学习规则

权值修正学派认为：神经网络的学习过程就是不断调整网络的连接权值，以获得期望的输出的过程。所以，学习规则就是权值修正规则。

典型的权值修正规则有两种，即相关规则和误差修正规则。相关规则的思想最早是由 Hebb 作为假设提出，人们称之为 Hebb 规则。

Hebb 规则可以描述为：如果神经网络中某一神经元与另一直接与其相连的神经元同时处于兴奋状态，那么这两个神经元之间的连接强度应该加强。Hebb 规则可用一算法表达式表示为

$$W_{ij}(t+1) = W_{ij}(t) + \eta[X_i(t)X_j(t)]$$

式中，$W_{ij}(t+1)$表示修正一次后的某一权值；η是一个正常量，决定每次权值修正量，又称为学习因子；$X_i(t)X_j(t)$分别表示t时刻第i、第j个神经元的状态。由于 Hebb 规则的基本思想很容易被接受，因此得到了较广泛的应用。但应该指出的是，近来神经科学的许多发现都表明，Hebb 规则并未准确反映神经元在学习过程中突触变化的基本规律。

误差修正规则是神经网络学习中另一类更重要的权值修正方法，像感知机学习、BP 学习均属此类。最基本的误差修正规则，即常说的δ学习规则，可由如下四步来描述：

步 1　选择一组初始权值 $W_{ij}(0)$。

步 2　计算某一输入模式对应的实际输出与期望输出的误差。

步 3　用下式更新权值(阈值可视为输入恒为 -1 的一个权值)

$$W_{ij}(t+1) = W_{ij}(t) + \eta[d_j - y_j(t)]x_i(t)$$

式中，η 为学习因子；d_j、y_j 分别表示第 j 个神经元的期望输出与实际输出；x_i 为第 j 个神经元的输入。

步 4　返回步 2，直到对所有训练模式，网络输出均能满足要求。

新近的生理学和解剖学研究表明，在动物学习过程中，神经网络的结构修正即拓扑变化起重要的作用。这意味着，神经网络学习不仅只体现在权值的变化上，而且在网络的结构上也有变化。人工神经网络基于结构变化的学习方法与权值修正方法并不完全脱离，从一定意义上讲，二者具有互补作用。

2. 学习方法分类

从不同角度考虑，神经网络的学习方法有不同的分类。表 9.2 列出了常见的几种分类情况。

表 9.2　神经网络学习方法的常见分类

外部影响	内部变化	算法性质	输入要求
1. 有导师学习	1. 权值修正	1. 确定性学习	1. 基于相似性学习
2. 强化学习	2. 拓扑变化	2. 随机性学习	(例子)学习
3. 无导师学习	3. 权值与拓扑修正		2. 基于命令学习

根据学习时是否需要外部指导信息，通常将神经网络的学习分为三种类型，即有导师学习、强化学习和无导师学习。这是一种最广泛采用的学习分类方式。在有导师学习中，必须预先知道学习的期望结果——导师信号，并依此按照某一学习规则来修正权值。BP网络学习就是一个典型的有导师学习的例子。当给定一组输入模式及相应的期望输出模式(构成一组输入—输出模式对)时，网络便能根据输入模式，得出一个实际输出模式。如果实际输出模式与期望输出模式之间存在一定误差，那么就可按照梯度下降法修正权值，以减小输出误差。这样反复学习多次，直到对所有训练样本的输入模式，网络均能产生期望的输出。这个过程反映了有导师学习的基本思想。所谓强化学习，它利用某一表示"奖/惩"的全局信号，衡量与强化输入相关的局部决策如何。这里，局部决策指变量(如权、神经元状态)的变化。强化信号并不像复杂的导师信号，它只表示输出结果"好"或"坏"。强化学习需要的外部预知信息很少，当不知道对于给定的输入模式，相应输出应该是什么时，强化学习能够根据一些奖/惩规则得出有用的结果。无导师学习不需要导师信号或强化信号，只要给定输入信息，网络通过自组织调整，自学习并给出一定意义下的输出响应。竞争学习就是一个典型的无导师学习。

一般地，提供给神经网络学习的外部指导信息越多，神经网络学会并掌握的知识也越多，解决问题的能力就越强。但是，有时神经网络所要解决的问题预知的指导信息甚少，甚至没有，在这种情况下强化学习、无导师学习就显得更有实际意义。

从神经网络内部状态变化的角度来分,学习技术分为三种,即权值修正、拓扑变化、权值与拓扑修正。本书仅简单介绍权值修正学习。补充学习就是一种拓扑变化学习。在补充学习中,神经网络由两类处理单元组成:受约单元和自由单元。所谓受约单元指那些已经表示某类信息或功能的单元,它可以与其他受约单元相连,也可以与自由单元组成一种原始的神经网络。补充学习强调一组受约单元与自由单元之间的连接,自由单元可以转化为受约单元。由此可见,自由单元的网络中可能嵌有受约单元的子网络。

学习技术又可分为确定性学习与随机性学习两种。确定性学习中,采用确定性权值修正方法,如梯度下降法;而随机性学习策略使用随机性权值修正方法,如随机性波尔茨曼机学习过程中所用的模拟退火技术,使得通过调节权值,网络输出误差不仅可以向减小的方向变化,而且还可以向恶化的方向变化,从而获得全局能量最优解。相比之下,随机性学习结果比确定性学习好,但学习速度慢。

9.3.5 BP 网络及其学习举例

BP(Back-Propagation)网络即误差反向传播网络是应用最广泛的一种神经网络模型。

(1) BP 网络的拓扑结构为分层前向网络。

(2) 神经元的特性函数为 Sigmoid 型(S 型)函数,一般取为

$$f(x) = \frac{1}{1 + e^{-x}}$$

(3) 输入为连续信号量(实数)。

(4) 学习方式为有导师学习。

(5) 学习算法为推广的 δ 学习规则,称为误差反向传播算法,简称 BP 学习算法。

BP 算法的一般步骤如下:

步 1 初始化网络权值、阈值及有关参数(如学习因子 η 等)。

步 2 计算总误差

$$E = \frac{1}{2p} \sum_k E_k$$

其中 p 为样本的个数,

$$E_k = \frac{1}{2} \sum_j (y_{k_j} - y_{k_j}')^2 \tag{9-3}$$

其中,y_{k_j} 为输出层节点 j 对第 k 个样本的输入对应的输出(称为期望输出),y_{k_j}' 为节点 j 的实际输出。

如果总误差 E 能满足要求,则网络学习成功,算法结束。

步 3 对样本集中各个样本依次重复以下过程,然后转步 2。

首先,取一样本数据输入网络,然后按如下公式向前计算各层节点(记为 j)的输出:

$$O_j = f(a_j) = \frac{1}{1 + e^{-a_j}}$$

其中

$$a_j = \sum_{i=0}^n w_{ij} O_i$$

是节点 j 的输入加权和;i 为 j 的信号源方向的相邻层节点,O_i 为节点 i 的输出,节点 j 的输入;$O_0 = -1$,$w_{0j} = \theta$(阈值)。

其次,从输出层节点到输入层节点以反向顺序,对各连接权值 w_{ij} 按下面的公式进行修正:

$$W_{ij}(t+1) = W(t) + \eta\delta_j O_i \tag{9-4}$$

其中

$$\delta_j = \begin{cases} O_j(1-O_j)(y_j - y_j') & \text{对于输出节点} \\ O_j(1-O_j)\sum_l \delta_l w_{jl} & \text{对于中间节点} \end{cases}$$

l 为与节点 j 在输出侧有连接的节点个数。

算法中的 δ_j 称为节点 j 的误差。它的来历如下：

$$\frac{\partial E_k}{\partial w_{ij}} = \frac{\partial E_k}{\partial a_j}\frac{\partial a_j}{\partial w_{ij}} = \frac{\partial E_k}{\partial a_j}O_i$$

于是，令

$$\delta_j = -\frac{\partial E_k}{\partial a_j}$$

又当 j 为输出节点时

$$\frac{\partial E_k}{\partial a_j} = \frac{\partial E_k}{\partial y_i'}\frac{\partial y_j'}{\partial a_j} = -(y_j - y_j')f'(a_j) = -(y_j - y_j')O_j(1-O_j)$$

当 j 为中间节点时

$$\frac{\partial E_k}{\partial a_j} = \frac{\partial E_k}{\partial O_j}\frac{\partial O_j}{\partial a_j} = \Big(\sum_l \frac{\partial E_k}{\partial a_l}\frac{\partial a_l}{\partial O_j}\Big)\frac{\partial O_j}{\partial a_j} = (\sum_l \delta_l w_{jl})f'(a_j) = O_j(1-O_j)\sum_l \delta_l w_{jl}$$

可以看出，(9-3)式中 E_k 是网络输出 $y_{k_j}'(j=1,2,\cdots,n)$ 的函数，而 y_{k_j}' 又是权值 w_{ij} 的函数，所以，E_k 实际是 w_{ij} 的函数。网络学习的目的就是要使这个误差函数达到最小值。(9-4)式及 δ 的定义，就是用梯度下降法，在权值空间沿负梯度方向调整权值 w_{ij}，以使 (9-3)式所示的准则函数达到最小。所以，BP 网络的学习过程就是一个非线性优化过程。

由于 BP 网络的输入 $(x_1, x_2, \cdots, x_n) \in \mathbb{R}^n$，输出 $(y_1, y_2, \cdots, y_m) \in \mathbb{R}^m$，所以，一个 BP 网络其实就是一个从 n 维空间 $\mathbb{R}^n$ 到 m 维空间 $\mathbb{R}^m$ 的高度非线性映射。理论研究表明，通过学习，BP 网络可以在任意希望的精度上逼近任意的连续函数。所以，BP 网络就可作为一种函数估计器。通过学习来实现或近似实现我们所需的但无法表示的未知函数。

需说明的是，BP 网络的相邻两层节点之间的连接权值 w_{ij} 恰好构成一个矩阵 (w_{ij})，而输入又是一个向量（即 $1 \times n$ 矩阵，阈值 θ 也可看作是权值为 -1 的一个输入），所以，在网络的学习过程中要多次用到矩阵运算。

下面我们通过一个实例，介绍基于 BP 网络的神经网络学习。

例 9.5 设计一个 BP 网络，对表 9.3 所示的样本数据进行学习，使学成的网络能解决类似的模式分类问题。

表 9.3 网络训练样本数据

输	入		输	出	
x_1	x_2	x_3	y_1	y_2	y_3
0.3	0.8	0.1	1	0	0
0.7	0.1	0.3	0	1	0
0.6	0.6	0.6	0	0	1

设网络的输入层有三个节点,隐层四个节点,输出层三个节点,拓扑结构如图 9 - 18 所示。

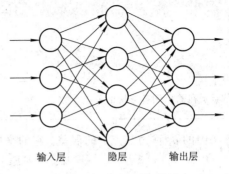

用样本数据按 BP 算法对该网络进行训练,训练结束后,网络就可作为一种模式分类器使用。因为网络的输出向量(1, 0, 0)、(0, 1, 0)、(0, 0, 1)可以表示多种模式或状态。如可以分别表示凸、凹和直三种曲线,或者三种笔划,也可以表示某公司的销售情况:高峰、

输入层　　　　隐层　　　　输出层

图 9 - 18　BP 网络举例

低谷和持平等等。当然,要使网络有很好的模式分类能力,必须给以足够多的样例使其学习,本例仅是一个简单的示例。

9.3.6　神经网络模型

神经网络模型是一个在神经网络研究和应用中经常提到的概念。所谓神经网络模型,它是关于一个神经网络的综合描述和整体概念,包括网络的拓扑结构、输入输出信号类型、信息传递方式、神经元特性函数、学习方式、学习算法等等。

截止目前,人们已经提出了上百种神经网络模型,表9.4简介了最著名的几种。

表 9.4　一些著名的神经网络模型

名　　称	学习方式	拓扑结构	典 型 应 用
感知机(Perceptron)	有导师	前向	线性分类
误差反向传播网(BP)	有导师	前向	模式分类、映射、特征抽取
自适应线性元件(Adaline)	有导师	前向	控制、预测、分类
自适应共振理论(ART)	无导师	反馈	模式识别、分类
双向联想记忆(BAM)	不学习	反馈	图像识别
波尔茨曼机(BM)	有导师	反馈前向	模式识别、组合优化
柯西机(CM)	有导师	反馈	模式识别、组合优化
盒中脑(BSB)	有导师	反馈	数据库知识提取
反传网络(CPN)	有导师	前向	联想记忆、图像压缩、统计分析
Hopfield 网络		反馈	
(DHNN)	无导师		联想记忆
(CHNN)	不学习		组合优化
多层自适应线性元件(Madaline)	有导师	前向	自适应控制
新认知机 Neocognitron	有导师	前向	字符识别
自组织映射(SOM)	无导师	前向	聚类、特征抽取
细胞神经网络(CNN)	不学习	反馈	图像处理、图形辨识

神经网络模型也可按其功能、结构、学习方式等的不同进行分类。

1. 按学习方式分类

神经网络的学习方式包括三种：有导师学习、强化学习和无导师学习。按学习方式进行神经网络模型分类时，可以分为相应的三种，即有导师学习网络、强化学习网络及无导师学习网络。

2. 按网络结构分类

神经网络的连接结构分为两大类，分层结构与互连结构，分层结构网络有明显的层次，信息的流向由输入层到输出层，因此构成一大类网络，即前向网络。对于互连型结构网络，没有明显的层次，任意两处理单元之间都是可达的，具有输出单元到隐单元（或输入单元）的反馈连接，这样就形成另一类网络，称之为反馈网络。

3. 按网络的状态分类

在神经网络模型中，处理单元（即神经元）的状态有两种形式：连续时间变化状态、离散时间变化状态。如果神经网络模型的所有处理单元状态能在某一区间连续取值，这样的网络称为连续型网络；如果神经网络模型的所有处理单元状态只能取离散的二进制值 0 或 1（或 -1，+1），那么称这种网络为离散型网络。典型的 Hopfield 网络同时具有这两类网络，分别称为连续型 Hopfield 网络和离散型 Hopfield 网络。另外，还有输出为二进制值 0 或 1、输入为连续值的神经网络模型，如柯西机模型。

4. 按网络的活动方式分类

确定神经网络处理单元的状态取值有两种活动方式：一种是由确定性输入经确定性作用函数，产生确定性的输出状态；另一种是由随机输入或随机性作用函数，产生遵从一定概率分布的随机输出状态。具有前一种活动方式的神经网络，称为确定性网络。已有的大部分神经网络模型均属此类。而后一种活动方式的神经网络，称为随机性网络。随机性网络的典型例子有：波尔茨曼机、柯西机和高斯机等。

9.4　知识发现与数据挖掘

知识发现可分为广义的知识发现（Knowledge Discovery，KD）和数据库中的知识发现（KDD），本节的知识发现指的是 KDD。

随着计算机和网络技术的迅速发展，出现了以数据库和数据仓库为存储单位的海量数据，而且这种数据仍然在以惊人的速度不断增长。如何对这些海量数据进行有效处理，特别是如何从这些数据中归纳、提取出高一级的更本质更有用的规律性信息，就成了信息领域的一个重要课题。事实上，这些海量数据不仅承载着大量的信息，同时也蕴藏着丰富的知识。正是在这样的背景下，知识发现与数据挖掘技术便应运而生。

知识发现是指从数据库中发现知识；而数据挖掘（DM）是指从数据中提取或挖掘知识。其实 KDD 和 DM 的本质含义是一样的，只是知识发现主要流行于人工智能和机器学习领域，而数据挖掘则主要流行于统计、数据分析、数据库和管理信息系统领域。所以，现在有关文献中一般都把二者同时列出。

知识发现和数据挖掘的目的就是从数据集中抽取和精化一般规律或模式。其涉及的数据形态包括数值、文字、符号、图形、图像、声音，甚至视频和 Web 网页等等。数据组织方式可以是有结构的、半结构的或非结构的。知识发现的结果可以表示成各种形式，包括概念、规则、法则、定律、公式、方程等。其实，知识发现与数据挖掘也就是机器学习的一种大规模应用，而且是一种最现实、最真实的应用。当然，反过来，知识发现与数据挖掘又大大推动了机器学习的发展和提高。

知识发现与数据挖掘现已成为人工智能和信息科学技术的一个热门领域，其应用范围非常广泛（如企业数据、商业数据、科学实验数据、管理决策数据等），其研究内容已相当丰富，甚至已构成了人工智能技术与应用的一个重要分支领域之一。本节仅对知识发现与数据挖掘技术作一简单介绍。

9.4.1　知识发现的一般过程

知识发现过程可粗略地划分为数据准备、数据开采以及结果的解释评估等三步。

1. 数据准备

数据准备又可分为三个子步骤：数据选取、数据预处理和数据变换。数据选取就是确定目标数据，即操作对象，它是根据用户的需要从原始数据库中抽取的一组数据。数据预处理一般可能包括消除噪声、推导计算缺值数据、消除重复记录、完成数据类型转换等。当数据开采的对象是数据仓库时，一般来说，数据预处理已经在生成数据仓库时完成了。数据变换的主要目的是消减数据维数，即从初始特征中找出真正有用的特征以减少数据开采时要考虑的特征或变量个数。

2. 数据挖掘

数据挖掘阶段首先要确定开采的任务或目的是什么，如数据总结、分类、聚类、关联规则或序列模式等。确定了开采任务后，就要决定使用什么样的开采算法。同样的任务可以用不同的算法来实现，选择实现算法有两个考虑因素：一是不同的数据有不同的特点，因此需要用与之相关的算法来开采；二是用户或实际运行系统的要求，有的用户可能希望获取描述型的、容易理解的知识，而有的用户或系统的目的是获取预测准确度尽可能高的预测型知识。

3. 解释和评价

数据挖掘阶段发现出来的知识模式中可能存在冗余或无关的模式，所以还要经过用户或机器的评价。若发现所得模式不满足用户要求，则需要退回到发现阶段之前，如重新选取数据，采用新的数据变换方法，设定新的数据挖掘参数值，甚至换一种采掘算法。

4. 知识表示

由于数据挖掘的最终是面向人的，因此可能要对发现的模式进行可视化，或者把结果转换为用户易懂的另一种表示，如把分类决策树转换为"if – then"规则。

9.4.2　知识发现的对象

1. 数据库

数据库是当然的知识发现对象。当前研究比较多的是关系数据库的知识发现。其主要研究课题有：超大数据量、动态数据、噪声、数据不完整性、冗余信息和数据稀疏等。

2. 数据仓库

随着计算机技术的迅猛发展，到 20 世纪 80 年代，许多企业的数据库中已积累了大量的数据。于是，便产生了进一步使用这些数据的需求（就是想通过对这些数据的分析和推理，为决策提供依据）。但对于这种需求，传统的数据库系统却难以实现。这是因为：① 传统数据库一般只存储短期数据，而决策需要大量历史数据；② 决策信息涉及许多部门的数据，而不同系统的数据难以集成。在这种情况下，数据仓库（data warehouse）技术便应运而生。

目前，人们对数据仓库有很多不同的理解。Inmon 将数据仓库明确定义为：数据仓库是面向主题的、集成的、内容相对稳定的、不同时间的数据集合，用以支持经营管理中的决策制定过程。

具体来讲，数据仓库收集不同数据源中的数据，将这些分散的数据集中到一个更大的库中，最终用户从数据仓库中进行查询和数据分析。数据仓库中的数据应是良好定义的、一致的、不变的，数据量也应足够支持数据分析、查询、报表生成和与长期积累的历史数据的对比。

数据仓库是一个决策支持环境，通过数据的组织给决策支持者提供分布的、跨平台的数据，使用过程中可忽略许多技术细节。总之，数据仓库有四个基本特征：

（1）数据仓库的数据是面向主题的。

（2）数据仓库的数据是集成的。

（3）数据仓库的数据是稳定的。

（4）数据仓库的数据是随时间不断变化的。

数据仓库是面向决策分析的，数据仓库从事务型数据抽取并集成得到分析型数据后，需要各种决策分析工具对这些数据进行分析和挖掘，才能得到有用的决策信息。而数据挖掘技术具备从大量数据中发现有用信息的能力，于是数据挖掘自然成为数据仓库中进行数据深层分析的一种必不可少的手段。

数据挖掘往往依赖于经过良好组织和预处理的数据源，数据的好坏直接影响数据挖掘的效果，因此数据的前期准备是数据挖掘过程中一个非常重要的阶段。而数据仓库具有从各种数据源中抽取数据，并对数据进行清洗、聚集和转移等各种处理的能力，恰好为数据挖掘提供了良好的进行前期数据准备工作的环境。

因此，数据仓库和数据挖掘技术的结合成为必然的趋势。数据挖掘为数据仓库提供深层次数据分析的手段，数据仓库为数据挖掘提供经过良好预处理的数据源。目前许多数据挖掘工具都采用了基于数据仓库的技术。例如，中科院计算所智能信息处理开放实验室开发的知识发现平台 DBMiner 就是一个典型的例子。

3. Web 信息

随着 Web 的迅速发展，分布在 Internet 上的 Web 网页已构成了一个巨大的信息空间。在这个信息空间中也蕴藏着丰富的知识。因此，Web 信息也就理所当然地成为一个知识发现对象。基于 Web 的数据挖掘称为 Web 挖掘。

Web 挖掘主要分为内容发现、结构发现和用法挖掘。

内容挖掘是指从 Web 文档的内容中提取知识。Web 内容挖掘又可分为对文本文档（包括 text、HTML 等格式）和多媒体文档（包括 image、audio、video 等类型）的挖掘。如对这些文档信息进行聚类、分类、关联分析等。

结构挖掘包括文档之间的超链结构、文档内部的结构、文档 URL 中的目录路径结构等，从这些结构信息中发现规律，提取知识。

用法挖掘就是对用户访问 Web 时在服务器留下的访问记录进行挖掘，以发现用户上网的浏览模式，访问兴趣、检索频率等信息。在用户浏览模式分析中主要包括了针对用户群的一般的访问模式追踪和针对单个用户的个性化使用记录追踪；挖掘的对象是服务器上包括 Server Log Data 等日志。

4. 图像和视频数据

图像和视频数据中也存在有用的信息需要挖掘。比如，地球资源卫星每天都要拍摄大量的图像或录像，对同一个地区而言，这些图像存在着明显的规律性，白天和黑夜的图像不一样，当可能发生洪水时与正常情况下的图像又不一样。通过分析这些图像的变化，我们可以推测天气的变化，可以对自然灾害进行预报。这类问题，在通常的模式识别与图像处理中都需要通过人工来分析这些变化规律，从而不可避免地漏掉了许多有用的信息。

9.4.3　知识发现的任务

所谓知识发现的任务，就是知识发现所要得到的具体结果。它至少可以是以下几种。

1. 数据总结

数据总结的目的是对数据进行浓缩，给出它的紧凑描述。传统的也是最简单的数据总结方法是计算出数据库的各个字段上的求和值、平均值、方差值等统计值，或者用直方图、饼状图等图形方式表示。数据挖掘主要关心从数据泛化的角度来讨论数据总结。数据泛化是一种把数据库中的有关数据从低层次抽象到高层次的过程。

2. 概念描述

有两种典型的描述：特征描述和判别描述。特征描述是从与学习任务相关的一组数据中提取出关于这些数据的特征式，这些特征式表达了该数据集的总体特征；而判别描述则描述了两个或多个类之间的差异。

3. 分类（classification）

分类是数据挖掘中一项非常重要的任务，目前在商业上应用最多。分类的目的是提出一个分类函数或分类模型（也常常称做分类器），该模型能把数据库中的数据项映射到给定类别中的某一个。

4. 聚类（clustering）

聚类是根据数据的不同特征，将其划分为不同的类。它的目的使得属于同一类别的个体之间的差异尽可能的小，而不同类别上的个体间的差异尽可能的大。聚类方法包括统计方法、机器学习方法、神经网络方法和面向数据库的方法等。

5. 相关性分析

相关性分析的目的是发现特征之间或数据之间的相互依赖关系。数据相关性关系代表一类重要的可发现的知识。一个依赖关系存在于两个元素之间。如果从一个元素 A 的值可以推出另一个元素 B 的值，则称 B 依赖于 A。这里所谓元素可以是字段，也可以是字段间的关系。

6. 偏差分析

偏差分析包括分类中的反常实例、例外模式、观测结果对期望值的偏离以及量值随时间的变化等，其基本思想是寻找观察结果与参照量之间的有意义的差别。通过发现异常，可以引起人们对特殊情况加倍注意。

7. 建模

建模就是通过数据挖掘，构造出能描述一种活动、状态或现象的数学模型。

9.4.4　知识发现的方法

知识发现主要有以下几种方法。

1. 统计方法

事物的规律性，一般从其数量上会表现出来。而统计方法就是从事物的外在数量上的表现去推断事物可能的规律性。因此，统计方法就是知识发现的一个重要方法。常见的统计方法有回归分析、判别分析、聚类分析以及探索分析等。

2. 机器学习方法

KDD 和 DM 就是机器学习的具体应用，理所当然地要用到机器学习方法，包括符号学习和连接学习以及统计学习等。

3. 粗糙集及模糊集

粗糙集(RS)理论由波兰学者 Zdziskew Pawlak 在 1982 年提出，它是一种新的数学工具，用于处理含糊性和不确定性，粗糙集在数据挖掘中也可发挥重要作用。那么什么是粗糙集呢？简单地说，粗糙集是由集合的下近似、上近似来定义的。下近似中的每一个成员都是该集合的确定成员，若不是上近似中的成员肯定不是该集合的成员。粗糙集的上近似是下近似和边界区的合并。边界区的成员可能是该集合的成员，但不是确定的成员。可以认为粗糙集是具有三值隶属函数的模糊集，即是、不是、也许。与模糊集一样，它是一种处理数据不确定性的数学工具，常与规则归纳、分类和聚类方法结合起来使用。

4. 智能计算方法

智能计算方法包括进化计算、免疫计算、量子计算和支持向量机等。这些方法可以说正是在数据挖掘的刺激和推动下迅速发展起来的智能技术，它们也可有效地用于知识发现和数据挖掘。

5. 可视化

可视化(visualization)就是把数据、信息和知识转化为图形的表现形式的过程。可视化可使抽象的数据信息形象化。于是，人们便可以直观地对大量数据进行考察、分析，发现其中蕴藏的特征、关系、模式和趋势等。因此，信息可视化也是知识发现的一种有用的手段。

习 题 九

1. 试述机器学习的原理和分类。

2. 符号学习和连接学习各有哪些方法？

3. 讨论将 Samuel 的跳棋学习程序的方法应用到中国象棋或国际象棋上是否可行。

4. 设桌子的概念定义为"具有大而平的顶部和至少有三条分离的桌腿组成的物体"，说明如何用 Winston 的程序来学习这一概念。

5. 什么是决策树学习？简述其基本步骤和过程。

6. 通过计算条件熵，完成课文例题中根节点以下节点的选择，并验证原所得决策树是否最简。

7. 试说明神经网络的学习机理。

8. 用 C 语言编程实现 9.2 节例中的 BP 网络及其学习过程。

9. 神经网络学习有哪些方法，各有什么特点？

10. 简述知识发现的任务、过程、方法和对象。

第5篇　感知与交流

　　要研究机器感知，首先要涉及图像、声音等信息的识别问题，为此，现在已发展了一门称为"模式识别"的专门学科。模式识别的主要目标就是用计算机来模拟人的各种识别能力，当前主要是对视觉能力和听觉能力的模拟，并且主要集中于图形、图像识别和语音识别。

　　理解包括自然语理理解和图形、图像理解，它是智能系统进行信息交流的关键。自然语言理解就是计算机理解人类的自然语言，如汉语、英语等，并包括口头语言和文字语言两种形式。试想，计算机如果能理解人类的自然语言，那么计算机的使用将会变得十分方便和简单，而且机器翻译也将真正成为现实。经过人们的不懈努力，在自然语言理解方面现在已经取得了不少成就，但仍然存在不少困难。

　　自然语言理解的困难在于人的自然语言本身往往具有二义性，再加上同一句话在不同的时间、地点、场合往往有不同的含义。理解困难的另一个原因是，究竟什么是理解，几乎和什么是智能一样，至今还是一个没有完全明确的问题，因而从不同的角度有不同的解释。从微观来讲，理解是指从自然语言到机器内部表示的一种映射；从宏观来讲，理解是指能够完成我们所希望的一些功能。例如，美国认知心理学家G. M. Ulson 曾为理解提出了四条判别标准：

　　(1) 能够成功地回答与输入材料有关的问题。

　　(2) 能够具有对所给材料进行摘要的功能。

　　(3) 能用不同的词语叙述所给材料。

　　(4) 具有从一种语言转译成另一种语言的能力。

　　当然，这四条标准也只是理解的充分条件，事实上理解也可以表现为某种行为。图像理解是图形、图像识别的自然延伸，也是计算机视觉的组成部分。对于三维图形的理解称为景物分析。在模式识别和人工智能技术的支持下，随着图像处理技术发展，现在图像理解和计算机视觉已发展成为一个独立的研究方向。

　　理解实际是感知和识别的延伸，或者说是深层次的感知和识别。理解不是对现象或形式的感知，而是对本质和意义的感知。例如自然语言理解和图形理解都是如此。

　　需要说明的是，模式识别(图像识别和语音识别)、图像理解和计算机视觉等技术，既可以用于机器或者智能系统的感知与交流，也可以单独用于问题求解。

例如，工业检测、人脸识别、讲话人识别、印刷体和手写体文字识别，指纹识别、癌细胞识别、遥感数据分析等等。这方面的技术已经进入实用化阶段。语音识别技术近年来也发展很快，现在已经有商品化产品（如汉字语音录入系统）上市。

　　机器感知不仅是对人类感知的模拟，也是对人类感知的扩展和延伸。因为人的感知能力是很有限的，例如对声音的感知只能限于一定的声波频率范围。在这一点上，人的感觉灵敏度还不如有些高等动物甚至昆虫。那么，可想而知，若计算机的感知能力一旦实现，则必将超过人类自身。

第 10 章 模 式 识 别

本章将首先概述模式识别的基本原理和方法,然后简介统计模式识别。

10.1 模式识别概述

识别是人和生物的基本智能信息处理能力之一。事实上,我们几乎无时无刻都在对周围世界进行着识别。而所谓模式识别,则指的是用计算机进行物体识别。这里的物体一般指文字、符号、图形、图像、语音、声音及传感器信息等形式的实体对象,而并不包括概念、思想、意识等抽象或虚拟对象,后者的识别属于心理、认知及哲学等学科的研究范畴。也就是说,这里所说的模式识别是狭义的模式识别,它是人和生物的感知能力在计算机上的模拟和扩展。经过多年的研究,模式识别已发展成为一个独立的学科,其应用十分广泛。诸如信息、遥感、医学、影像、安全、军事等领域,模式识别已经取得了重要成效,特别是基于模式识别而出现的生物认证、数字水印等新技术正方兴未艾。

10.1.1 模式、模式类与模式识别

我们知道,被识对象都具有一些属性、状态或者说特征。例如,图形有长度、面积、颜色、边的数目等特征。声音有大小、音调的高度、频率分量的强度等特征。而对象之间的差异也就表现在这些特征的差异上。因此,可以用对象的特征来表征对象,即为对象建模。另一方面,从结构来看,有些被识对象可以看作是由若干基本成分按一定的规则组合而成。例如,一个汉字就是由若干基本笔划组成的,而一个几何图形则可以看作是由若干基本线条组合而成。因此,可以用一些基本元素的某种组合来刻画对象,即为对象建模。

定义 1 能够表征或刻画被识对象类属特征的信息模型称为对象的模式(pattern)。

有了模式,对实体对象的识别就转化为对其模式的识别。那么,怎样识别呢?

考察我们人类对物体的识别过程,可以发现,识别其实就是分类,即辨识或判别被识对象的类属。例如,汉字"文"可以有多种形体、写法和大小,但它们都属于同一个类。而我们识别这个"文"字实际也就是在判定当前看到的对象"文"的类属。又如,同一个人的脸,从不同角度或在不同时间所看到的模样是不一样的,但这些模样属于同一类,即该人的脸像类。而我们在识别人的脸谱时,实际上就是在判定当前看到的样子应该属于哪一个脸像类。也就是在把当前看到的模样归入我们记忆中该人脸像的类中。

定义 2 具有某些共同特性的模式的集合称为模式类,判定一个待识模式类属的过程称为模式识别。

10.1.2　模式的表示

最常用的模式表示形式有向量和字符串。

用向量表示对象模式就是以对象的诸特征值作为分量组成的一个 n 维向量 $\boldsymbol{X}$，即 $\boldsymbol{X}=(x_1,x_2,\cdots,x_n)\in R^n$，其中 $x_i(i=1,2,\cdots,n)$ 为相应对象的第 i 个特征值。例如，向量 $(2,10,0.8,100)$ 就描述了一个模式。由于被识对象的特征往往都取数量值，于是，用 n 维向量表示对象模式就是一个很自然的选择。

表示对象模式的 n 维向量称为特征向量，而相应的向量空间 $R^*\subset R^n$ 称为特征空间。

基于被识对象的结构特征，人们又提出了对象模式的字符串表示形式和方法。用字符串表示模式，就是先对对象的结构作适当分割，以找出其基本图元并以单字符命名，然后根据对象的结构特点，将这些基本图元的符号名按相应的逻辑顺序排成一列。这样得到的字符串即为原对象的模式。例如，对于图 10-1(a) 所示的数字 6，根据其结构特点，该图就可以分割为两个子图（如图 10-1(b) 所示）；进而可以以有向线段 a、b、c、d 作为基本图元（如图 10-1(c) 所示）。这样，该图形就可以看作是由线段 a、b、c、d 按数字 6 的书写顺序依次首尾相连而成（如图 10-1(d) 所示）。于是，该图形的模式就可以用字符串 $S=accb\text{-}da$ 来描述。

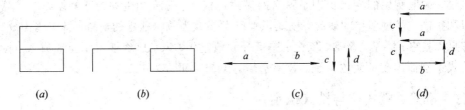

$$(a)\qquad\qquad(b)\qquad\qquad(c)\qquad\qquad(d)$$

图 10-1　字符串描述模式示例

表示模式的字符串一般是由小写字母组成的一个字符序列 $s_1s_2\cdots s_m$。

上面我们给出了模式的两种表示形式：特征向量和字符串。其中，特征向量反映的是对象的数量特征，或者说是用数量来描述对象的，所以，特征向量是被识对象的数量模式；字符串反映的是对象的构造特征，或者说是用形状来描述对象的，因此字符串是被识对象的结构模式。

特征向量和字符串是两种最常用、最基本的模式表示形式。除此而外，模式的表示形式还有树、图等数据结构以及模糊集合等，它们一般被用来描述复杂的对象模式。

10.1.3　模式识别系统的工作原理

我们已经知道，模式识别就是判定一个待识模式的类属的过程。但是要判定一个模式的类属，首先就得存在相应的模式类。所以在正式进行模式识别之前，就得让计算机先具有相关模式类的知识。这种知识可以是一个类的标准模式（这是最直接、最自然的想法和做法），也可以是该类的判别条件（如判别函数或规则）等。有了相关模式类的知识，在遇到相应的模式时，计算机就可以根据这些知识来判定该模式的类别了。

怎样使计算机具有某一模式类的知识呢？现在的一般做法是先让计算机自己去学习（其实是发现）。这就又归结为机器学习的问题了。而要进行机器学习，就得有作为样例的模式。在模式识别中，要得到样例模式，还要通过信息获取、预处理和特征选取或基元选取等一系列的过程。

信息获取就是采集被识别对象的原始信息。这些信息一般表现为光、声、热、电等形式的信号量。所以，对所采集的信息还需进行数/模转换。另外，原始信息中可能还夹杂着一些干扰或噪声，因此还必须进行预处理，以除去噪声，修整为有用信息。

采集来的原始数据，其数据量往往很大。这样，当把一个对象的原始数据作为对象的特征值时，将会形成维数很高的特征向量。例如，用摄像机所得到的物体图像可以是一个 256×256 灰度阵列，这相当于一个 256×256 维向量。直接使用这种高维向量进行模式识别将是十分困难的，所以需要对原始的测量数据进行适当处理（如计算或变换等），以降低其维数，或者说以形成对象的特征向量。

然而，已经形成的诸特征，对于对象的识别来说，并非都是有用的或者并非总是有用的。例如，颜色这个特征对于汽车的识别来讲就是无关紧要的。因为颜色固然可以作为汽车的一个特征，但它并非一个物体是否为汽车的关键特征。但如果识别的目的任务是在众多的汽车中要找出一辆特定的汽车，则颜色就又变成了必不可少的重要特征了。这就是说在模式识别时，还须根据具体的识别目的和任务对已知的对象特征进行选择。

以上过程一般称为对象的特征提取（或抽取）和特征选择，本书将其统称为特征选取。

特征选取是对建立对象的数量模式即特征向量而言的。对于建立对象的结构模式，也有一个相当的过程，该过程是分析、选择被识对象的基本构造元素，一般称为基元提取（或抽取）和选择，本书将其统称为基元选取。

这样，原始样例数据经过特征选取/基元选取便得到样例模式。有了样例模式，接下来就是通过机器学习而产生相关的分类知识。有了分类知识，对于新的待识模式，就可以进行识别了。

综上所述，模式识别的原理如图 10 - 2 所示。图 10 - 2 也是模式识别系统的工作原理。图中将模式识别的全过程分为两步：第一步是分类知识的生成过程，其实是个纯粹的机器学习过程；第二步才是真正的模式识别过程。

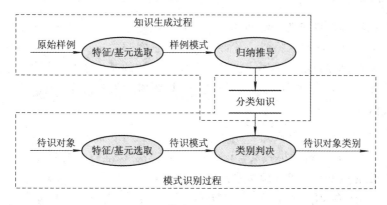

图 10 - 2 模式识别系统工作原理

10.1.4 模式识别方法的分类

从模式识别系统的工作原理可以看出，可以分别从待识模式、分类知识和类别判决等三个侧面对模式识别方法进行分类。例如，待识模式可以表示为特征向量、字符串、树、图以及模糊集合等。于是，模式识别方法就可分为面向特征向量的模式识别、面向字符串的模式识别，以及面向树、图及模糊集合的模式识别等。利用原始样例可以发现的分类知识有模式类的标准模式、模式类的判别函数、模式类的估计知识等。于是，据此模式识别方法就可分为基于标准模式的模式识别、基于判别函数的模式识别、基于统计决策的模式识别等。现在常见的模式识别方法分类都是基于待识模式的表示形式的。

依据模式的表示形式，模式识别方法可分为基于特征向量的模式识别和基于字符串的模式识别，前者称为统计模式识别，后者称为结构模式识别。统计模式识别和结构模式识别是两种经典而基本的模式识别方法，其技术比较成熟。除此而外，在这两种方法的基础上，还发展了神经网络模式识别和模糊模式识别等。特别是近年来还出现了自适应模式识别、仿生模式识别等多种模式识别方法。

统计模式识别主要是采用统计决策理论(主要是贝叶斯决策理论)进行分类决策的，其具体内容将在下一节简单介绍。

结构模式识别处理的是字符串或树结构的模式，模式类描述为形式语言的文法，识别器(即分类器)就是有限状态自动机。这样，有一个模式类就有一种语言的文法规则，而作为待识模式的字符串就相当于一个句子，判定一个待识模式的类别就是自动机通过推理运算判定该句子是否遵循某语言的文法规则。

由于篇幅所限，本书只介绍统计模式识别。

10.2　统计模式识别

对于特征向量描述的模式，进行模式识别的一个最直接的想法就是，如果能找到模式类的标准模式，则对于任一待识模式，通过计算其与各标准模式的距离，就可以确定该待识模式的类属。

10.2.1　距离分类法

一个特征向量就是相应特征空间中的一个点。在特征空间中距离越近的点，对应的模式就越相近，相应的对象就越相似，因而也就可将它们归为一类。因此，利用距离就可判定一个待识模式(特征向量)的类属。这就是距离分类法的基本思想。具体来讲，该方法还可以分为标准模式(亦称参考模式或模板)法、平均距离法和最临近法等。

1. 标准模式法

设由训练样例可获得 c 个模式类 $\omega_1, \omega_2, \cdots, \omega_c$，且可获得各个模式类的标准模式 M_1，$M_2, \cdots, M_c$。那么，对于待识模式 X，可通过计算其与各标准模式的距离 $d(X, M_i)$ $(i=1, 2, \cdots, c)$ 来决定它的归属。具体分类规则为

$$d(X, M_j) = \min d(X, M_i) \Rightarrow X \in \omega_j \quad i = 1, 2, \cdots, c \qquad (10-1)$$

即与 X 距离最小的标准模式所属的模式类即为 X 的所属模式类。

如果模式类 $\omega_1, \omega_2, \cdots, \omega_c$ 无标准模式，则可用平均距离法或最临近法进行分类判决。

2. 平均距离法

平均距离法就是将待识模式 X 与模式类 $\omega_i(i=1, 2, \cdots, c)$ 中所有样例模式的距离平

均值作为与 X 的距离，然后以距离最小的模式类作为 X 的类属。分类规则可描述为

$$d(X, \omega_j) < d(X, \omega_i) \quad \forall i \neq j \Rightarrow X \in \omega_j \qquad (10-2)$$

其中，$d = (X, \omega_k) = \dfrac{1}{s_k} \sum_{l=1}^{s_k} d(X, Y_l)$ $(k=1, 2, \cdots, c)$，s_k 为模式类 ω_k 中的样例模式数。

3. 最临近法

最临近法是将与待识模式 X 距离最近的一个样例模式的模式类作为 X 的类属。分类规则可描述为

$$d(X, \omega_j) < d(X, \omega_i) \quad \forall i \neq j \Rightarrow X \in \omega_j \qquad (10-3)$$

其中，$d(X, \omega_k) = \min_{l=1,2,\cdots,s_k} d(X, Y_l)$，$s_k$ 为模式类 ω_k 中的样例模式数。

10.2.2　几何分类法

一个模式类就是相应特征空间中的一个点集。一般来讲，在特征空间中一个模式类的点集总是在某种程度上与另一个模式类的点集相分离。因此，模式识别的另一个思路就是设法构造一些分界面(线)，把特征空间 R^n 分割成若干个称为决策区域的子空间 R^i $(i=1, 2, \cdots, n)$，使得一个模式类刚好位于一个决策区域。这样，对于待识模式 X，就可以利用空间中的这些分界面来判定 X 的类属。分界面(线)方程 $g_i(X)=0$ 中的函数 $g_i(X)$ 称为判别函数。显然，构造分界面的关键就是构造其判别函数。

分界面(线)可分为平面(直线)和曲面，相应的判别函数为线性函数和非线性函数。下面我们介绍分界平面和线性判别函数。

对于二分类问题，显然只需一个分界平面。设判别函数为

$$g(X) = W^T X + w_0$$

其中 $W=(w_1, w_2, \cdots, w_n)^T$ 为 X 中各分量 $x_1, x_2, \cdots, x_n$ 的系数组成的向量，称为权向量；w_0 为一个常数，称为阈值权。那么，分界平面方程为

$$g(X) = W^T X + w_0 = 0$$

由几何知识知，位于这个分界平面两边的点 X 的判别函数值 $g(X)$ 符号相反。于是，可有分类规则：

$$\left. \begin{array}{l} g(X) > 0 \Rightarrow X \in \omega_1 \\ g(X) < 0 \Rightarrow X \in \omega_2 \\ g(X) = 0 \Rightarrow X \text{ 属于 } \omega_1 \text{ 或 } \omega_2，\text{或者不可判别} \end{array} \right\} \qquad (10-4)$$

二分类问题的分界面(线)如图 10-3 所示。

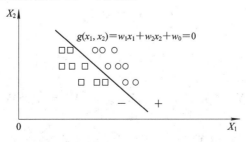

图 10-3　二分类问题的分界面(线)示意

例 10.1 设对于 3 维特征空间 R^3 有一个线性可分的二分类问题，其判别函数为 $g(x, y, z) = 8 - x - 2y - 4z$，则相应的类别分界面如图 10-4 所示。于是，对于待识模式 $p_1 = (1, 1, 1)$，有

$$g(1, 1, 1) = 1 > 0$$

所以，模式 p_1 应属于类 ω_1；而对于待识模式 $p_2 = (2, 2, 2)$，有

$$g(2, 2, 2) = -6 < 0$$

因此，模式 p_2 应属于类 ω_2。

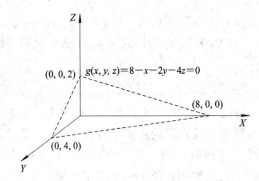

图 10-4 3 维特征空间 R^3 的二分类问题分界面

对于多分类问题有以下三种方法。

(1) 对每一个模式类 ω_i 与其余的模式类设计一个分界平面 $g_i(X) = W_i^T X + w_{i0} = 0$，即构造一个线性判别函数 $g_i(X) = W_i^T X + w_{i0}$，使得

$$当 X \in \omega_i, g_i(X) > 0$$
$$当 X \notin \omega_i, g_i(X) < 0$$

于是，有分类规则

$$g_i(X) > 0 \Rightarrow X \in \omega_i \qquad (10-5)$$

(2) 在每两个类之间设计一个分界平面 $g_{ij}(X) = W_{ij}^T X + w_{ij0} = 0$，即构造一个线性判别函数 $g_{ij}(X) = W_{ij}^T X + w_{ij0}$，使得，对于 $\forall j \neq i$，有 $g_{ij}(X) > 0$。从而，有分类规则

$$g_{ij}(X) > 0, \ \forall j \neq i \Rightarrow X \in \omega_i \qquad (10-6)$$

可以算得，对于一个 c 分类问题，采用该方法时需要设计 $c(c-1)/2$ 个分界平面。

(3) 对于一个 c 分类问题构造 c 个线性判别函数 $g_i(X) = W_i^T X + w_{i0}$，使得

$$g_i(X) > g_j(X), \ \forall j \neq i$$

从而有分界平面

$$g_i(X) = g_j(X)$$

亦即

$$g_i(X) - g_j(X) = 0$$

在这种情况下的分类规则为

$$g_{ij}(X) = g_i(X) - g_j(X) > 0, \ \forall j \neq i \Rightarrow X \in \omega_i \qquad (10-7)$$

或者

$$g_i(X) > g_j(X), \ \forall j \neq i \Rightarrow X \in \omega_i$$

上面的分类方法只给出了判别函数的形式，即线性判别函数，但其中的变量系数即权

向量 $\boldsymbol{W} = (w_1, w_2, \cdots, w_n)^{\mathrm{T}}$ 和 w_0 还为未知，所以对于一个实际模式识别问题，还需要确定这些参数。确定参数 w_i 的方法就是利用样例模式通过机器学习来求得。由于人们总是希望能得到尽可能好的参数值，为此，又引入了准则函数的概念。利用准则函数，参数 w_i 的优化问题又转化为准则函数的极值问题。

上面的几种基于线性判别函数或者分离平面的几何分类法是对线性可分的问题而言的，对于非线性可分问题，则需要用非线性判别函数或者说分离曲面去解决。

10.2.3　概率分类法

上面介绍的几何分类法适合于几何可分(线性或非线性)。但还有一些模式是几何不可分的，即在同一区域可能出现不同类型的模式，或者说不同类的模式在空间存在交叠。对于这类问题则要用概率分类法来解决。最常用的概率分类法有基于最小错误率的贝叶斯决策和基于最小风险的贝叶斯决策等。

1. 基于最小错误率的贝叶斯决策

因为模式属于哪一模式类存在不确定性，所以需要用概率来决策，就是说对于待识模式 $\boldsymbol{X}$，如果它属于哪个类的概率大则它就属于哪一类。但如果直接使用各模式类的先验概率 $P(\omega_i)$，则会因先验概率所提供的信息量太少而导致把所有模式都归入先验概率最大的模式类的无效分类。因此，应该考虑后验概率 $P(\omega_i | \boldsymbol{X})$，但通常概率 $P(\omega_i | \boldsymbol{X})$ 不易直接求得的。幸好，概率论中的贝叶斯公式可以帮忙，事实上，由贝叶斯公式

$$P(c_i \mid \boldsymbol{X}) = \frac{p(\boldsymbol{X} \mid c_i) P(c_i)}{\sum\limits_{j=1}^{c} p(\boldsymbol{X} \mid c_j) P(c_j)}$$

概率 $P(c_i | \boldsymbol{X})$ 就可由类条件概率密度 $p(\boldsymbol{X} | c_i)$、$p(\boldsymbol{X} | c_j)$ 和先验概率 $P(c_i)$、$P(c_j)$ 来间接解求得。于是，令

$$g_i(\boldsymbol{X}) = P(c_i \mid \boldsymbol{X})$$

作为决策函数(相当于前面的判别函数)，从而有分类规则：

$$g_i(\boldsymbol{X}) > g_j(\boldsymbol{X}), \ \forall j \neq i \Rightarrow \boldsymbol{X} \in c_i \tag{10-8}$$

例 10.2　假设对某地区人体细胞的统计发现，正常细胞(c_1)和异常细胞(c_2)的先验概率分别为 0.9 和 0.1，即

$$P(c_1) = 0.9, \ P(c_2) = 0.1$$

现有一待识细胞，其特征值为 $\boldsymbol{X}$，若已知其类条件分布密度为

$$p(\boldsymbol{X} \mid c_1) = 0.2, \ p(\boldsymbol{X} \mid c_2) = 0.4$$

试用最小错误率的贝叶斯决策判断该细胞是否正常。

解　利用贝叶斯公式，分别计算 c_1 和 c_2 的后验概率，得

$$P(c_1 \mid \boldsymbol{X}) = \frac{p(\boldsymbol{X} \mid c_1) P(c_1)}{\sum\limits_{j=1}^{2} p(\boldsymbol{X} \mid c_j) P(c_j)} = \frac{0.2 \times 0.9}{0.2 \times 0.9 + 0.4 \times 0.1} = 0.818$$

$$P(c_2 \mid \boldsymbol{X}) = 1 - P(c_1 \mid \boldsymbol{X}) = 0.182$$

取决策函数

$$g_1(\boldsymbol{X}) = P(c_1 \mid \boldsymbol{X}), \ g_2(\boldsymbol{X}) = P(c_2 \mid \boldsymbol{X})$$

显然，

$$g_1(\boldsymbol{X}) > g_2(\boldsymbol{X})$$

于是，由贝叶斯决策规则即式（10 - 8）知，$\boldsymbol{X} \in c_1$，即该细胞为正常细胞。

　　基于概率的识别不能保证绝对正确，即它总存在一定的错误率。但可以证明，基于上述分类规则的识别可使识别的错误率最小。

2. 基于最小风险的贝叶斯决策

　　对于有些问题，仅使识别的错误率最小还是不够的。比错误率更广泛的概念是风险，而风险又是和损失紧密相连的。于是，基于最小风险的贝叶斯决策便应运而生。

　　首先，设 $\lambda(\alpha_i | c_j)$ 为将应属于类 c_j 的模式 $\boldsymbol{X}$ 错判为 α_i 所造成的损失，简记为 λ_{ij}。这里的 α_i 称为决策或行动，它包括 c 个模式类和其他决策，如拒绝。

　　设

$$R(\alpha_i | \boldsymbol{X}) = \sum_{i=1}^{c} \lambda(\alpha_i | c_j) P(c_j | \boldsymbol{X})$$

称为决策 α_i 的条件风险。称

$$R = \int R(\alpha(\boldsymbol{X}) | \boldsymbol{X}) p(\boldsymbol{X}) \mathrm{d}(\boldsymbol{X})$$

为总风险，其中 $\alpha(\boldsymbol{X})$ 为对每一 $\boldsymbol{X}$ 所可能采取的行动中的一个。总风险为期望风险，它反映了对整个特征空间中的所有模式采取相应决策 $\alpha(\boldsymbol{X})$ 所带来的风险。条件风险只是反映了对某一采取决策 α_i 所带来的风险。当然，我们的目标是使总风险 R 最小。

　　为了使总风险最小，在作每一个决策时都应该使其条件风险最小。于是，有最小风险贝叶斯决策规则：

$$R(\alpha_k | \boldsymbol{X}) = \min_{i=1,\cdots,m} R(\alpha_i | \boldsymbol{X}) \Rightarrow \alpha = \alpha_k \tag{10 - 9}$$

之所以也称为贝叶斯决策规则，是因为条件风险公式中的后验概率 $P(c_j | \boldsymbol{X})$ 仍需要用贝叶斯公式

$$P(c_j | \boldsymbol{X}) = \frac{p(\boldsymbol{X} | c_j) P(c_j)}{\sum_{i=1}^{c} p(\boldsymbol{X} | c_i) P(c_i)}, \quad j = 1, \cdots, c$$

习　题　十

　　1. 什么是模式、模式类和模式识别？

　　2. 简述模式识别的一般原理。

　　3. 有哪些模式识别方法？它们各有什么特点？

　　4. 设 2 维特征空间 $\mathbf{R}^2$ 中有一个线性可分的二分类问题，其判别函数为

$$g(x, y) = x + 2y + 4.$$

　　（1）试在 XoY 平面上画出相应的类别分界线。

　　（2）任取平面上的点作为待识模式，利用判别函数 $g(x, y)$ 给出其类别决策。

第 11 章　自然语言理解

　　自然语言理解包括语音理解和文字理解。这里我们只介绍文字理解。我们知道，几乎所有文字资料都是由语句组成的。所以，语句的理解应该是文字理解的基础。也就是说，语句应该是理解的最小单位。

　　然而，一个语句一般并不是孤立存在的，而往往是与该语句所在的环境（如上下文、场合、时间等）相联系在一起才构成它的语义。这正是自然语言理解所遇到的困难之一。为了简单起见，我们仅讨论与环境无关的语句的理解。

　　语句又分为简单句和复合句。下面我们就以英语为例，分别介绍简单句理解和复合句理解。

11.1　简　单　句　理　解

11.1.1　理解的实现过程

　　要理解一个语句，需建立起一个和该简单句相对应的机内表达。而要建立机内表达，需要做以下两方面的工作：

　　（1）理解语句中的每一个词。

　　（2）以这些词为基础组成一个可以表达整个语句意义的结构。

　　第一项工作看起来很容易，似乎只是查一下字典就可以解决。而实际上由于许多单词有不止一种含义，因而只由单词本身不能确定其在句中的确切含义，需要通过语法分析，并根据上下文关系才能最终确定，例如，单词 diamond 有"菱形"、"棒球场"和"钻石"三种意思，在语句

　　　　John saw Susan's diamond shimmering from across the room.

中，由于"shimmering"的出现，则显然"diamond"是"钻石"的含义，因为"菱形"和"棒球场"都不会闪光。再如在语句

　　　　I'll meet you at the diamond.

中，由于"at"后面需要一个时间或地点名词作为它的宾语，显然这里的"diamond"是"棒球场"的含义，而不能是其他含义。

　　第二项也是一个比较困难的工作。因为要以这些单词为基础来构成表示一个句子意义的结构，需要依赖各种信息源，其中包括所用语言的知识、语句所涉及领域的知识以及有关该语言使用者应共同遵守的习惯用法的知识。由于这个解释过程涉及到许多事情，因而常常将这项工作分成以下三个部分来进行：

（1）语法分析。将单词之间的线性次序变换成一个显示单词如何与其他单词相关联的结构。语法分析确定语句是否合乎语法，因为一个不合语法的语句就更难理解。

（2）语义分析。各种意义被赋予由语法分析程序所建立的结构，即在语法结构和任务领域内对象之间进行映射变换。

（3）语用分析。为确定真正含义，对表达的结构重新加以解释。

这三部分工作虽然可依次分别进行，但实际上它们之间是相互关联的，总是以各种方法相互影响着，所以要绝对分开是不利于理解的。

11.1.2 语法分析

要进行语法分析，必须首先给出该语言的文法规则，以便为语法分析提供一个准则和依据。对于自然语言人们已提出了许多种文法，例如，乔姆斯基(Chomsky)提出的上下文无关文法就是一种常用的文法。

一个语言的文法一般用一组文法规则(称为产生式或重写规则)以及非终结符与终结符来定义和描述。例如，下面就是一个英语子集的上下文无关文法：

〈sentence〉::=〈noun-phrase〉〈verb-phrase〉
〈noun-phrase〉::=〈determiner〉〈noun〉
〈verb-phrase〉::=〈verb〉〈noun-phrase〉|〈verb〉
〈determiner〉::=the|a|an
〈noun〉::=man|student|apple|computer
〈verb〉::=eats|operats

这个文法有 6 条文法规则，它们是用 BNF 范式表示的。其中带尖括号的项为非终结符，第一个非终结符称为起始符，不带尖括号的项为终结符，符号"::="的意思是"定义为"，符号"|"是"或者"的意思，而不带"|"的项之间是"与"关系。符号"::="也可以用箭头"→"表示。

有了文法规则，对于一个给定的句子，就可以进行语法分析，即根据文法规则来判断其是否合乎语法。可以看出，上面的文法规则实际是非终结符的分解、变换规则。分解、变换从起始符开始，到终结符结束。所以，全体文法规则就构成一棵如图 11-1 所示的与或树，我们称其为文法树。所以，对一个语句进行语法分析的过程也就是在这个与或树上搜索解树的过程。可以看出，搜索解树可以自顶向下进行，也可以自底向上进行。自顶向下搜索就是从起始符 sentence 出发，推导所给的句子；自底向上搜索就是从所给的句子出发，推导起始符 sentence。

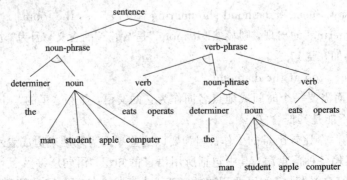

图 11-1　文法树

例 11.1　下面是一个基于上述文法的语法分析程序。它采用自顶向下搜索。

sentence(X)：-append(Y，Z，X)，noun_phrase(Y)，verb_phrase(Z).

noun_phrase(X)：-append(Y，Z，X)，determiner(Y)，noun(Z).

verb_phrase(X)：-append(Y，Z，X)，verb(Y)，noun_phrase(Z).

verb_phrase(X)：-verb(X).

determiner([the]).

noun([H|_])：-member(H，[man，student，apple，banana，computer]).

verb([H|_])：-member(H，[eats，study，programming，operats]).

append([]，L，L).

append([H|T]，L，[H|L2])：-append(T，L，L2).

member(X，[X|_]).

member(X，[_|T])：-member(X，T).

这个程序是先把所给的句子以符号表的形式约束给谓词 sentence 的变量 X，然后对其进行分解和变换。如果最终分解、变换的结果与语言的文法树相符，则证明所给的句子语法正确；否则语法错误。例如，对于句子

the student operats the computer

要用该程序进行语法分析，则应给出询问：

　　　? —sentence([the，student，operats，the，computer]).

这时，系统则回答：

　　　yes

分析这个句子所产生的解树如图 11 – 2 所示。这个解树称为该句子的语法分析树。

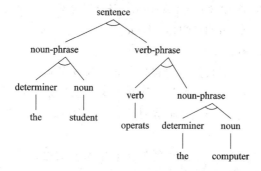

图 11 – 2　语法分析树

需指出的是，这个程序虽然易于理解，但运行效率较低。因为在用 append 谓词对句子进行分解时一般要进行多次回溯。为此，我们把这个程序修改为如下形式：

sentence(X，Y)：-noun_phrase(X，Z)，verb_phrase(Z，Y).

noun_phrase(X，Y)：-determiner(X，Z)，noun(Z，Y).

verb_phrase(X，Y)：-verb(X，Z)，noun_phrase(Z，Y).

verb_phrase(X，Y)：-verb(X，Y).

determiner([the|T]，T).

noun([H|T]，T)：-member(H，[man，student，apple，computer]).

verb([H|T]，T)：-member(H，[eats，operats]).

这个程序的每个谓词有两个参量,它们都是符号表。对于一个给定的句子,后一个表是前一个表的余表。语法分析时,把所给的句子以符号表的形式约束给 sentence 的第一个变量 X,第二个变量约束为空表。如

　　　　? —sentence([the, student, operats, the, computer], []).
则系统仍然回答:

　　　　yes

这个程序虽然难读,但它的运行效率较高。

语法分析可判断一个句子的语法结构是否正确,但不能判断一个句子是否有意义。例如把上面询问中的例句改为

　　　　? —sentence([the, computer, operats, the, student], []).
系统则仍然回答:yes。对于诸如此类的问题,语义分析则可解决。

11.1.3　语义分析

语义分析就是要识别一个语句所表达的意思。语义分析的方法很多,如运用格文法、语义文法等。这里仅介绍其中的语义文法方法。

语义文法是进行语义分析的一种简单方法。所谓语义文法,就是在传统的短语结构文法的基础上,将名词短语、动词短语等不含语义信息的纯语法类别,用所讨论领域的专门类别来代替。例如,下面就是一个语义文法的例子:

　　　　S→PRESENT the ATTRIBUTE of SHIP
　　　　PRESENT→what is|can you tell me
　　　　ATTRIBUTE→length|class
　　　　SHIP→the SHIPNAME|CLASSNAME class ship
　　　　SHIPNAME→Huanghe|Changjiang
　　　　CLASSNAME→carrier|submarine
这是一个舰船管理数据库系统自然语言接口的语义文法片段。

可以看出,语义文法的重写规则与上下文无关文法的形式是类似的。但这里没有出现像名词短语和动词短语等语法类别,而是用了 PRESENT、ATTRIBUTE、SHIP 等专门领域中的类别。

对于语义文法的分析方法,可以使用与上下文无关文法相类似的方法。利用上面给出的语义文法,可以从语义上识别如下的语句:

　　　　What is the class of the Changjiang?
　　　　Can you tell me the length of the Huanghe?
语义文法可以排除无意义的句子。当然,它只能适应于严格限制的应用领域。

11.2　复 合 句 理 解

简单句的理解不涉及句与句之间的关系,它的理解过程首先是赋单词以意义,然后再给整个语句赋予一种结构。而一组语句的理解,无论它是一个文章选段,还是对话节录,句子之间都有相互关系。所以,复合句的理解,就不仅要分析各个简单句,而且要找出句

子之间的关系。这些关系的发现，对于理解起着十分重要的作用。

句子之间的关系包括以下几种：

（1）相同的事物，例如：

"小华有个计算器，小刘想用它。"

单词"它"和"计算器"指的是同一物体。

（2）事物的一部分，例如：

"小林穿上她刚买的大衣，发现掉了一个扣子。"

"扣子"指的是"刚买的大衣"的一部分。

（3）行动的一部分，例如：

"王宏去北京出差，他乘早班飞机动身。"

乘飞机应看成是出差的一部分。

（4）与行动有关的事物，例如：

"李明准备骑车去上学，但他骑上车子时，发现车胎没气了。"

李明的自行车应理解为是与他骑车去上学这一行动有关的事物。

（5）因果关系，例如：

"今天下雨，所以不能上早操。"

下雨应理解为是不能上操的原因。

（6）计划次序，例如：

"小张准备结婚，他决定再找一份工作干。"

小张对工作感兴趣，应理解为是由于他要结婚，而结婚需要钱而引起的。

要能做到理解这些复杂的关系，必须具有相当广泛领域的知识才行，也就是要依赖于大型的知识库，而且知识库的组织形式对能否正确理解这些关系，起着很重要的作用。特别对于较大的知识库，应考虑如何将问题的"焦点"集中在知识库的相关部分。例如，对于下面的一段话：

"接着，把虎钳固定到工作台上。螺栓就放在小塑料袋中。"

显然，第二句中的螺栓就是第一句中用来固定虎钳的螺栓。所以，如果在理解第一句时，就把需用的螺栓置于"焦点"之中，则全句的理解就容易了。因此，需要表示出与"固定"有关的知识，以便当见到"固定"时，能方便地提取出来。

对于描述与行为有关的复合语句，也可采用目标结构的方法帮助理解。即对于常见的一些行为目标，事先制定出其行动规划，这样，当语句所描述的情节中的某些信息省略时，可以调用这些规划，通过推导找到问题的答案。例如对于下面的文章片段：

"小王有点饿。他便向行人打听餐馆在哪里。"

如果有这样的行动规划：

打听地址→去餐馆→吃饭→不饿

则就不难理解第二个句子了。

11.3　转换文法和转换网络

本节介绍一些在语法分析及语义分析中涉及的更进一步的理论和方法。

11.3.1　转换文法

人们对自然语言句子的结构进行研究，发现同一个意思往往有许多不同的表示形式（说法）。例如语句：

　　　　Mary read me a story.

和

　　　　Mary read a story to me.

说法虽然不同，但意思实际是完全一样的。再如主动句和被动句也是常用的两种不同的表示形式。于是，人们就提出了语句的深层结构和表层结构的概念。认为一个句子可以有多个不同的表层结构，但其深层结构都是相同的。鉴于这样的认识，转换文法（transformational grammar）便应运而生。

转换文法就是可把句子的一种结构转换为另一种结构的文法。转换文法是由基础和转换两部分组成。基础部分是一个上下文无关文法，它产生句子的深层结构表示；转换部分是一个转换规则（重写规则）集，它负责句子结构的转换。转换文法的工作过程是：先用上下文无关文法建立相应句子的深层结构，然后再应用转换规则将深层结构转换为符合人们习惯的表层结构。图 11 - 3 给出了一条把主动句转换为被动句的转换规则。

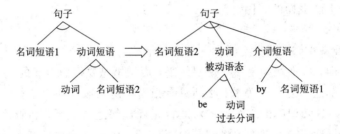

图 11 - 3　转换规则

转换又可分为被动转换、分割转换、疑问转换等等，运用这些转换，转换文法可以将一个句子转换为多种不同的表达形式。例如，对于下面这个简单的主动句：

　　　　John ate the banana.

运用被动转换，得到：

　　　　The banana was eaten by John.

运用分割转换，得到：

　　　　It was John who ate the banana.

先进行被动转换，再进行分割转换，得到：

　　　　It was the banana that was eaten by John.

运用疑问转换，得到：

　　　　Did John eat the banana?

转换也可以将语句的表层结构逆转换为其深层结构。这样，我们可以将一组不同形式的相关语句，通过一个转换序列而映射为一个单一的句子。例如把上述各种其他形式的语句转换为一个主动句。这显然对于自然语言理解和机器翻译有重要作用。

11.3.2　转换网络

转换网络(Transition Network)全称为状态转换网络。它是一种由节点和有向边(弧)组成的有向图。其中节点代表状态,有向弧代表从一个状态到另一个状态的转换。一个转换网络中一般有一个起始节点(代表起始状态),有一个或多个终止节点(代表终止状态)。一般节点用单线圆圈表示,终止节点用双线圆圈表示。

转换网络也是一种自然语言文法的表示形式,用它也可对所给句子进行语法分析。例如,11.1 节给出的上下文无关文法用状态转换网络表示就是图 11－4。图中 S_0 节点为起始节点,S_5 为终止节点。

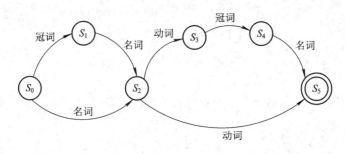

图 11－4　状态转换网络

让我们举例说明怎样用该网络进行语法分析。设有英语句子:

　　　Mary wants a computer.

首先,将句子从起始节点处输入,起始状态 S_0 考察输入句子的左边第一个单词 Mary,因为它是名词,故用名词转换,结果把剩下的单词序列推向 S_2;S_2 考察 wants,由于它是动词,所以用动词转换,但从 S_2 出发有两个动词转换,即有两条路可走,这时发现动词后面还有单词,所以,只能走上面的一条路,于是就把剩下的单词序列推向 S_3;接着 S_3 考察的应是冠词 a,所以立即作冠词转换,又把剩下的单词推向 S_4;这时 S_4 发现它所考察的单词是个名词,于是就作名词转换,结果,单词考察完毕,也刚好到达终止状态 S_5。从而说明输入的句子是合乎语法的。

需指出的是,上述的状态转换网络是最基本、最简单的状态网络。所以它的功能有限,也存在不少问题。于是,人们就对它不断进行改进,又提出了递归转换网络 RTN (Recursive Transition Network)和扩充转换网络 ATN(Augmented Transition Network)等。特别是扩充转换网络已经成为书写自然语言文法的重要方法之一。但由于篇幅所限,这里不再介绍。

最后需说明的是,自然语言理解现在已经发展为一门独立的学科,其内容十分丰富,本章仅介绍了其中的一些最基本的内容,更进一步的学习将涉及许多新的概念和技术,诸如格文法、概念依从、概念分析、故事表示、词汇集聚理论、语料库、机器词典等等;同时,知识表示、知识库、机器推理等技术在这里也有重要的发展和深入的应用。对此有兴趣的读者可参阅有关专著。

习 题 十 一

1. 研究自然语言理解有什么意义？它的难点何在？

2. 实现机器的自然语言理解都涉及哪些工作？

3. 扩充 11.2 节中所给的文法及程序，进行语法分析练习。

4. 对 11.3 节中的语义文法编写程序，进行语义分析练习。

第 6 篇　系统与建造

　　人工智能技术最终一般都要以某种智能系统的形式投入应用。智能系统可分为智能计算机系统、智能化网络、智能应用系统和智能机器人系统等类型。

　　其中，智能计算机系统又可分为智能硬件平台和智能操作系统。智能化网络就是将人工智能技术引入计算机网络系统，如在网络构建、网络管理与控制、信息检索与转换、人机接口等环节，运用 AI 的技术与成果，构成一个智能化的网络平台。

　　智能应用系统又可分为：

　　——基于知识的智能系统，如专家系统、知识库系统、智能数据库系统、A-gent 系统等。

　　——基于算法的智能系统，如人工神经网络系统、人工进化系统、人工免疫系统等。

　　——兼有知识和算法的智能系统，如机器学习系统、模式识别系统、数据挖掘系统等。

　　另外，从体系结构考虑，智能系统还有集中式和分布式之别。分布式人工智能(Distributed Artificial Intelligence，DAI)系统是指在逻辑上或物理上分散的智能个体或智能系统并行地、相互协作地实现大型复杂问题求解的系统，即所谓的分布式问题求解(Distributed Problem Solving，DPS)系统。

　　多 Agent 系统(Multi Agent System，MAS)就是一种典型的分布式智能系统。多 Agent 系统实现的是由多个智能个体通过协作或竞争所体现出来的智能。这种智能也是一种社会智能，但它是比前述的群智能更高级的社会智能。

　　智能系统的建造涉及智能系统的硬件原理、软件体系结构的和实现等技术。经过数十年的不懈努力和艰苦探索，这些方面已取得了不少成功和成果，但也有失败和挫折。总的来讲，在智能软件方面进展较快(如对于基于知识的系统、多 Agent 系统等已提出了多种体系结构模型，智能程序设计语言方面有函数程序设计语言(LISP)、逻辑程序设计语言(PROLOG)、面向对象程序设计语言(Small-talk、C++、Java)、框架表示语言(FRL)、产生式语言(OPS5)、神经网络设计语言(AXON)、Agent 程序设计语言等等，以及各种专家系统工具、知识工程工具等)，但在智能硬件方面却举步维艰。人工智能的理论和实践表明，要实现人工智能的最终目标，作为人工智能载体的计算机系统特别是硬件系统本身必须有质的进步和提高。可喜的是，随着物理、生物、信息和计算等技术的发展，现在已有多种可望成为新一代智能系统硬件平台的新型智能计算机正在研制和开发。

第 12 章　专 家 系 统

12.1　基 本 概 念

12.1.1　什么是专家系统

自从 1965 年世界上第一个专家系统 DENDRAL 问世以来，专家系统的技术和应用，在短短的 40 余年间获得了长足的进步和发展。特别是 20 世纪 80 年代中期以后，随着知识工程技术的日渐丰富和成熟，各种各样的实用专家系统如雨后春笋般地在世界各地不断涌现。那么，究竟什么是专家系统呢？

顾名思义，专家系统(ES)就是能像人类专家一样解决困难、复杂的实际问题的计算机(软件)系统。

我们知道"专家"就是专门家，是某一专门领域的行家里手。专家之所以是专家，是因为他(她)解决问题时具有超凡的能力和水平。专家之所以具有超凡的能力和水平，是因为：

(1) 专家拥有丰富的专业知识和实践经验，或者说他(她)拥有丰富的理论知识和经验知识，特别是经验知识。

(2) 专家具有独特的思维方式，即独特的分析问题和解决问题的方法和策略。

所以，这两点就是一个专家所具备的基本要素。那么，这两点自然也应该是专家系统所具备的基本要素。另外，专家只能是某一专门领域的专家；从效果看，专家解决问题一定是高水平的。因此，专家系统应该具备以下四个要素：

(1) 应用于某专门领域。

(2) 拥有专家级知识。

(3) 能模拟专家的思维。

(4) 能达到专家级水平。

所以，准确一点讲，专家系统就应该是：应用于某一专门领域，拥有该领域相当数量的专家级知识，能模拟专家的思维，能达到专家级水平，能像专家一样解决困难和复杂的实际问题的计算机(软件)系统。例如，能模拟名医进行辨症施治的诊断医疗系统就是一种专家系统，能模拟地质学家进行地下资源评价和地质数据解释的计算机(软件)系统，也是一种专家系统。

12.1.2 专家系统的特点

同一般的计算机应用系统(如数值计算、数据处理系统等)相比,专家系统具有下列特点:

——从处理的问题性质看,专家系统善于解决那些不确定性的、非结构化的、没有算法解或虽有算法解但在现有的机器上无法实施的困难问题。例如,医疗诊断、地质勘探、天气预报、市场预测、管理决策、军事指挥等领域的问题。

——从处理问题的方法看,专家系统则是靠知识和推理来解决问题(不像传统软件系统使用固定的算法来解决问题),所以,专家系统是基于知识的智能问题求解系统。

——从系统的结构来看,专家系统则强调知识与推理的分离,因而系统具有很好的灵活性和可扩充性。

——专家系统一般还具有解释功能,即在运行过程中一方面能回答用户提出的问题,另一方面还能对最后的输出(结论)或处理问题的过程作出解释。

——有些专家系统还具有"自学习"能力,即不断对自己的知识进行扩充、完善和提炼。这一点是传统系统所无法比拟的。

——专家系统不像人那样容易疲劳、遗忘,易受环境、情绪等的影响,它可始终如一地以专家级的高水平求解问题。因此,从这种意义上讲,专家系统可以超过专家本人。

12.1.3 专家系统的类型

关于专家系统的分类,目前还无定论。我们仅从几个不同的侧面对此进行讨论。

—— 按用途分类,专家系统可分为:诊断型、解释型、预测型、决策型、设计型、规划型、控制型、调度型等几种类型。这些专家系统的功能大部分都是显然的,无须做过多解释,而其中"解释"和"规划"与我们通常理解的有点差别。

这里的解释是对仪器仪表的检测数据进行分析、推测得出某种结论。例如通过对一个地区的地质数据进行分析,从而对地下矿藏的分布和储量等得出结论。又如,通过对一个人的心电图波形数据进行分析,从而对该人的心脏生理病理情况得出某种结论。显然,以上两种事情都是经验丰富的专家才能胜任的。而所谓"规划",就是为完成某任务而安排一个行动序列。例如,对地图上的两地间找一条最短的路径、为机器人做某件事安排一个动作序列等。

——按输出结果分类,专家系统可分为分析型和设计型。分析型就是其工作性质属于逻辑推理,其输出结果一般是个"结论",如 1 中的前四种,就都是分析型的,它们都是通过一系列推理而完成任务的;而设计型就是其工作性质属于某种操作,其输出结果一般是一个"方案",如 1 中的后四种,就都是设计型的,它们都是通过一系列操作而完成任务的。当然,也可兼有分析和设计的综合型专家系统。例如,医疗诊断专家系统就是一种综合型专家系统,诊断病症时要分析、推理,而开处方即制定医疗方案时要设计、操作(如对药剂的取舍或增减等)。

——目前所用的知识表示形式有:产生式规则、一阶谓词逻辑、框架、语义网等。所以,按知识表示分类,可分为基于产生式规则的专家系统、基于一阶谓词的专家系统、基于框架的专家系统、基于语义网的专家系统等等。当然,也存在综合型专家系统。

　　——知识可分为确定性知识和不确定性知识，所以，按知识分类，专家系统又可分为精确推理型和不精确推理型（如模糊专家系统）两类。

　　——按采用的技术分类，专家系统可分为符号推理专家系统和神经网络专家系统。符号推理专家系统就是把专家知识以某种逻辑网络（如：由产生式构成的显式或隐式的推理网络、状态图、与或图，由框架构成的框架网络，还有语义网络等）存储，再依据形式逻辑的推理规则，采用符号模式匹配的方法，基于这种逻辑网络进行推理、搜索的专家系统。神经网络专家系统就是把专家知识以神经网络形式存储，再基于这种神经网络，依据神经元的特性函数，采用神经计算的方法，基于这种神经网络实现推理、搜索的专家系统。

　　——按规模分类，可分为大型协同式专家系统和微专家系统。大型协同式专家系统就是由多学科、多领域的多个专家互相配合、同力协作的大型专家系统。这种专家系统也就是由多个子（分）专家系统构成的一个综合集成系统。它所解决的是大型的、复杂的综合性问题，如工程、社会、经济、生态、军事等方面的问题。微专家系统则是可固化在一个芯片上的超小型专家系统，它一般用于仪器、仪表、设备或装置上，以完成控制、监测等功能。

　　——按结构分类可分为集中式和分布式，单机型和网络型（即网上专家系统）等。

12.1.4　专家系统与基于知识的系统

　　我们知道，专家系统能有效地解决问题的主要原因在于它拥有知识，但专家系统拥有的知识是专家知识，而且主要是经验性知识。由专家系统的出现和发展而发展起来的基于知识的系统（KBS，或者简单地称为知识系统），其中的知识已不限于人类专家的经验知识，而可以是领域知识或通过机器学习所获得的知识等。这样，专家系统就是一种特殊的KBS，或者说特殊的知识系统。

　　"专家系统"这一名词有时也泛指各种知识系统。一个知识系统，不论其中的知识是否真的来自于某人类专家（如通过机器学习获得的知识就不是来自人类专家），但是只要是其能达到"专家级"或本系统的能力能达到"专家级"水平，则把这样的系统也称为专家系统。

　　就是说，狭义地讲，专家系统就是人类专家智慧的拷贝，是人类专家的某种化身。广义地讲，专家系统也泛指那些具有"专家级"水平的 KBS，甚至各种 KBS。

12.1.5　专家系统与知识工程

　　由于专家系统是基于知识的系统，那么，建造专家系统就涉及到知识获取（即从人类专家那里或从实际问题那里搜集、整理、归纳专家级知识）、知识表示（即以某种结构形式表达所获取的知识，并将其存储于计算机之中）、知识的组织与管理（即知识库建立与维护等）和知识的运用（即使用知识进行推理）等一系列关于知识处理的技术和方法。特别是基于领域知识的各种知识库系统的建立，更加促进了这些技术的发展。所以，关于知识处理的技术和方法已形成一个称为"知识工程"的学科领域。这就是说，专家系统促使了知识工程的诞生和发展，知识工程又为专家系统提供服务。正是由于这二者的密切关系，所以，现在的"专家系统"与"知识工程"几乎已成为同义语。

12.2 系 统 结 构

专家系统是一种计算机应用系统。由于应用领域和实际问题的多样性,因此,专家系统的结构也就多种多样。但抽象地看,它们还是具有许多共同之处。

12.2.1 概念结构

从概念来讲,一个专家系统应具有如图 12-1 所示的一般结构模式。其中知识库和推理机是两个最基本的模块。

1. 知识库(Knowledge Base,KB)

所谓知识库,就是以某种表示形式存储于计算机中的知识的集合。知识库通常是以一个个文件的形式存放于外部介质上,专家系统运行时将被调入内存。知识库中的知识一般包括专家知识、领域知识和元知识。元知识是关于调度和管理知识的知识。知识库中的知识通常就是按照知识的表示形式、性质、层次、内容来组织的,构成了知识库的结构。

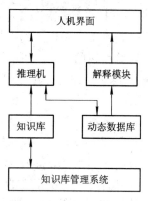

图 12-1 专家系统的概念结构

2. 推理机(Inference Engine,IE)

所谓推理机,就是实现(机器)推理的程序。这里的推理,是一个广义的概念,它既包括通常的逻辑推理,也包括基于产生式的操作。例如:

$$A \rightarrow B$$
$$A$$
$$\overline{\qquad\qquad}$$
$$B$$

这里的 B 若是个"结论",则上式就是我们通常的假言推理;若表示某种动作,则上式就是一种操作。

推理机是使用知识库中的知识进行推理而解决问题的,所以推理机也就相当于专家的思维机制,即专家分析问题、解决问题的方法的一种算法表示和程序实现。

总之,知识库和推理机构成了一个专家系统的基本框架。同时,这两部分又是相辅相成、密切相关的。因为不同的知识表示有不同的推理方式,所以,推理机的推理方式和工作效率不仅与推理机本身的算法有关,还与知识库中的知识以及知识库的组织有关。

3. 动态数据库

动态数据库也称全局数据库、综合数据库、工作存储器、黑板等,它是存放初始证据事实、推理结果和控制信息的场所,或者说它是上述各种数据构成的集合。动态数据库只在系统运行期间产生、变化和撤消,所以称为"动态"数据库,且在图中用虚线包围。需要说明的是,动态数据库虽然也叫数据库,但它并不是通常所说的数据库,两者有本质差异。

4. 人机界面

这里的人机界面指的是最终用户与专家系统的交互界面。一方面，用户通过这个界面向系统提出或回答问题，或向系统提供原始数据和事实等；另一方面，系统通过这个界面向用户提出或回答问题，并输出结果以及对系统的行为和最终结果做出适当解释。

5. 解释模块

解释程序模块专门负责向用户解释专家系统的行为和结果。推理过程中，它可向用户解释系统的行为，回答用户"why"之类的问题，推理结束后它可向用户解释推理的结果是怎样得来的，回答"how"之类的问题。

6. 知识库管理系统

知识库管理系统是知识库的支撑软件。知识库管理系统对知识库的作用，类似于数据库管理系统对数据库的作用，其功能包括知识库的建立、删除、重组；知识的获取（主要指录入和编辑）、维护、查询、更新；以及对知识的检查，包括一致性、冗余性和完整性检查等等。

知识库管理系统主要在专家系统的开发阶段使用，但在专家系统的运行阶段也要经常用来对知识库进行增、删、改、查等各种管理工作。所以，它的生命周期实际是和相应的专家系统一样的。知识库管理系统的用户一般是系统的开发者，包括领域专家和计算机人员（一般称为知识工程师），而成品的专家系统的用户则一般是领域专业人员。

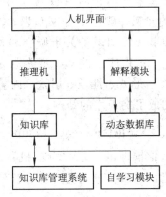

图 12 - 2　专家系统的理想结构

对图 12 - 1 所示的结构再添上自学习模块，就成为更为理想的一种专家系统结构。如图 12 - 2 所示。

这里的自学习功能主要是指在系统的运行过程中，能不断且自动化地完善、丰富知识库中的知识。所以，这一模块也可称为自动知识获取模块。

12.2.2　实际结构

上面介绍的专家系统结构，是专家系统的概念模型，或者说是只强调知识和推理这一主要特征的专家系统结构。但专家系统终究仍是一种计算机应用系统。所以，它与其他应用系统一样是解决实际问题的。而实际问题往往是错综复杂的，比如，可能需要多次推理或多路推理或多层推理才能解决，而知识库也可能是多块或多层的。

另一方面，实际问题中往往不仅需要推理，而且还需要作一些其他处理。如在推理前也可能还需要作一些预处理（如计算），推理后也可能要作一些再处理（如绘图），或者，处理和推理要反复交替多次，或经多路进行等等。这样以来，就使得专家系统的实际结构可能变得多式多样。例如，可以有图 12 - 3 所示的实际结构。可以看出，在这种实际结构中，专家系统只作为整个系统的一个模块（称为专家模块）嵌套在一个实际的应用系统中，而整个应用系统可能包含一个或者多个专家模块。

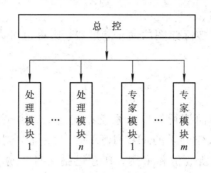

图 12-3　专家系统的实际结构示例

当然，对于这种系统仍可称为专家系统，但对于含有多于一个专家模块的系统，实际上已是多专家系统(可能是多层的、多路的、多重的等)。另外，从图 12-3 可以看出，给通常的各种应用系统添上专家模块也就是专家系统了。这就是说，专家系统实际与我们通常的计算机应用系统应该是融为一体的。下面我们再举一个实际例子。

如图 12-4 所示。这是一个用于地质图件绘制的智能辅助系统，其中就至少包含了两个专家模块，一个是方法选择模块，一个是图形评价模块。

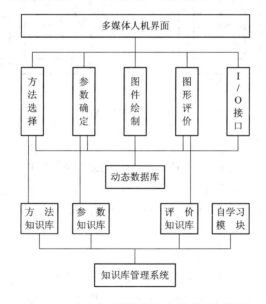

图 12-4　地质图件绘制智能辅助系统结构

方法选择就是绘图方法选择，也就是绘图算法选择。这是绘图的第一步。绘图的算法很多，如距离加权平均法、三角剖分法、克里金法等。这些方法还可以再进行细分，其中克里金方法最为丰富，它已形成一个体系。所以，绘图时选择合适的方法就是关键的一步。而这里就需要专家知识。

图形绘出后，还要进行评价，以确定该图件的可用性。评价的原因是，并非只要按以上过程进行，绘出的图形就是可用的。事实上，由于地质状况的复杂性和不确定性，就是专家所绘出的图形，也不能绝对肯定符合地下的实际。换句话说，我们所说的地质图件，一般说来也只是对地下地质情况的某种近似描述。如果经评价，发现图形有明显的违反地质理论或常识的地方，或者其误差超过了某一限度，则该图形就不能使用了。那么，怎样评价呢？这里也需要专家知识。

参数确定和图件绘制是实际绘图的两步，当然，这里也可以融入有关知识特别是专家知识，做成专家绘图模块。

12.2.3　黑板模型

"黑板模型"是一种典型而流行的专家系统结构模式。黑板模型首先于 1973～1976 年在美国 Carnegie-Mellon 大学开发的 HEARSAY-Ⅱ 系统中创立，又在 HEARSAY-Ⅲ 中得到发展，后来被许多系统所效仿和采用，现在已是一种十分流行的知识系统结构模式。黑板模型主要由"黑板"、知识源和控制机构三大部分组成，结构如图 12-5 所示。

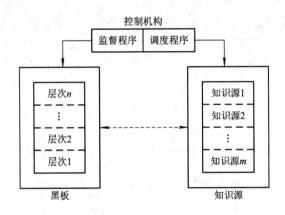

图 12-5　黑板结构

1. 黑板(blackboard)

所谓"黑板"，就是一个分层的全局工作区（或称全局数据库）。它用来存储初始数据、中间结果和最终结果。整个黑板被分为若干层，每一层用于描述领域问题的某一类信息。高层信息可以看作是下层信息的抽象（或整体），反之，下层信息可以看作是上层信息的实例（或部分）。

2. 知识源(knowledge source)

所谓知识源，就是一个知识模块。黑板结构中具有多个知识源，每个知识源能用来完成某些特定的解题功能。知识源可以表示成过程、规则集或逻辑断言等形式。一个知识源可以视为一个大规则，其条件部分称为知识源先决条件，动作部分称为知识源体。知识源的先决条件一旦与黑板状态匹配，该知识源便被激活，这时知识源体执行，其结果将导致黑板状态的变化。知识源之间互相独立，它们只能通过黑板进行通信和互相调用。

3. 控制机构

控制机构是求解问题的推理机构，由监督程序和调度程序组成。监督程序时刻注视着黑板状态，根据黑板状态采用某种策略选择合适的知识源，将其条件部分放入调度队列，随后条件部分与黑板状态匹配，若匹配成功，则将其动作部分放入调度队列。动作部分的执行便又改变了黑板状态。调度程序通过选择所谓"聚焦"来优先使用队列中最重要、最有希望的知识源来执行。

　　黑板模型是一种适时推理模型，即系统能按"最适宜"的原则自行决定什么时候和怎样使用知识。在黑板模型中，解空间被组织成层次性结构，层次结构中每一层上的信息都表示局部解，相应层次上的知识模块对这种信息进行处理，生成更高级的局部解，直到最后的解。

　　理想的黑板模型中没有控制机制，知识源含有领域知识且是自驱动的。这样，每个知识源都"注视"着黑板上的状态信息，而且能"适时"地决定是否要对黑板进行操作。所以，在理想黑板模型中，各知识源实际上是并行执行的（这非常类似于现在的股票交易），但在现有的串行环境下这种并行却难以实现。因此，才增设了控制机制等方法把黑板变成串行系统（这又类似于拍卖过程）。当然，这样就限制了黑板模型的潜在功效。

　　需指出的是，为了能在现有的串行硬件上保持黑板的并行能力，人们在这方面做了不少工作，提出了许多基于黑板的改进模型。例如，多黑板、分布式、将面向对象方法与黑板模型相结合等，从而有效地解决了黑板模型的并行处理能力，并推出了新一代黑板系统及其开发工具。

　　由上所述可看出，黑板模型可以看作是产生式系统的特殊形式。

　　黑板模型适于求解那些大型、复杂且可分解为一系列层次化的子问题的问题。例如，在 HEARSAY-Ⅱ 中，黑板被分为六个信息层，每个信息层对应着问题的一个中间表示层次。六个信息层分别为：

　　（1）参数层，用于从语音信号中提取有意义的参数。有四种不同的参数，统称为 ZAPDASH 参数。

　　（2）片段层，用于描述系统对语音信号的分割与归类。此层主要包含音素与单音等信息。

　　（3）音节层，用于描述语音信号的音节划分。此层主要为由片段层上信息构成的音节信息。

　　（4）单词层，用于记录根据音节划分所识别出的孤立词信息。

　　（5）词组层，用于记录根据单词层中的词汇所生成的词组信息。

　　（6）短语层，用于记录多个词汇或词组构成的短语和句子信息。

　　HEARSAY-Ⅱ 中有五大类共 13 个知识源，每个知识源涉及黑板中的一个或几个信息层，用于完成某些特定的工作。例如抽取语音参数，将语音片段归类为音节，根据音节划分识别单词等。

12.2.4　网络与分布式结构

　　在网络环境下，专家系统也可以设计成网络结构，如"客户/服务器"（Client/Server）结构（如图 12-6(a)所示），或浏览器/服务器（Browser/Server）结构（如图 12-6(b)所示）。我们称后一种结构的专家系统为网上专家系统。当然，图 12-6 所示的结构仅是一种示意性的概念模型，而且它也仅是为了适应网络环境而做成的一种模式。

　　分布式结构则是一种适合于分布式计算环境的专家系统。例如那些多学科、多专家联合作业，协同解题的大型专家系统，就可以设计成分布式结构。这类专家系统也就称为分布式专家系统。

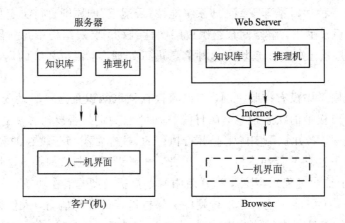

图 12-6　专家系统的客户(机)/服务器结构及浏览器/服务器结构

12.3　实　例　分　析

本节我们介绍一个专家系统实例——PROSPECTOR。

12.3.1　PROSPECTOR 的功能与结构

PROSPECTOR 的研究目的是：勘探矿产资源，扩大技术培训及集中多个专家的知识来解决给定的资源问题。

PROSPECTOR 系统给地质勘探人员提供下列几种帮助：

（1）勘探评价。当地质工作者在某一地区获得了一些有意义的信息后，可求助于 PROSPECTOR 系统。系统对这些信息进行分析和评价，预测成矿的可能性，并可指导用户下一步应采集哪些对判别矿藏存在与否有价值的信息。

（2）区域资源评价。系统采用脱机方式处理某一大范围区域的地质数据，这些数据按小区域划分列成表格形式。系统处理这些数据的结果是给出这一大区域中某些资源的分布情况。地质普查都属于这一类工作。

（3）井位选择。当已知某一区域含有某种矿藏后，PROSPECTOR 可以帮助地质工作者选择最佳钻井位置，以避免不必要的浪费。这时 PROSPECTOR 接受的输入是一张地质图，这个图经过一个特殊的数字化仪数字化后，由系统的井位选择模型处理。最后输出的是一张标有井位的地质图。

图 12-7 是 PROSPECTOR 系统的总体结构图。系统的勘探知识以某种外部格式存储在磁盘中。同样，一个具有 1000 多个单词的分类学词典也存储在磁盘上。每一次咨询开始时，由一个叫做 PARSEFILE 的程序把这些外部表示转换成系统的内部表示形式——推理网络。推理网络就是系统赖以完成咨询的知识库。系统中其他部分的作用如下：

——执行程序：作为人机接口负责接受用户输入的命令，然后解释这些命令的含义，并根据需要调用其他子系统。

——英语分析程序：负责理解用户用自然语言输入的信息，并将其转换成匹配程序可以使用的语义网络形式。

——匹配程序：使用分类学词典来比较各个语义空间的关系，把用户提供的信息加入推理网络中或检查推理网络的一致性。

——传播程序：负责在推理网络中进行概率传播，它实现系统的似然推理。

——提问系统：负责向用户提问，要求用户输入数据。

——解释系统：用于解答用户的询问。

——网络编译系统：为在井位选择推理网络中传播图形信息，生成高效代码。

——知识获取系统：在 PROSPECTOR 运行时可生成、修改或保存推理网络。

PROSPECTOR 用 INTERLISP 语言在 DEC PDP－10 计算机上实现。整个系统(不包括知识库和知识获取程序)共有 300 页 LISP 源程序。装入内存后约占 165 K 字(36 位)。

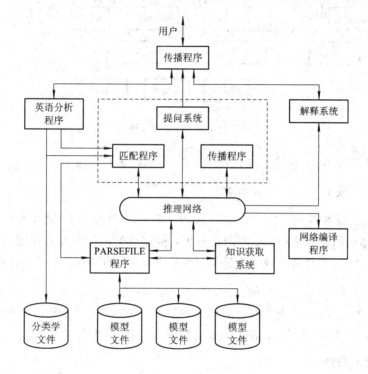

图 12 - 7　PROSPECTOR 总体结构

12.3.2　知识表示

PROSPECTOR 系统的知识用语义网络和规则表示。知识库由三级网络组成，它们分别用来描述概念、陈述和推理规则。

1. 分类学网络

最低一级网络是分类学网络(见图 12 - 8)，它的作用有些类似于 MYCIN 中的词典，给出了系统所知道的 1000 多个词汇的用途及相互关系。例如，由"关系"的节点为根的子树中所有词汇在描述知识时作为表示关系的词汇使用。除此之外，分类学网络还给出了概念之间的从属关系，它们由四种弧表示：

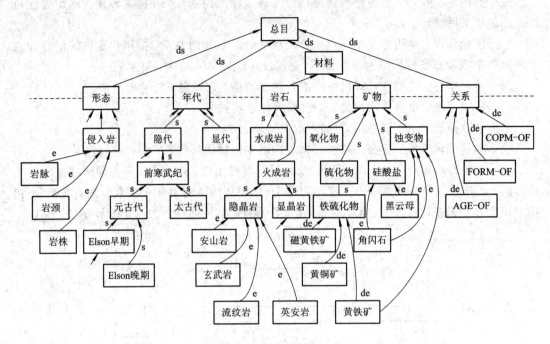

图 12 - 8　分类学网络

$N_1 \xleftarrow{s} N_2$：表示 N_2 是 N_1 的子集。例如，火成岩是岩石的一类。

$N_1 \xleftarrow{e} N_2$：表示 N_2 是 N_1 的元素。

$N_1 \xleftarrow{ds} N_2$：表示 N_2 是 N_1 的子集，但 N_2 与 N_1 的其他用 ds 链接的子集是不相交的概念。例如，年代和形态是系统中的两类词汇，但这两类词汇中没有相同的词汇，即它们没有共同的后代。而硫化物和浊变物是相交的概念，它们有共同的后代黄铁矿。

$N_1 \xleftarrow{de} N_2$：表示 N_2 是 N_1 的元素，且 N_2 与 N_1 的其他 de 型元素是不相同的。

如果节点 N_1、N_2 在分类学网络的同一条链上，则称 N_1、N_2 是相容的。此时，若 N_2 是 N_1 的后代，则称 N_2 是 N_1 的限制；反之则称 N_1 是 N_2 的限制。

2. 分块语义网络

在 PROSPECTOR 中，陈述由分块语义网络表示。分块语义网络是把整个网络划分成若干个块，每一块（称为语义空间）表示一句完整的话（陈述）。例如，"角闪石部分地转化为黑云母"，可由图 12 - 9 表示。语义网络中共有三种节点：代表实体、过程和位置的节点（用圆表示），代表关系的节点（用椭圆表示）和表示概念的节点（用方框表示）。其中表示概念的节点实际上是分类学网络中的节点，它们也可被其他空间（陈述）使用，所以把它们放在空间外面，称其为外部参数。语义网络中的弧用来指明各个关系的参量。一般来说，一个关系的各参量之间的次序是有意义的，关系的第一个参量通常是该关系所描述的对象，关系的其他参量通常是该对象的属性值。

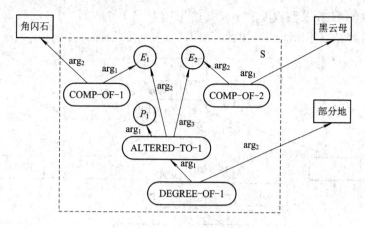

图 12-9 语义空间

每一个陈述都可以分解为若干个简单断言。所谓简单断言，指仅包含一个关系及其各参量的断言。图 12-9 可分解为七个简单断言的集合：

a_1：存在一个实体 E_1

a_2：E_1 的成分是角闪石

a_3：存在一个实体 E_2

a_4：E_2 的成分是黑云母

a_5：存在一个过程 P_1

a_6：在 P_1 过程中，E_1 转化为 E_2

a_7：在 P_1 过程中，转化的程度是部分转化

分块语义网络中的空间还可以用逻辑连接词 AND、OR、NOT 连接成更大的语义空间，表示更复杂的陈述。

3. 推理网络

在 PROSPECTOR 中，判断性知识用规则表示。每条规则的形式如下：

$$E \rightarrow H(LS, LN)$$

其中 LS、LN 的作用有些类似于 MYCIN 系统中规则的可信度，它们用来反映证据 E 对假设 H 的影响程度。$LS \in [0, +\infty)$，它表示证据 E 出现时，对假设 H 成立的支持程度：当 $LS > 1$ 时，表示证据 E 出现支持假设 H 成立；当 $LS < 1$ 时，表示证据 E 的出现反对假设 H 成立；当 $LS = 1$ 时，证据 E 的出现与否对假设 H 成立的可能性无影响，即 E 与 H 是无关的。这三种情况分别相当于 MYCIN 中规则的 CF 大于 0、小于 0 和等于 0 三种情况。$LN \in [0, +\infty)$，它表示证据 E 不出现时，对假设 H 成立的支持程度：$LN > 1$、$LN < 1$ 和 $LN = 1$ 分别表示 E 不出现时，它支持、反对或不影响 H 成立。

与 MYCIN 系统不同，PROSPECTOR 系统的决策规则被明显地链接在一起形成一个有向图，称为推理网络（见图 12-10）。推理网络中的节点是各个语义空间——称为超节点（Supernode），弧代表规则，与每一条弧相联系的两个数字分别是该规则的 LS 和 LN。推理网络中每个超节点 H 都有一个先验概率 $P(H)$（即在没有任何信息的情况下，H 所代表的命题成立的概率）。随着信息 E 的输入，H 的先验概率改变为后验概率 $P(H \mid E)$（即已知 E 时，H 成立的概率），当 $P(H \mid E) > P(H)$ 时，说明 H 在某种程度上成立；当 $P(H \mid E)$

$<P(H)$时，说明 H 在某种程度上不成立；当 $P(H|E)=P(H)$ 时，说明 E 对 H 无影响。因此，$P(H)$ 有些相当于 MYCIN 中的 $CF[H, S]=0$ 的情况。

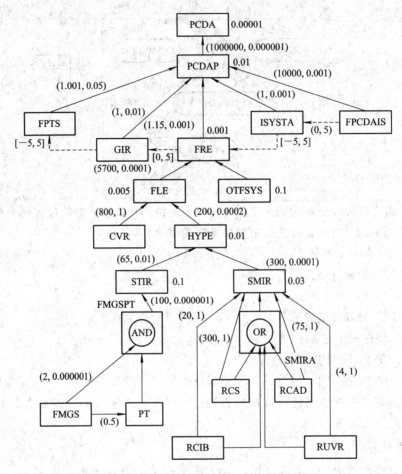

图 12 - 10　推理网络

推理网络中每条规则的 LS、LN 及每个语义空间 H 的 $P(H)$ 均由领域专家在建造知识库时提供。

除了表示规则的弧外，推理网络中还有代表先后顺序的弧（用虚线表示，见图 12 - 10），其意义如下：

$$E_1 \xrightarrow{[0, 5]} E_2 : 只有当 P(E_1|S) > P(E_1) 时，才考虑 E_2$$

$$E_1 \xrightarrow{[-5, 0]} E_2 : 只有 P(E_1|S) < P(E_1) 时，才考虑 E_2$$

$$E_1 \xrightarrow{[-2, 2]} E_2 : 只有 P(E_1|S) \approx P(E_1) 时，才考虑 E_2$$

$$E_1 \xrightarrow{[-5, 5]} E_2 : 仅指明考虑 E_2 之前先考虑 E_1$$

其中 $P(E_1|S)$、$P(E_1)$ 分别是 E_1 的后验概率和先验概率，称 E_1 是 E_2 的上下文。设 E_1、E_2 分别是"存在硫化物"和"重晶石覆盖硫化物"，显然若已知 E_1 为假，再去提问"是否重晶石覆盖硫化物"是不合适的。通过使用先后顺序弧把 E_1、E_2 连接起来：$E_1 \xrightarrow{[0, 5]} E_2$ 使得系

统在询问 E_2 之前先检查 E_1 是否为真,只有当 E_1 在某种程度上为真时,系统才去询问 E_2,因此,可以避免提出一些不合逻辑的问题。

推理网络的顶层是一些矿藏的名称,它们代表每种矿藏存在的假设,如 A 型斑状铜矿(PCOA)、Kuroko 型重硫化物矿(MDS)等等。推理网络的叶节点是一些可问空间。所谓可问空间就是直接与用户的观察有关的语义空间,即它们的后验概率可通过向用户提问获得。类似地,后验概率可由系统推出的空间(即作为某些规则结论部分的空间)被称为可推空间。注意,可问空间和可推空间并不互相排斥,一个空间可同时既是可问的,又是可推的。

分类学网络、语义网络和推理网络交织在一起构成了 PROSPECTOR 的知识库。这三种网络在知识库中的关系如图 12-11 所示。

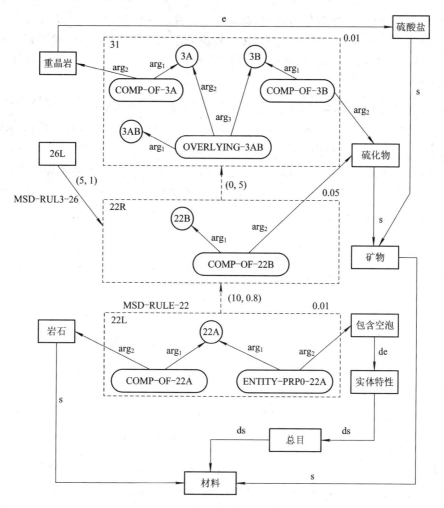

图 12-11 知识库中三种网络的关系

PROSPECTOR 的地质知识按用途不同可分为两类。分类学网络是通用知识库,系统每一次运行都需要使用它。其他矿藏模型是专用知识库。因为每一种矿藏模型中存储着勘探一种矿藏的知识,根据用户的需要不同,系统运行时只把与用户要求有关的模型调入内存。

12.3.3 推理模型

PROSPECTOR 的不确定性推理模型是建立在概率论的基础上的，称为主观贝叶斯方法（见 8.2.2 节）。

系统运行时，当用户输入一个证据 E 并且指出在它的观察 S 下 E 成立的后验概率是 $P(E|S_e)$ 时，PROSPECTOR 首先在推理网络中找出以 E 为前提或前提中包含 E 的规则 R；若 R 的前提是若干命题的逻辑组合，则首先利用公式（8-4）、（8-5）、（8-6）计算 R 的前提的总概率；然后用公式（8-11）、（8-12）、（8-13）计算在 R 的作用下规则的结论 H 的后验概率；最后利用公式（8-20）计算出所有以 H 为结论的规则的后验概率 $P(H|S) = P(H|SH)$。计算出 $P(H|SH)$ 后，PROSPECTOR 系统再从推理网络中找出所有前提中包含 H 的规则前提 R' 并对 R' 重复以上过程。PROSPECTOR 就这样不断地将规则前提的后验概率沿推理网络中规则弧传到规则的结论部分，修改该结论的后验概率，直至将 $P(E|S_e)$ 的影响传到推理网络的顶层语义空间为止。这一过程称为概率传播，它由传播程序完成。

但由于用户不知道领域专家在建造知识库时为每个可询问空间 E 指定的先验概率是多少，所以让用户以 $P(E|S_e)$ 的方式提供证据 E 的后验概率可能会导致系统错误地理解用户的意图。例如，设 $P(E) = 0.5$，当系统向用户询问 E 时，用户想告诉系统 E 以某种程度为真，但因为它不知道领域专家给出的先验概率 $P(E)$ 是多少，他可能提供 $P(E|S_e) = 0.4$，系统对这个信息的理解变成了 E 以某种程度为假 $[(P(E) > P(E|S_e)]$，这与用户本来的意图相左。为了避免这种情况，类似于解决主观概率不一致的方法，引入分段线性插值函数 $C(E|S_e)$：

$$C(E|S_e) = \begin{cases} \dfrac{5[P(E|S_e) - P(E)]}{1 - P(E)} & \text{若 } P(E) < P(E|S_e) \leqslant 1 \\[3mm] \dfrac{5[P(E|S_e) - P(E)]}{P(E)} & \text{若 } 0 \leqslant P(E|S_e) < P(E) \end{cases} \qquad (12-1)$$

由公式（12-1）可得：

$$P(E|S_e) = \begin{cases} \dfrac{1}{5} P(E) \cdot C(E|S_e) + P(E) & \text{若 } C(E|S_e) \leqslant 0 \\[3mm] \dfrac{1}{5}[1 - P(E)] \cdot C(E|S_e) + P(E) & \text{若 } C(E|S_e) > 0 \end{cases} \qquad (12-2)$$

其中 $C(E|S_e) \in [-5, 5]$。

当 $C(E|S_e) > 0$ 时，$P(E|S_e) > P(E)$；当 $C(E|S_e) \leqslant 0$ 时，$P(E|S_e) \leqslant P(E)$。

因此，用户实际上用 $C(E|S_e) \leqslant 0$ 来指明对他所提供的信息的信任程度。当他相信 E 以某种程度为真时，指定一个大于 0 的 $C(E|S_e)$；当他相信 E 以某种程度为假时，指定一个小于 0 的 $C(E|S_e)$。系统利用公式（12-1）将其自动转换成相应的 $P(E|S_e)$，确保系统不会错误地理解用户的意图。

同样，系统向用户显示结论 H 时，用公式（12-2）将后验概率 $P(H|S)$ 转化为 $C(H|S)$ 提供给用户。

12.3.4 控制策略

PROSPECTOR 系统的推理方式称为混合主动式,即正反向混合推理与接纳用户自愿提供信息相结合的推理方式。

与 MYCIN 系统不同,在 PROSPECTOR 中没有独立于知识库而存在的综合数据库,它的推理网络同时兼有知识库和数据库两种身份。因此,PROSPECTOR 推理过程实际上就是不断修改各个语义空间的后验概率,直到顶层语义空间的后验概率超过其一阈值时为止。

1. 正向推理

PROSPECTOR 的正向推理实际上就是概率传播,它由传播程序完成。每当用户输入一个证据 E 及其后验概率 $P(E|S)$,传播程序就利用主观 Bayesian 方法,将 $P(E|S)$ 的影响沿推理网络传播,修改更高层次上语义空间的后验概率,直至将 $P(E|S)$ 的影响传至顶层空间。传播程序传播后验概率的方法如前所述。

2. 主动式推理

咨询开始时,用户可根据自己的观察为系统提供信息。PROSPECTOR 在这方面为用户提供了很大的灵活性,用户不仅可以输入有关可问空间的信息,还可以输入关于推理网络任意层次上的假设空间的信息。这种方法有利于充分发挥用户的作用,加快推理速度。例如,H 是推理网络中的一个非可问空间,如果用户根据他的观察已经很明显地看出 H 是成立的,那么他可直接告诉系统 H 成立,这就可以减少系统关于 H 的推理,而直接在已知 H 成立的基础上进行推理。不仅在咨询开始时,而且在咨询的任意时刻,用户都可以以这种方式为系统提供信息。这种方法称为主动式推理。

3. 反向推理

当正向推理(概率传播)结束后,如果系统已能确定存在某种矿藏,则输出结果;否则进入反向推理过程。反向推理由提问系统负责,它为断定某种矿藏的成矿可能性寻求有关的数据。因此反向推理实际上要完成两个任务:

(1) 应优先考虑哪个顶层假设,这主要根据评判函数 Jh 来选择。

(2) 应向用户询问哪个空间,这主要根据评判函数 J∗ 来选择。

进入反向推理后,提问系统首先用 Jh 函数为推理网络中的所有顶层空间打分,并从中选出得分最高者作为反向推理的目标。然后提问系统用 J∗ 函数为所有以这个空间为结论的规则打分,并选择得分最高的规则的前提空间作为反向推理的下一级子目标。若该子目标是一个可问空间,则向用户提问;当用户提供的可信度的绝对值大于 1 时,将该空间标记为"不可用"的,并转向正向推理,传播概率;否则继续用 J∗ 进行反向推理,直至达到某一可问空间为止。

在反向推理过程中,如果某一步所建立的子目标是一个先后次序弧指向的节点,并且该节点的后验概率不满足先后次序弧所指明的限制条件,则将其暂时压入栈内,以它的上下文为子目标继续反向推理。

12.3.5 解释系统

PROSPECTOR 的解释系统可以为用户提供几种不同类型的解释。最简单的一种是允许系统在咨询的任何时刻检查推理网络中某个语义空间的后验概率。其次解释系统可以向用户显示推断某一结论所使用的规则。用户还可以检查某一数据对推理网络中任一特定空间概率的影响。这种解释可以为用户提供两种很有意义的信息。首先,系统可以通过这种解释能力告诉用户,它所采集到的数据中哪些是最有意义的;其次,系统可以提示用户需要进一步采集的有意义的数据是什么。

PROSPECTOR 系统把推理规则直接链接起来构成推理网络的方法比较便于向用户提供解释。由于把系统推理过程中所产生的各种信息直接记录到推理网络中,使推理网络同时兼有历史树的功用。

12.4 系统设计与实现

本节我们介绍专家系统的具体设计和实现方法,即所谓的专家系统建造。

12.4.1 一般步骤与方法

由于专家系统也是一种计算机应用系统,所以,一般来说,其开发过程也要遵循软件工程的步骤和原则,即也要进行系统分析、系统设计等几个阶段的工作。但又由于它是专家系统,而不是一般的软件系统,所以,又有其独特的地方。如果我们仅就"纯专家系统"而言,则其设计与实现的一般步骤可如图 12 - 12 所示。

由图 12 - 12 可以看出,专家系统的开发有如下特点:

(1) 知识获取与知识表示设计是一切工作的起点。

(2) 知识表示以及知识描述语言确定后,各项设计(图中并列的六个设计)可同时进行。

还需说明的是:

(1) 对于一个实际的专家系统,在系统分析阶段就应该首先弄清楚:系统中哪里需要专家知识,专家知识的作用是什么?以及系统中各专家模块的输入是什么?处理是什么?输出又是什么?

(2) 系统投入运行后,一般来说,其知识库还需不断扩充、更新、完善和优化,所以专家系统的开发更适合采用快速原型法。

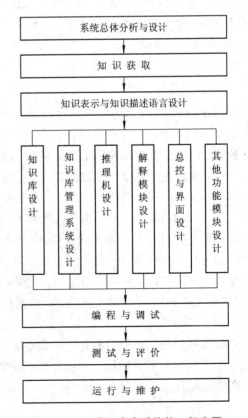

图 12 - 12 建立专家系统的一般步骤

（3）对系统的评价主要看它解决问题是否达到专家水平。

（4）上述的所谓"纯专家系统"就是一个实际专家系统中的专家模块部分。那么，对于系统其他部分的分析与设计，原则上讲，与一般计算机应用系统完全一样，即可按软件工程规范和程序进行。

12.4.2 快速原型与增量式开发

所谓快速原型与增量式开发，就是在开发一个大型软件系统之前，先尽快地建立一个简单的小型的系统"模型"——称之为系统原型；然后，对原型进行扩充，即在原型的基础上进行的继续开发，即增量式开发，这样像滚雪球似地直至完成整个系统。

快速原型法的优点是，利用系统原型，开发者可以更好地分析和理解系统；用户也能尽快看到系统的概貌，以便及早反馈有关信息，使后面的工作少走弯路；同时，也方便了开发者和用户的相互交流。

快速原型法特别适合专家系统的开发。许多专家系统都开始于一个演示原型，然后经过不断地扩充和完善，最终达到实用阶段。

12.4.3 知识获取

知识获取是建造专家系统的关键一步，也是较为困难的一步，被称为建造专家系统的"瓶颈"。知识获取大体有三种途径。

1. 人工获取

人工获取，即计算机人员（或知识工程师）与领域专家合作，对有关领域知识和专家知识，进行挖掘、搜集、分析、综合、整理、归纳，然后以某种表示形式存入知识库。

2. 半自动获取

半自动获取，即利用某种专门的知识获取系统，采取提示、指导或问答的方式，帮助专家提取、归纳有关知识，并自动记入知识库。

3. 自动获取

自动获取又可分为两种形式：一种是系统本身具有一种机制，使得系统在运行过程中能不断地总结经验，并修改和扩充自己的知识库；另一种是开发专门的机器学习系统，让机器自动从实际问题中获取知识，并填充知识库。

知识的人工获取，需要计算机人员与领域专家的通力合作。但存在互相"语言不通"的隔阂和困难。因此，一般认为需要有介于二者之间的称为知识工程师的协调。但另一方面，由于专家知识属经验性知识，有时专家本人也难以说清楚，所以，知识的人工获取一般存在周期长、效率低、可靠性差等缺点。

受知识获取的刺激，20 世纪 80 年代以来"机器学习"发展迅速，开发出了不少的机器学习方法，如示例学习、解释学习、类比学习、发现学习等等，其中有些已付诸应用。特别是近年来神经网络研究热潮的兴起，又为知识获取和机器学习开辟了新的途径。利用神经网络的可训练特性，用大量的实例数据（称为训练样本）对神经网络按某种学习算法进行训练，神经网络便会对其进行特征抽取和归纳（通过调节连接权值），实现学习，获取知识。

还需指出的是，近年来面向对象的方法也被引入知识获取，称为面向对象的知识获取。此方法获取知识可分为两步进行：首先确定问题领域及对象，并按面向对象的方法对其进行分解与分类；其次按对象及其属性，逐一构造决策树。特别值得一提的是，近年来基于数据库的知识发现（KDD）和数据开采（DM）技术异军突起，为知识获取提供了强有力的支持。

总之，知识获取目前仍是一个热门课题，将机器学习与机器归纳技术以及面向对象方法相结合，将是一个重要的发展方向。

12.4.4　知识表示与知识描述语言设计

知识表示与知识描述语言设计是根据所获得知识的特点，选择或设计某种知识表示形式，并为这种表示形式设计相应的知识描述语言。所谓知识描述语言，就是知识的具体语法结构形式。所以，知识描述语言既要面向人、面向用户，又要面向知识表示、面向机器，还要面向推理、面向知识运用。这就要求知识描述语言既能为用户提供一种方便、易懂的外部知识表达形式，又能将这种外部表示转换成容易存储、管理、运用的内部形式。

知识描述语言可以利用现有的程序设计语言（如 PROLOG、LISP、C 等）提供的数据结构或语句来实现，也可以选用专用的知识描述语言（如产生式语言 OPS、框架语言 FRL 等）或现成的专家系统工具（如 M.1 S.1 EMYCIN 等），也可以自己动手进行设计。例如，我们曾设计了一种基于框架的模糊知识描述语言，它可以实现多种知识的描述。例如，

苹果（类属（水果），形状（圆（0.8）），颜色（红（0.9），黄（0.8）），味道（甜（0.9）））

就描述了一个"苹果"框架。

12.4.5　知识库与知识库管理系统设计

知识库是专家系统的核心。知识库的质量直接关系到整个系统的性能和效率。因此，知识库涉及知识的组织与管理。知识的组织决定了知识库的结构，知识的管理包括知识库的建立、删除、重组及维护和知识的录入、查询、更新、优化等，还有知识的完整性、一致性、冗余性检查和安全保护等方面的工作。知识管理由知识库管理系统负责。

1. 知识库设计

知识库设计主要是设计知识库的结构，即知识的组织形式。专家系统（或知识工程）中所涉及的知识库，一般取层次结构或网状结构模式。这种结构模式是把知识按某种原则进行分类，然后分块分层组织存放，如按元知识、专家知识、领域知识等分层组织；而每一块和每一层还可以再分块分层。这样，整个知识库就呈树型或网状结构。例如，图 12－13 所示的就是一个医疗诊断知识库的层次结构。

知识库的这种层次结构，可方便知识的调度和搜索（因为可通过上层知识调度或搜索下层知识），从而使得推理时知识的调度灵活、迅速，故而可加快推理速度。另外，知识的分块存放，还可使知识库容量增大（仅受磁盘空间限制）。

我们这里所说的**元知识**，是指关于知识的知识，即管理、调度领域知识和专家知识的知识。例如，

"如果有肝病的症状，则调肝病知识子库（进一步确诊）"

就是一条元知识。当然，元知识也是相对而言的。例如，图 12－13 中位于上层知识库中知识就是其下层知识库中知识的元知识。

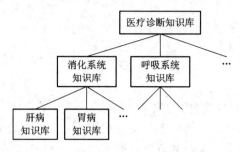

图 12-13 医疗诊断知识库层次结构

传统的知识库都是集中式的，但随着知识系统应用领域的不断扩大，出现了分布式的知识现象。因此，分布式知识库将成为知识库的一个重要发展方向。近年来国内外的有些学者已开始了这方面的研究，并提出了一些分布式知识库模型。

2. 知识库管理系统设计

知识库管理系统应包括知识一级和知识库一级的各种管理功能。

1）知识操作功能设计

知识操作功能包括知识的添加、删除、修改、查询和统计等。这些功能可采用两种方法来实现。一种方法就是利用屏幕窗口，通过人机对话方式实现知识的增、删、改、查等；另一种方法就是用全屏幕编辑方式，让用户直接用键盘按知识描述语言的语法格式编辑知识。

2）知识检查功能设计

知识检查包括知识的一致性、完整性、冗余性等检查。

所谓知识的一致性，就是知识库中的知识必须是相容的，即无矛盾。例如，下面的两条规则

　　　　r1：if P then Q

　　　　r2：if P then $\rightarrow$ Q

就是矛盾的。那么，像这样的规则就不能同时存在于一个知识库中。

所谓完整性，是指知识中的约束条件，称为完整性约束。例如，小王的身高为 x 米，则必须满足：$x < 3$ 米；又如，弟弟今年 x 岁，哥哥今年 y 岁，则必须满足 $x < y$。否则就破坏了知识的完整性。

所谓冗余性，就是重复、多余等。冗余性检查就是检查知识库中的知识是否存在冗余。也就是要求不能存在冗余。冗余的表现有重复、包含、环路等现象。例如，下面的三条规则：

　　　　r_1：if P then Q

　　　　r_2：if Q then R

　　　　r_3：if P then R

若它们同时存在于一个知识库中，则就出现了冗余。因为由 r_1 和 r_2 就可推出 r_3。所以 r_3 实际是多余的。

又如，

　　　　r_1：if P then Q

　　　　　　 r_2 : if Q then R

　　　　　　 r_3 : if R then P

形成了一条环路。

　　3）知识库操作设计

　　知识库操作包括知识库（文件）的建立、删除、分解、合并等。这里着重要说明的是知识库的分解与合并。这两种功能类似于关系数据库的投影、选择和连接操作，它们实现的是知识库的重组。我们说，知识库的重组也是可能甚至是必要的。因为随着系统的运行，可能会发现原先的知识组合不合理，因此就需要重新组合，这时就需要使用知识库的分解与合并功能。

　　需要说明的是，上面关于知识库及其管理系统的叙述，是从专家系统角度出发的。事实上，关于知识库及其管理系统，人们还从另一个方向——数据库出发，进行了研究。

　　从数据库出发来研究知识库，是把知识库作为数据库的发展看待的。这样，便可以从数据库和数据库管理系统中取得借鉴和启发，来设计知识库和知识库管理系统。在这方面目前有两个重要的研究方向：一个是从面向对象的数据库系统出发来研究面向对象的知识库系统；另一个是由主动数据库得到启发来研究主动知识库。

　　一个主动知识库系统可定义为一个传统知识库系统之外再加一个事件驱动规则库，及其相应的事件监视器。其中事件库由系统和用户定义的各种事件驱动的规则组成。这样，整个系统中的知识被分成了两部分。一部分称为"被动知识"，即传统知识库中的知识，它们是供知识引擎（或推理机）在解题过程中使用的；另一部分称为"主动知识"，它是由上述事件驱动规则组成的。这些主动知识受系统中一个"事件监视器"的监视控制，该事件监视器主动地时刻监视着知识库，一旦发觉某事件发生时，就立即触发其后的规则，从而引发所需动作的执行。这样，用户可通过设置不同的事件驱动规则，以一种统一的机制实现许多知识管理功能，例如，对知识库的动态监视，知识库的完整性、一致性检查，例外情况处理，推理示踪，知识库分块处理，元知识或深层知识的自动切换，实现某些实时功能，多知识库合作解题，分布知识库系统中的同步与通讯，乃至推理或搜索策略的自动切换和推理中"黑板"内容的自动切换等等，应用将十分广泛。

　　当然，一个先进的知识库管理系统还应包括自动知识获取功能，这又涉及到前面已讨论过的机器学习。

12.4.6　推理机与解释机制设计

1. 从哪里着手

　　推理机是与知识库对应的专家系统的另一重要部件。推理机的推理是基于知识库中的知识进行的。所以，推理机就必须与知识库及其知识相适应、相配套。具体来讲，就是推理机必须与知识库的结构、层次以及其中知识的具体表示形式等相协调、相匹配。否则，推理机与知识库将无法接轨。因此，设计推理机时，首先得对知识库有所了解。例如，知识库中有无元知识？所有知识是否分模块存放？知识库的结构是集中式的，还是分布式的？是树型的，还是网状的？又如，知识的表示是产生式、谓词，还是框架、语义网？还有，库中的知识是确定性的，还是不确定性的等等。然后，再考虑推理机的设计。

2. 还应考虑些什么

对推理机本身而言，还要考虑推理的方式、方法和控制策略等。例如，对于推理方式，是正向推理，还是反向推理或双向推理？是精确推理，还是不精确推理？是串行推理，还是并行推理？是单调推理，还是非单调推理？又如，对于推理方法，是用归结法，还是用自然演绎法？对于不精确推理采用什么样的推理模型？还有，对于搜索控制，是采用深度优先还是广度优先，对于冲突消解是依据优先数，还是可信度或程度（即隶属度）等等。

3. 算法设计与程序设计

做了上述的分析以后，就可着手设计推理机的算法了。对于一个基于规则的系统来说，其推理机也就相当于产生式系统中的执行控制部件，所以其运行过程也就是产生系统的运行过程，因此，前面产生式系统所采用的算法，或者图搜索中所用的算法也就是这里的推理机所用的算法。

算法确定后，就可进行程序设计。至于推理机用何种程序语言实现，这个并无什么限制，如可以用传统的 LISP 或 PROLOG 语言，也用当前流行的 C 或 C＋＋语言。

4. 解释机制如何实现

另外，在推理机的设计中还得考虑解释机制。因为专家系统一般要求要有解释功能。即在推理中要能回答用户"为什么"的问题，在推理结束后，要能回答"怎么样（得到结果）"的问题。从系统结构讲，一般是把解释作为一个独立的模块，但实际上解释功能也是与推理机密切相关的。因为要解释就必须对推理进行实时跟踪。所以我们说，解释模块也可作为推理机的一部分。

但需说明的是，解释的方式还可以分为两种：一种是直接输出推理跟踪的结果，另一种则是以跟踪结果为索引，输出另外的预制文本。所谓预制文本，就是事先将解释的内容（一般就是相关规则的内容）以自然语言或领域中的专业语言形式存储在一个文件上，以供解释时调用。

12.4.7 系统结构设计

对一个专家系统来说，其体系结构非常重要。虽然从原理来讲，专家系统由知识库、推理机等部分组成，但由于受问题领域、系统规模、知识表示方法、知识库结构以及其他特殊性等诸多因素的影响，故专家系统的体系结构难以形成固定的模式。一般来讲，有诸如独立式（一个"纯"专家模块）、混合式（还有其他处理模块）、集中式、分布式、层次式以及"黑板模型"等。

对一个具体的专家系统采用什么结构形式，要视具体情况而定。例如，随着社会、生产、工程、科研、经济等的不断发展，开发大型知识系统已日趋迫切。对于大型知识系统，人们提出了多级专家系统和多库协同系统的体系结构方案。多级专家系统是由总体专家系统和专业专家系统组成的一个树型结构。多库协同系统的典型是四库协同系统。四库是指：知识库、数据库、模型库和方法库。根据对这四个库的不同组织形式，四库系统又可分为"知识主导型"、"模型驱动型"和"数据基础型"等类型。可以看出，大型知识系统已超出了"纯"专家系统的范畴，而与传统的管理信息系统、决策支持系统等相融合了。

分布式专家系统对知识进行分布存储与处理，更能适应复杂的问题求解。特别是在当今计算机网络日益普及的情况下,这种体系结构应该说是一种很有前途的重要发展方向。另外,将分布式同黑板模型相结合则相得益彰,这方面也已有不少成功的例子。

12.4.8　人机界面设计

人机界面对于一个实用专家系统(特别是咨询型知识系统)来说至关重要。一个专家系统一般有两个人机界面:一个是面向系统开发和维护者的;一个是面向最终使用者的。前一个界面由开发工具提供;后一个则是专家系统自身的一部分。由于图形用户界面(GUI)的广泛使用,所以目前专家系统的开发界面已达到相当高的水平。而专家系统的使用界面相对还比较落后。这是因为,使用界面往往要涉及"人机对话",如人对系统的询问、系统对人的回答,特别是系统对用户的解释。显然,最好的对话方式莫过于使用自然语言。但这又要涉及到自然语言理解,而自然语言理解目前还是一个未攻克的课题。所以,当前的"人机对话"多以受限的自然语言形式进行,即仅在本系统所涉及的那些有限的词汇和简单的语法及语义范围内进行人机对话。例如,下面就是某石油专家系统人机对话中的三个自然语言问句:

(1) Please tell me the depth of well no. 2?

(2) What is the depth of well no. 2?

(3) May you tell me the depth of well no. 2?

对于这三个问句,系统均能给出正确的回答,且是同一个答案。

这类自然语言接口,常用的技术有关键词匹配法和模式匹配法。这两种方法是最早发展起来的自然语言理解技术。这类方法没有严格的语言文法,系统通过把输入的句子同给定的关键词或句法模式进行匹配,若匹配成功,则句子就算被理解。

需指出的是,目前多媒体技术的迅速发展,为专家系统的人机界面增添了新的光彩。利用多媒体技术,专家系统的人机界面将会有很大的改善和提高。多媒体技术是将文字、声音、图形、图像、活动图像等多种媒体信息经计算机集成在一起的技术。当然,多媒体技术的发展也要借助于人工智能技术。所以这两者也是相辅相成的。近年来,多媒体技术与人工智能技术相结合,已形成了一个"智能多媒体"的学科,展现出了十分诱人的前景。所以,目前将多媒体技术引入专家系统,也是一个热门课题。事实上,现在已取得了不少成果。

12.5　开发工具与环境

为了加速专家系统的建造,缩短研制周期,提高开发效率,专家系统的开发工具与环境也应运而生。

12.5.1　开发工具

迄今已有数以百计的各种各样的专家系统开发工具投入使用。它们大致可分为以下几类。

1. 面向 AI 的程序设计语言

面向 AI 的程序设计语言包括 LISP、PROLOG 等。由于这些语言与领域无关,因此它们的通用性强，且使用灵活，限制少，用户能"随心所欲"地设计自己的系统。但由于一切皆要"从头做起"，故开发周期长、效率低。

特别值得一提的是，近年来，面向对象程序设计异军突起。由于面向对象程序设计语言(如 Smalltalk、C++)以其类、对象、继承等机制，而与人工智能特别是知识表示与知识库产生了天然的联系。因而，现在面向对象型语言也成为一种人工智能程序设计语言，面向对象程序设计也被广泛引入人工智能程序设计，特别是专家系统程序设计。

2. 知识表示语言

这是针对知识工程发展起来的程序设计语言，因此也称知识工程语言。这些语言并不与具体的体系和范例有紧密联系，也不局限于实现任一特殊的控制策略，因而便于实现较广泛的问题。

针对不同知识类型和知识表示，人们开发了若干种知识表示语言，如产生式语言系统 OPS5、基于框架理论的知识表示语言 FRL、UNITS 等。特别是多知识表示语言 LOOPS，它集中了 4 种编程方式，即面向对象、面向数据、面向规则和它们的组合。在面向过程的语言 INTERLISP - D 程序设计环境下，它允许设计者选择最适合其目的的那种方式。

由于知识表示语言与知识表示有关，所以，其应用就受到限制，这是其缺点。

3. 外壳系统

外壳系统亦称为骨架(frame)，这种工具通常提供知识获取模块、推理机制、解释功能等，只要加上领域专门知识，即建立起知识库就可以构成一个专家系统。这类系统典型的代表有 EMYCIN、KAS 和 EXPERT 等。国内也开发出了不少这类工具系统。显然，使用这种工具，开发效率最高，但限制也更多，灵活性最差。

4. 组合式构造工具

这种工具向用户提供多种知识表示方法和多个推理控制机构，使用户可以选择各种组成部件，非常方便地进行组合，来设计、建造自己所需的专家系统。这类系统的典型代表有 AGE 等。

5. 专家系统工具 EST

笔者也曾研制了一个通用专家系统开发工具，称为 EST。EST 的核心是专家系统设计语言 ESL。ESL 是融过程性和描述性于一体，把知识推理同其他数据处理相结合，模块化的程序设计语言。具体来讲，ESL 是将人工智能的自动推理和搜索等功能嵌套于过程性语言之中，而 ESL 的语句和所处理的知识(事实和规则)本身又都是用一阶谓词描述的。这样，就把计算机的数值计算，数据处理，图形声音以及流程控制等功能同搜索、推理功能有机地结合在一起，把传统程序同知识系统有机地结合在一起，这就为设计实用专家系统提供了方便，从而可使用户能非常灵活方便地设计自己的实际专家系统，如定义系统的运行流程和工作方式，设置屏幕布局和菜单，实现多次推理、多层推理和多路推理，设计各种各样的输入输出、运行外部程序，进行必要的数值计算和数据处理，设计必要的图形和声音等等。EST 的应用范围广泛，它既可实现结论型专家系统，又可实现规划型专家系统，也适合于建造综合性大型专家系统。从知识系统角度看，EST 有知识库容量大、知识调度机制灵活、输入输出方式多样等特点。

下面就是一个用 EST 开发的一个小型专家系统示例：

```
work(main):          ｛主程序｝
makewindow(1,117,0,"d",3,10,4,30),nl,｛定义主窗口｝
write("微机故障诊断专家系统"),nl,nl,
makewindow(2,27,0,"a",9,40,1,16)
readchar(_),
dialog(yes),               ｛开人机对话｝
metaKB(kb0),               ｛将元知识调入内存｝
goal trouble(Y),           ｛推理目标｝
reasoning(backward),       ｛启动反向推理机｝
showconclusion,            ｛显示结论｝
clearwindow,write("解释否(y/n)?"),readchar(C),
if C='y' then explain      ｛给出解释｝
else write(""),
clearmemory,
clearwindow.               ｛运行结束,清屏｝
```

上面的各类工具，是按其使用方式划分的。但事实上，工具系统还与应用领域有关，现在的知识系统工具基本上都是针对某一专门领域的。所以，如果按用途来分类，知识系统工具又可分为：医疗诊断型、故障诊断型、图形专家系统工具、金融专家系统工具、气象预报专家系统工具、辅助设计专家系统工具等等。目前，各个应用领域基本上都有一些本领域知识系统开发工具，其名目之多，可以说不胜枚举。

"通用"是工具系统追求的目标，但通用与专用又是一组矛盾，如果只考虑通用性，势必会丢掉某些专用的特色，从而又影响了工具自身的应用价值。所以，知识系统开发工具目前的发展方向是，在不影响专用性的前提下，尽量提高通用性。因此，组合式、开放式的工具系统是当前这一领域的重要课题。这种组合式、开放式的工具系统应具有多知识表示，多推理机制，多控制策略，多学习方法，多解释形式，多界面，能灵活组装，并具有用户接口(以便用户选择、取舍、增添新的特殊功能)，最终形成一个完善的知识系统开发环境。

12.5.2 开发环境

随着专家系统技术的普及与发展，人们对开发工具的要求也越来越高。一个好的专家系统开发工具应向用户提供多方面的支持，包括从系统分析、知识获取、程序设计到系统调试与维护的一条龙的服务。于是，专家系统开发环境便应运而生。

专家系统开发环境就是集成化了的专家系统开发工具包。提供的功能主要有：

(1) 多种知识表示：至少提供两、三种以上知识表示，如逻辑、框架、对象、过程等。

(2) 多种不精确推理模型：即提供多种不精确推理模型，可供用户选用。最好还留有用户自定义接口。

(3) 多种知识获取手段：除了必需的知识编辑工具外，还应有自动知识获取即机器学习功能，以及知识求精手段。

（4）多样的辅助工具：包括数据库访问、电子表格、作图等工具。

（5）多样的友好用户界面：包括开发界面和专家系统产品的用户界面，应该是多媒体的，并且有自然语言接口。

（6）广泛的适应性：能满足多种应用领域的特殊需求，具有很好的通用性。

在国外已知的专家系统开发工具中，比较接近环境的有：GURU、AGE、ART、KEE、Knowledge Creft 和 ProKappa 等。我国中科院数学所也研制了一个名为"天马"的专家系统开发环境。"天马"包括四部推理机（常规推理机、规划推理机、演绎推理机和近似推理机）、三个知识获取工具（知识库管理系统、机器学习和知识求精）、四套人机接口生成工具（窗口、图形、菜单和自然语言）等三大部分共十一个子系统。它可以管理和操作六大类知识库，包括规则库、框架库、数据库、过程库、实例库和接口库，并有和 DOS、dBASE、AUTOCAD 的接口。

随着计算机软件开发方法向工具化方向的迅猛发展，应用工具与环境开发知识系统已是必然。所以，研制知识系统开发工具与环境，也是当前和今后的一个热门课题。然而，知识系统开发工具实际上是知识系统技术之集成，其水平是知识工程技术水平的综合反映。所以，知识系统开发工具的功能、性能和技术水平的发展和提高，仍有赖于知识系统本身技术水平的发展和提高。

12.6 专家系统的发展

自从世界上第一个专家系统 DENDRAL 问世以来，专家系统已经走过了 40 余年的发展历程。从技术角度看，基于知识库（特别是规则库）的传统专家系统已趋于成熟，但仍存在不少问题，诸如知识获取问题、知识的深层化问题、不确定性推理问题、系统的优化和发展问题、人机界面问题、同其他应用系统的融合与接口问题等等，都还未得到满意解决。为此，人们就针对这些问题，对专家系统作进一步研究，引入了多种新思想、新技术，提出了形形色色的所谓新一代专家系统。

12.6.1 深层知识专家系统

深层知识专家系统，即不仅具有专家经验性表层知识，而且具有深层次的专业知识。这样，系统的智能就更强了，也更接近于专家水平了。例如一个故障诊断专家系统，如果不仅有专家的经验知识，而且也有设备本身的原理性知识，那么，对于故障判断的准确性将会进一步提高。要做到这一点，这里存在一个如何把专家知识与领域知识融合的问题。

12.6.2 模糊专家系统

模糊专家系统主要特点是通过模糊推理解决问题的。这种系统善于解决那些含有模糊性数据、信息或知识的复杂问题，但也可以通过把精确数据或信息模糊化，然后通过模糊推理进行处理的复杂问题。

这里所说的模糊推理包括基于模糊规则的串行演绎推理和基于模糊集并行计算（即模糊关系合成）的推理。对于后一种模糊推理，其模糊关系矩阵也就相当于通常的知识库，模糊矩阵的运算方法也就相当于通常的推理机。

　　模糊专家系统在控制领域非常有用,它现已发展成为智能控制的一个分支领域。模糊控制系统的一般结构如图 12 - 14 所示。可以看出,这里的模糊控制器就相当于一个模糊专家系统。

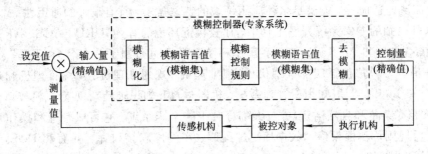

图 12 - 14　模糊控制系统结构

12.6.3　神经网络专家系统

　　利用神经网络的自学习、自适应、分布存储、联想记忆、并行处理,以及鲁棒性和容错性强等一系列特点,用神经网络来实现专家系统的功能模块。

　　神经网络专家系统的一般结构如图 12 - 15所示。这种专家系统的建造过程是:先根据问题的规模,构造一个神经网络,再用专家提供的典型样本规则,对网络进行训练,然后利用学成的网络,对输入数据进行处理,便得到所期望的输出。

　　可以看出,这种系统把知识库融入网络之中,而推理过程就是沿着网络的计算过程。而基于神经网络的这种推理,实际是一种并行推理。

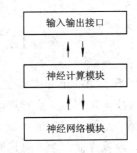

图 12 - 15　神经网络专家系统概念结构

　　这种系统实际上是自学习的,它将知识获取和知识利用融为一体,而且它所获得的知识往往还高于专家知识,因为它所获得的知识是从专家提供的特殊知识中归纳出的一般知识。

　　这种专家系统还有一个重要特点,那就是它具有很好的鲁棒性和容错性。

　　还需指出的是,用神经网络专家系统也可构成神经网络控制器,进而构成另一种智能控制器和智能控制系统。

　　上面我们简单介绍了模糊专家系统和神经网络专家系统,研究发现,模糊技术与神经网络存在某种等价和互补关系。于是,人们就将二者结合起来,构造模糊-神经系统或神经-模糊系统,从而开辟了将模糊技术与神经网络技术相结合、将模糊系统与神经网络系统相融合的新方向。但由于篇幅所限,这里不再详述。有兴趣的读者,可参阅有关文献。

12.6.4　大型协同分布式专家系统

　　这是一种多学科、多专家联合作业,协同解题的大型专家系统,其体系结构又是分布式的,可适应分布和网络环境。

具体来讲,分布式专家系统的构成可以把知识库分布在计算机网络上,或者把推理机制分布在网络上,或者两者兼而有之。此外,分布式专家系统还涉及问题分解、问题分布和合作推理等技术。

问题分解就是把所要处理的问题按某种原则分解为若干子问题。问题分布是把分解好的子问题分配给各专家系统去解决。合作推理就是分布在各节点的专家系统通过通信,进行协调工作,当发生意见分歧时,甚至还要辩论和折衷。

需指出的是,随着分布式人工智能技术的发展,多 Agent 系统将是分布式专家系统的理想结构模型。

12.6.5 网上(多媒体)专家系统

网上专家系统就是建在 Internet 上的专家系统,其结构可取浏览器/服务器模式,用浏览器作为人机接口,而知识库、推理机和解释模块等则安装在服务器上。

多媒体专家系统就是把多媒体技术引入人机界面,使其具有多媒体信息处理功能,并改善人机交互方式,进一步增强专家系统的拟人性效果。

将网络与多媒体相结合,则是专家系统的一种理想应用模式,这样的网上多媒体效果将使专家系统的实用性大大提高。

12.6.6 事务处理专家系统

事务处理专家系统是融入专家模块的各种计算机应用系统,如财物处理系统、管理信息系统,决策支持系统、CAD 系统、CAI 系统等等。这种思想和系统,打破了将专家系统孤立于主流的数据处理应用之外的局面,而将两者有机地融合在一起。事实上,也应该如此,因为专家系统并不是什么神秘的东西,它只是一种高性能的计算机应用系统。这种系统也就是要把基于知识的推理,与通常的各种数据处理过程有机地结合在一起。幸好,当前迅速发展的面向对象方法,将会给这种系统的建造提供强有力的支持。

以上几种新型专家系统,代表了专家系统的发展方向。

习 题 十 二

1. 何谓专家系统?它有哪些基本特征?

2. 专家系统的主要类型有哪些?

3. 专家系统包括哪些基本部分?每一部分的主要功能是什么?试画出专家系统的一般结构图。

4. 试述专家系统的应用和发展情况。

5. 试述开发专家系统的一般步骤与方法。

6. 什么是知识获取?知识获取有哪些途径与方法?

7. 非自动知识获取与自动知识获取的区别是什么?

8. 什么是知识的组织?在确定知识的组织方式时应遵守哪些基本原则?

9. 知识的管理主要包括哪几方面的内容?

10. 试画出知识库管理系统的结构图。

11. 什么是元知识？它的作用是什么？

12. 何谓知识的一致性与完整性？"不一致"有哪些表现形式？处理的方法是什么？

13. 推理机的设计知识表示与知识库有什么关系？

14. 专家系统有哪些典型的结构形式？

15. 专家系统开发工具有哪几类？

第 13 章　Agent 系统

Agent 系统是继专家(知识)系统之后的一种新型智能系统。随着网络技术和应用的飞速发展，Agent 系统及其应用已是当前人工智能领域的一个研究热点。人们试图用 Agent 技术统一和发展人工智能技术，甚至试图用它统一和发展计算机技术特别是软件开发技术。本章介绍 Agent 系统的基础知识。

13.1　Agent 的概念

13.1.1　什么是 Agent

我们知道，Agent 一词的通常含义有：代理(人)、代办、媒介、服务等，而且作为"代理"在计算机领域广为使用。但在人工智能领域现在所说的 Agent 则具有更加特定的含义。简单地讲，这里的 Agent 指的是一种实体，而且是一种具有智能的实体。这种实体可以是智能软件、智能设备、智能机器人或智能计算机系统等等，甚至也可以是人。国内人工智能文献中对 Agent 的翻译或称呼有智能体、主体、智能 Agent 等，现在则逐渐趋向于不翻译而直接使用 Agent。Agent 的这一特定含义是由 MIT 的 Minsky 在其 1986 年出版的《思维的社会》一书中提出的。Minsky 认为社会中的某些个体经过协商之后可求得问题的解，这些个体就是 Agent。他还认为 Agent 应具有社会交互性和智能性。从此，这种含义扩展了的 Agent 便被引入人工智能领域，并迅速成为研究热点。

Agent 的抽象模型是具有传感器和效应器，处于某一环境中的实体。它通过传感器感知环境；通过效应器作用于环境；它能运用自己所拥有的知识进行问题求解；它还能与其他 Agent 进行信息交流并协同工作。因此，Agent 应具有如下基本特性：

(1) 自主性，亦称自治性，即能够在没有人或别的 Agent 的干预下，主动地自发地控制自身的行为和内部状态，并且还有自己的目标或意图。

(2) 反应性，即能够感知环境，并通过行为改变环境。

(3) 适应性，即能根据目标、环境等的要求和制约作出行动计划，并根据环境的变化，修改自己的目标和计划。

(4) 社会性，即一个 Agent 一般不能在环境中单独存在，而要与其他 Agent 在同一环境中协同工作。而协作就要协商，要协商就要进行信息交流，信息交流的方式是相互通信。

从面向对象的观点来看，Agent 也就是一种高级对象，或者说是具有智能的对象。

13.1.2 Agent 的类型

从 Agent 理论模型角度来看，Agent 可分为反应型、思考型(或认知型)和两者复合型。

从特性来看，Agent 又可分为以下几种：

(1) 反应式 Agent。这种 Agent 能够对环境主动进行监视并能做出必要的反应。反应式 Agent 最典型的应用是机器人，特别是 Brookes 类型的机器昆虫。

(2) BDI 型 Agent，即有信念(Belief，即知识)、愿望(Desire，即任务)和意图(Intention，即为实现愿望而想做的事情)的 Agent，它也被称为理性 Agent。这是目前关于 Agent 的研究中最典型的智能型 Agent，或自治 Agent。BDI Agent 的典型应用是在 Internet 上为主人收集信息的软件 Agent，比较高级的智能机器人也是 BDI Agent。

(3) 社会 Agent。这是处在由多个 Agent 构成的一个 Agent 社会中的 Agent。各 Agent 有时有共同的利益(共同完成一项任务)，有时利益互相矛盾(争夺一项任务)。因此，这类 Agent 的功能包括协作和竞争。办公自动化 Agent 是协作的典型例子，多个运输(或电信)公司 Agent 争夺任务承包权是竞争的典型例子。

(4) 演化 Agent。这是具有学习和提高自己能力的 Agent。单个 Agent 可以在同环境的交互中总结经验教训，提高自己的能力，但更多的学习是在多 Agent 系统，即社会 Agent 之间进行的。模拟生物社会(如蜜蜂和蚂蚁)的多 Agent 系统是演化 Agent 的典型例子。

(5) 人格化 Agent。这是不但有思想，而且有情感的 Agent。这类 Agent 研究得比较少，但是有发展前景。在故事理解研究中的故事人物 Agent 是典型的人格化 Agent。

从所承担的工作和任务性质来看，Agent 又可分为信息型 Agent、合作型 Agent、接口型 Agent、移动型 Agent 等。

特别地，以纯软件实现的 Agent 被称为软件 Agent(Software Agent，SA)。软件 Agent 是当前 Agent 技术和应用研究的主要内容。

13.2 Agent 的结构

由于 Agent 的多样性，很难给出一个统一的结构模型。下面仅给出思考型 Agent 的一个简单结构模型(见图 13 - 1)和一个简化 Agent 的结构图(见图 13 - 2)。

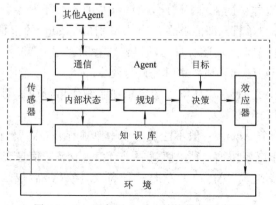

图 13 - 1 思考型 Agent 结构模型示意图

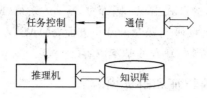

图 13-2　简化 Agent 结构模型图

上面的思考型 Agent 结构模型可以看作是 Agent 的标准结构；而简化 Agent 结构模型接近于传统的专家(知识)系统，或者可以看作是对传统专家(知识)系统的一种新包装。

13.3　Agent 实例——Web Agent

Web Agent 是在智能 Agent 的概念基础上，结合信息检索、搜索引擎、机器学习、数据挖掘、统计等多个领域知识而产生的用于 Web 导航的工具。随着网络化的飞速发展，Web Agent 将是有广泛应用前景的一种小型 Agent 系统。事实上，目前已经有许多的 Web Agent 实验系统存在，有些已经出现在人们日常访问的网站中。比较著名的有 Web Watcher 和 Personal Web Watcher，Syskill&Webert，WebMate，Letizia 等。下面以卡耐基-梅隆大学(CMU)的 Web Watcher 为例对这种系统进行简要介绍。

Web Watcher 是由 CMU 的 Tom Mitchell 等人开发的服务端 Web Agent 系统，它建立一种用户模型，为所有登录服务器的用户服务，这种模型是根据当前大多数用户的普遍访问模式而训练生成的，它区别于许多运行于客户端的为单一客户服务的 Web Agent。

当用户上网时，Web Watcher 记录用户从登录开始一直到退出系统或服务器时，用户浏览过的页面序列，点击过的超链序列，以及它们的时间戳。在退出系统或服务器之前，Web Watcher 会询问用户是否达到目标，即要求用户对此次浏览给出一个二值的评价，即成功或否。这种事例对同一时刻连接服务器的成千上万的用户都会发生，Web Watcher 就是通过对这种大量的训练事例的分析，得出当前大多数用户普遍的浏览方式。

当一次新的浏览开始后，Web Watcher 就根据大多数用户过去的浏览模式，对当前用户进行引导。即认为大多数用户所经历的浏览过程就暗示当前用户很有可能进行类似的选择。实验证明，Web Watcher 的这种智能导航，其效果远远超过了不考虑任何用户模型情况下的随机推荐超链的情况。

这里的 Web Agent 就好像一个过滤器或者一个监控程序一样，从 Web 服务器上获取用户的访问信息，对其进行统计处理，经过算法的加工成为用户访问网页的一种个性化信息，Agent 再拿这些个性化信息反过来服务于用户，而用户在这里无形中起到一种训练 Agent 的作用，即在自己访问网络的同时完成了对服务 Agent 的训练。大量的用户访问，使得 Web Agent 能够全面掌握访问网站用户的习惯，而且能够在一些新用户刚登录不久就可以提供出用户满意的推荐。当一个 Agent 不能完全满足用户所有的网络访问需求时，还可以同网上的其他 Agent 通信和协作，以满足用户所有的网络访问需求。

13.4　多 Agent 系统

从 Agent 的特性可以看出，Agent 的一个显著特点就是它的社会性，所以，Agent 的应用主要以多个 Agent 协作的形式出现。因而多 Agent 系统(Multi-Agent System，MAS)就成为 Agent 技术的一个重点研究课题。另一方面，MAS 又与分布式系统密切相关，所以，MAS 也是分布式人工智能(DAI)的基本内容之一。

13.4.1　多 Agent 系统的特征和研究内容

多 Agent 系统是一个松散耦合的 Agent 网络，这些 Agent 通过交互、协作进行问题求解(所解问题一般是单个 Agent 能力或知识所不及的)。其中的每一个 Agent 都是自主的，它们可以由不同的设计方法和语言开发而成，因而可能是完全异质的。多 Agent 系统具有如下特征：

(1) 每个 Agent 拥有解决问题的不完全的信息或能力。

(2) 没有系统全局控制。

(3) 数据是分散的。

(4) 计算是异步的。

多 Agent 系统的理论研究是以单 Agent 理论研究为基础的，所以，除单 Agent 理论研究所涉及的内容外，多 Agent 系统的理论研究还包括一些和多 Agent 系统有关的基本规范，主要有以下几点：

(1) 多 Agent 系统的体系结构。

(2) 多 Agent 系统中 Agent 心智状态包括与交互有关的心智状态的选择与描述。

(3) 多 Agent 系统的特性以及这些特性之间的关系。

(4) 在形式上应如何描述这些特性及其关系。

(5) 如何描述多 Agent 系统中 Agent 之间的交互和推理。

13.4.2　多 Agent 系统的体系结构

从软件体系结构角度看，多 Agent 系统的体系结构一般是一种分布式动态体系结构。又由于其应用的广泛性，因此多 Agent 系统的体系结构具有多样性特点，下面就是几种典型的结构形式。

(1) Agent 网络。这种结构的特点是 Agent 之间都是直接通信的。对这种结构的Agent 系统，通信和状态知识都是固定的，每个 Agent 必须知道消息应该在什么时候发送到什么地方，系统中有哪些 Agent 是可以合作的，都具备什么样的能力等。但是，将通信和控制功能都嵌入到每个 Agent 内部，就要求系统中的每个 Agent 都拥有有关其他 Agent 的大量信息和知识，而在开放的分布式系统中这往往是做不到的。另外，当系统中 Agent 的数目越来越多时，这种一对一的直接交互将导致低效率。

(2) Agent 联盟。该结构不同于 Agent 网络，其工作方式是：若干相距较近的 Agent 通过一个叫做协助者的 Agent 来进行交互，而远程 Agent 之间的交互和消息发送是由各局部 Agent 群体的协助者 Agent 协作来完成的。这些协助者 Agent 可以实现各种各样的消息发送协议。当一个 Agent 需要某种服务时，它就向它所在的局部 Agent 群体的协助者 Agent 发出一个请求，该协助者 Agent 将以广播方式发送该请求，或者将该请求与其他 Agent 所声明的能力进行匹配，一旦匹配成功，则将该请求发送给匹配成功的 Agent。同样地，当一个 Agent 产生了一个对其他 Agent 可能有用的信息的时候，它通知它所在的局部 Agent 群体的协助者 Agent，该协助者 Agent 通过匹配，将此信息发送给对它感兴趣的 Agent，这种结构中的 Agent 不需要知道其他 Agent 的详细信息，因此较 Agent 网络结构有较大的灵活性。协助者 Agent 能够实现一些高层系统服务，如白页，黄页，直接通信，问题分解和监控等。

（3）黑板结构。它和联盟系统有相似之处，但不同的地方是黑板结构中的局部 Agent 把信息存放在可存取的"黑板"上，实现局部数据共享。在一个局部 Agent 群体中，控制外壳 Agent（类似于联盟中的协助者）负责信息交互，而网络控制者 Agent 负责局部 Agent 群体之间的远程信息交互。黑板结构的不足之处在于：局部数据共享要求一定范围的 Agent 群体中的 Agent 拥有统一的数据结构或知识表示，这就限制了系统中 Agent 设计和建造的灵活性。因此，开放的分布式系统不宜采用黑板结构。

其实，多 Agent 系统的体系结构也是软件工程领域的一个重要研究课题。事实上，现在在软件工程界一些组织已经推出了多 Agent 系统的体系结构标准。例如，FIPA（The Foundation for Intelligent Physical Agents，智能 Agent 基金会始建于 1996 年）和 OMG（Object Management Group，对象管理组织）的 MAS 体系结构标准，其中 FIPA 的 MAS 体系结构标准已得到广泛应用。

如图 13-3 所示，FIPA 标准的 MAS 体系结构分为四个层次：Agent 消息传输层、Agent 管理层、Agent 通信层和基于 Agent 的应用程序层。

其中，Agent 消息传输层定义了一种消息格式，它由消息封套和消息体构成，起到如下作用：

| 基于Agent的应用程序 |
| Agent通信 |
| Agent管理 |
| Agent消息传输 |

图 13-3　FIPA 的 MAS 体系结构

——能支持多种传输协议，例如 IIOP、HTTP、WAP 等。

——以特定方式套封消息，例如 XML 用于 HTTP 协议下的消息封装，bit-efficient 用于 WAP 下的消息封装。

——能够表达 FIPA 的 ACL，例如使用字符串编码，XML 编码，bit-efficient 编码。

Agent 管理层处理 Agents 的创建、注册、寻址、通信、迁移以及退出等操作，它提供如下服务：

——白页服务，比如 Agent 定位（寻址）、命名和控制访问服务。Agent 的名字被表示成一种灵活的可扩展的结构，这种结构被称为 Agent 标识（Agent Identifier），它包含了 Agent 的名称、传输地址、名称服务等相关信息。

——黄页服务，比如服务定位、注册服务等，此类服务由一个叫做目录 DF（Directory Facilitator）的部分提供。

——Agent 消息传输服务。

Agent 通信层是一种基于通信谓词又叫通信断言的机制，支撑这种机制的就是 Agent 通信语言 ACL。ACL 描述两部分内容，其一是通信的行为者，其二是通信的内容，并且支持上下文机制。FIPA 的 ACL 是在早期的 Agent 通信语言 ARCOL 和 KQML 基础上形成的。在内容描述方面，FIPA 使用一种内容语言作为 FIPA 语义语言，这些内容语言就是通常的约束选择语言，比如 KIF、RDF 等。FIPA 交互协议描述了通过某些行为或者交互以完成某种目的而进行的对话。

基于这一体系结构标准，一个多 Agent 系统的应用过程如图 13 - 4 所示。

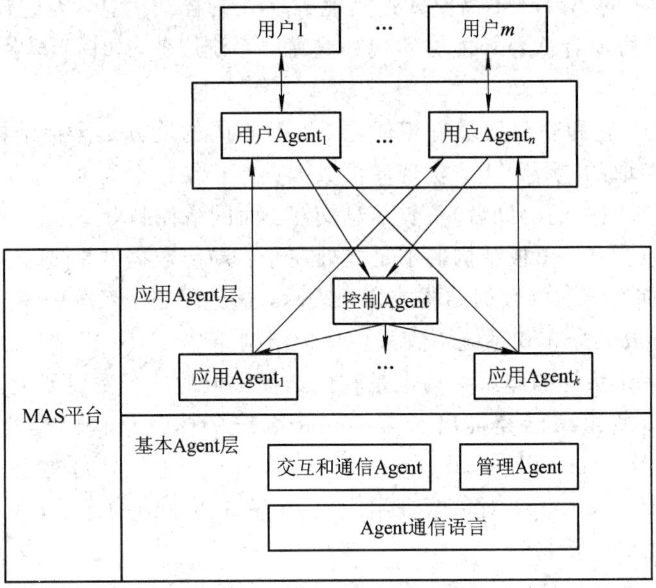

图 13 - 4　基于 FIPA-MAS 体系结构标准的多 Agent 系统应用示例

其中应用层的 Agent 充当了主要的问题解决者，包括问题的分解、协作、综合等，但它们不再考虑如何通信、如何协同、如何理解其他 Agent 的消息等问题。这就是 FIPA 标准的最大优点。它在 Agent 底层封装了所有应具备的基本功能，就如同人的本能一样，这些通信协同能力随着 Agent 的产生而产生，而对于上层的应用开发者根本不需要知道那些与具体应用毫不相关的通信、协同机制，而仅仅是把自己的 Agent 从标准库中的原始 Agent 继承下来，使用诸如 Send，Receive 等如同命令一样的函数或者操作原语来完成特定应用的需求。这些为多 Agent 系统的推广，以及进一步深入研究创造了良好的条件。

在定义用户 Agent 的请求时，用户 Agent 必须通过控制 Agent 才能得到所请求的服务，而控制 Agent 在接收到用户 Agent 的请求后，首先查询各应用 Agent 能提供的服务，然后将控制 Agent 与应用 Agent 间的连接转接到用户 Agent 与应用 Agent 间。在此过程中，首先是用户 Agent 与控制 Agent 之间在通信，用户 Agent 与应用 Agent 间尚不存在连接。然后，用户 Agent 和应用 Agent 间建立起新的连接，此后应用 Agent 将服务传递给用户 Agent 需要服务的地方。这表明在整个通信过程中，用户 Agent、控制 Agent 与应用 Agent 之间的通信结构在发生变化。这种通信结构的变化是在通信过程中发生的临时性变更，即用户 Agent 一旦得到应用 Agent 所提供的服务，与应用 Agent 间的连接就会自动断开。但当用户 Agent 通过学习知道谁能为它提供服务后，就不再需要通过控制 Agent 来查询应用 Agent，而是直接与应用 Agent 建立请求连接。

与此同时，应用 Agent 可能会不断向控制 Agent 学习，即请求控制 Agent 提供知识服务；而另一方面，为了保证系统的可靠性，控制 Agent 可能会主动地将自己的知识和能力传授给其他 Agent。这样一旦当某个 Agent 具有了与控制 Agent 相当的能力，即能完成控制 Agent 所承担的任务，那么该 Agent 就可以进一步进化为控制 Agent，而进入 Agent 控制层，这样即使出现某个控制 Agent 无法履行其职责的情况，也会有其他 Agent 及时地顶替它来负责相关事务。

　　另外，控制 Agent 根据用户请求，选择可以满足用户需求的应用 Agent，并给出应用 Agent 的协作方式，从而形成通信结构。用户请求内容不同，所需的应用 Agent 及协作方式也不同，于是在系统运行期间就形成了动态变化的适应性的体系结构。

　　OMG 也致力于标准化 Agent 和多 Agent 系统。OMG 认为 Agent 技术不是一种独立的新技术，而是多种技术的集成应用；同样它也不是一种独立的应用，它可以为现有应用增加新的功能。OMG 将多 Agent 应用分为以下几种：

　　——企业级应用，主要包括智能文档(Smart Document)，面向目标的企业规划，动态人事管理等。

　　——交互级企业应用，主要包括产品或者服务的市场拓展、代理商管理、团队管理。

　　——过程控制包括智能大厦、工厂管理、机器人等。

　　——个人 Agents，包括像邮件和新闻过滤、个人日程管理、自动秘书等。

　　——信息管理任务包括信息检索、信息过滤、信息监视、数据资源调节、Agents 和个人助手程序间的交互。

　　这些基本涵盖了目前 Agent 系统的应用范围，基于此，OMG 给出了一种多 Agent 系统的参考结构(详见 http：//agent.omg.org)。

13.5　Agent 的实现工具

　　Agent 的实现(即编程)工具可分为两类：一类是专用的面向 Agent 的程序语言，另一类则是现有的通用面向对象程序语言(或其扩充)。已知的专用 Agent 编程语言有 Agent 描述语言 ADL、Agent 处理控制语言 PCL 和 Agent 通信语言 SACL(中科院计算所开发)、AGENT0、PLACA(PLAnning Communicating Agent language [Thomas 1993])、KQML (Knowledge Query and Manipulation Language，国际上比较流行的 Agent 通信语言，美国 ARPA 的知识共享计划的一部分)等。

　　在通用面向对象程序语言中，Java 语言则是很好的候选语言。Java 的面向对象、多线程、分布式、平台无关、可迁移、可嵌入等特性正是构造 Agent 所需要的。事实上，现在的不少 Agent 都是用 Java 开发的。

　　另外，现在已有不少软件公司(如微软)都推出了商品化的 Agent 软构件。这样，在开发一个 Agent 系统时，用户则不必从头编程，而只需直接引用相应的 Agent 构件即可。

13.6　Agent 技术的发展与应用

　　Agent 系统是一种新的智能系统，关于它的研究方兴未艾。目前的热点课题主要是 Agent 的理论模型、多 Agent 系统及其开发应用。Agent 的理论模型的研究主要有逻辑方法和经济学方法两种。前面提到的 BDI 型 Agent 就是基于逻辑方法而提出的一种 Agent 模型，被称为理性 Agent。多 Agent 系统的主要课题是其问题求解机制，包括组织形式、协商协调机制、学习机制等有关的理论和方法学。

　　Agent 系统虽然是一种新的智能系统，但它与传统的人工智能系统并不是截然分开的。事实上，二者在技术上是互相渗透、相辅相成的。一方面，在 Agent 的设计中要用到许多传统的人工智能技术，如模式识别、机器学习、知识表示、机器推理、自然语言理解等；另一方面，有了 Agent 概念以后，传统的人工智能技术又可在 Agent 系统这样一种新的包装和运作模式下，提高到一个新的水平。例如，利用 Agent 技术可以建造新一代的运行在 Internet 上的分布式专家系统。

这样，Agent 技术的应用实际有三个方面：人工智能、计算机（网络）与信息科学、其他业务领域。在人工智能领域，Agent 技术有着广泛应用。许多传统人工智能技术与 Agent 技术相结合便相得益彰。如专家系统、智能机器人、知识表示、知识发现等都可以得益于 Agent 技术。在计算机、网络与信息科学技术领域，Agent 技术也有重要应用。如网络、数据库、数据通信、软件工程、程序设计、人机界面设计、并行工程等都是 Agent 技术的用武之地。事实上，在软件工程和程序设计领域，人们把 Agent 技术看作是面向对象技术的继续和发展，并正在研究面向 Agent 的软件开发技术。从这个意义上讲，Agent 技术将是人工智能与计算机及信息科学技术的交汇点。

Agent 技术在其他业务领域的应用现在也正方兴未艾。从目前来看，Agent 技术的应用已遍及到经济、军事、工业、农业、教育等诸多领域。具体讲，有工业制造、工业过程控制、空中和地面交通控制、噪声控制、农业专家系统、远程教育、远程医疗、电子商务、军事演习、市场模拟等等。

特别是在信息基础设施智能化方面，Agent 技术也将发挥重要作用，可有效解决信息基础设施所面临的易用性、灵活的基础和强大的开发工具等难题。

习 题 十 三

1. 什么是 Agent? 它有哪些特性?
2. Agent 可分为哪些类型?
3. 简述多 Agent 系统的特征和研究内容。
4. 简述多 Agent 系统的体系结构。
5. 简述 Agent 的应用。
6. Agent 系统与传统的智能系统，特别是专家（知识）系统有什么异同和关系?
7. Agent 与面向对象技术中的对象（object）有什么异同和关系?

第 14 章　智能计算机与智能化网络

作为人工智能的承载者，计算机系统及其网络自身也必须智能化。也只有自身智能化了，才能给其上的各种智能应用提供更好的支持。本章简单介绍智能计算机与智能化网络方面的基本知识。

14.1　智 能 计 算 机

随着人工智能技术及其应用的深入研究和不断发展，现有的冯·诺依曼（Von Neumann）型电子数字计算机越来越难以胜任了。事实上，这种计算机当初是从数值计算的目标出发而设计制造的。它的高速运算能力对人工智能来说固然重要，但其刚性强而柔性差的缺点却是人工智能难以接受的，为此，人们就不得不在用冯·诺依曼机器开发智能应用的同时，研究其他更好的智能计算机了。

14.1.1　智能硬件平台和智能操作系统

同何为智能一样，关于什么是智能计算机，至今也没有一个公认的确切定义。但从系统构成来讲，同普通计算机类似，智能计算机也应分为智能硬件平台和智能操作系统两大部分。

——智能硬件平台：指直接支持智能系统开发和运行的智能硬件设备。在这方面，人们已做了不少工作，如研制过 LISP 机、PROLOG 机等，现在正开发、研制神经网络计算机和其他新型智能计算机。

——智能操作系统：指以智能计算机硬件为基础，能实现计算机硬、软件资源的智能管理与调度，具有智能接口，并能支撑外层的智能应用程序的新一代操作系统。智能操作系统主要有三大特点：并行性、分布性和智能性。并行性是指能够支持多用户、多进程，同时进行逻辑推理和知识处理。分布性是指把计算机的硬件和软件资源分散而又有联系地组织起来，能支持局域网或远程网处理。智能性又体现于三个方面：一是操作系统所处理的对象是知识对象，具有并行推理和知识操作功能，支持智能应用程序的运行；二是操作系统本身的绝大部分程序也是智能程序，能充分利用硬件的并行推理功能；三是其系统管理应具有较高智能程度的自动管理维护功能，如故障的监控分析等，以帮助系统维护人员做出必要的决策。操作系统的智能化本身就需要智能技术的支持。近年来，迅速发展的Agent技术特别是多 Agent 系统将在智能操作系统中发挥重要作用。

14.1.2 LISP 机和 PROLOG 机

LISP 机是一种面向符号处理、直接以 LISP 语言为机器语言的计算机，由美国麻省理工学院 AI 实验室的 R. 格林布拉特于 20 世纪 70 年代初首先研制成功。LISP 机直接以 LISP 语言的系统函数为机器指令，具有一种面向堆栈的系统结构，堆栈里存放的是指针，代表所谓的 LISP 对象。除了数和特种常量(T，NIL)用专用指针外，一般指针代表可赋予任何意义的符号，包括印刷名、值、功能函数和特性表四个项目，这种赋予是动态的，且各项目彼此独立。LISP 机的机器指令包含着在现行堆栈上操作以下四类机器指令：① 基本函数，② 四则运算及有关运算，③ 条件转移指令，④ 用低层次 LISP 微指令手编的 LISP 函数。在任何时刻 LISP 机的运算都是通过现行堆栈组控制的。当过程进行到需要计算另一函数时，就启动与那个函数相应的堆栈组并保留当前的计算状态，而被启动的堆栈组就成为现行堆栈组。因此 LISP 机实际上是各堆栈组能相互启动的处理符号的堆栈机。LISP 机的操作系统、解释系统、编译系统、调试程序都是用 LISP 语言写的。有些 LISP 机，例如美国的 SYMBOLICS3600 系统，还实现了以 LISP 为基础的 FORTRAN、PASCAL 和 C 语言，而且能联成网络。

继 LISP 机之后，人们又开始研制 PROLOG 机。PROLOG 机是一种面向逻辑推理、直接以 PROLOG 语言为机器语言的计算机。例如，日本在 1981 到 1991 年间投巨资研制的"第五代计算机"就是一种 PROLOG 机。该机器的逻辑推理能力确实不凡，每秒可进行 1 亿到 10 亿次逻辑推理，推理过程比起常规机器大为简化。

LISP 机和 PROLOG 机虽然在模拟、实现人脑的逻辑思维、推理和决策等方面都取得了一定的成功，但在模拟、实现人脑的形象思维、联想记忆、语言理解和非结构化信息处理等方面却遇到了难以克服的困难。也就是说，这两种机器都难以全面实现人工智能，因此不能作为真正的智能计算机(上述日本的"第五代计算机"就是因此而宣告失败的)。

其实，LISP 机和 PROLOG 机都是在传统符号人工智能理念之下的产物，因而它们只能模拟而且也只能部分地模拟脑智能——这个人脑智能机理的一个层面。

汲取了 LISP 机和 PROLOG 机的经验和教训，并随着人工神经网络技术的发展，人们又从结构模拟的思路出发，考虑采用人工神经网络技术制造基于神经网络的智能计算机。

14.1.3 神经网络计算机

神经网络计算机也称神经计算机，是指由大量类似神经元的基本处理单元相互连接所构成，具有分布存储和并行处理能力及自组织方式，且能模拟人脑神经信息处理功能的计算机系统。根据所用基本器件的不同，人工神经网络计算机又可分为三种类型，即基于超大规模集成电路的神经网络计算机、基于光处理器的神经网络计算机和基于分子处理器的神经网络计算机。但受当前物质条件和技术水平的限制，目前神经计算机分全硬件和软件模拟两条途径来实现。

所谓全硬件实现，是指物理上的处理单元和通信通道与一个具体应用问题的神经网络模型中的神经元及连接一一对应，每一个神经元及每一个连接都有与之相应的物理器件。这种器件可以是数字式的器件，也可以是模拟式的。全硬件实现中各处理单元之间的连接方式一般难以改变，因此，缺乏通用性、灵活性和可编程性，一般只在专用神经计算机中采用,以满足许多实时性要求很强的应用场合。

如果用 P 个物理单元去实现由 N 个神经元组成的神经网络计算($P<N$),则就称这种实现为神经计算机的软件模拟实现。在软件模拟实现中,若干个神经元要映射到同一个物理处理单元,通过软件编程实现其功能。软件实现具有通用性强、灵活性好的优点,适用于神经网络模型研究、应用研究及实时性要求不高的众多场合。当然,严格地讲,神经计算机是(指全硬件实现的)不需要编程的,它是通过训练、自组织、自适应地调整其结构参数,从而完成一定的信息处理。

神经计算机目前基本上还处于试验、研究阶段。神经网络理论研究为神经计算机的体系结构设计提供了理论模型;而微电子学、光学技术、生物工程技术、计算机科学技术为其物理实现提供了物质基础和技术手段。但由于人脑的复杂性,用物理器件做成的人工神经网络来模拟人脑,其难度是可想而知的。

14.1.4　智能计算机发展展望

纵观智能计算机的发展历程,我们看到,虽然人们已经付出了很大努力,虽然也取得了不少的成果,但真正意义上的智能计算机与我们还有很远的距离。其实,智能计算机的研制离不开对智能本质的认识。智能计算机的实现还需要智能科学的进一步发展。另一方面,智能计算机的发展也要与计算机科学技术本身的发展相呼应。

事实上,受速度、容量的限制和分布存储、并行计算需求的压力,同人工智能界一样,当前的计算机科学技术界也在寻求新的出路,试图突破冯·诺依曼机的框架,开发、研制新一代计算机。所幸,当代的物理、生物、信息和计算技术的飞速发展,为研究新型计算机提供了基础和条件。事实上,现在人们的视野更加开阔,基于不同的计算原理,提出了许多新型计算机的构想。其中的生物计算机、分子计算机、光学计算机、量子计算机等等,已经取得了初步的成果或不小的进展。

我们相信,这些新型计算将会为智能计算机提供更大的选择空间和技术支持。特别值得关注的是,量子信息与量子计算的许多诱人特征现在越来越引起人工智能科学家的注意,甚至已经有人开始将量子计算用于智能信息处理,如提出了一些量子算法,将量子的叠加态与自然语言中的歧义相联系,将量子纠缠与上下文相关相联系,用量子的观点研究脑等等。这些迹象似乎在提示人们:量子计算更适于描述和实现智能机理,量子计算机有望成为我们所期望的下一代智能计算机。

14.2　智能化网络

近年来,随着信息网络(包括电话网、广播电视网和计算机网)的飞速发展,一个以网络技术为基础的信息化时代已经到来。然而,当前的网络技术还远未达到理想境界,它的功能和性能还不能满足人们越来越多和越来越高的需求。所以,网络化要进一步向前发展,就必须引入智能技术。引入智能技术的网络将是智能化网络。智能化网络包括网络构建、网络管理与控制、网络信息处理、网络人机接口等各个环节和方面的智能化。

14.2.1 智能网络

在网络构建中引入智能技术，便产生了所谓的智能网络。

1. 什么是智能网络

智能网络(Intelligent Network)是 1992 年由 CCITT 制定出的标准化的一个名词，它实际上是以计算机和数据库为核心的一个平台。智能网络是针对通信网而由国际电信联盟(ITU)提出来的，ITU 称其为体系(Architecture)。如图 14-1 所示，这个网络体系结构是在基础通信网(包括现有的电话网(PSTN)、综合业务数字网(ISDN)、移动通信网、宽带综合业务数字网(B-ISDN)和 IP 网等)之上的一个附加网络层。其中 SIB 是 Service-Independent building Blocks，可看作是智能网的编程接口。

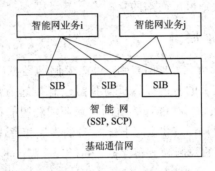

图 14-1 智能网原理简图

具体来讲，在智能网结构中，交换机被称为业务交换点(SSP)，只用来完成基本呼叫处理。在 SSP 之上设置业务控制点(SCP)来存放智能服务程序和数据。SCP 与 SSP 的实时连接通过公共信道信令网实现。SSP 在处理智能业务时，将业务请求提交给 SCP，SCP 通过查询智能业务数据库，将业务请求解释为 SSP 所能够进行的处理，这些处理再由 SCP 下达给 SSP。因此，SSP 并不需要知道智能网业务应如何处理，只要将其提交给 SCP 并接受它的控制，按照 SCP 的指令进行操作就可以了。这就是说，智能网的最大特点是将网络的交换功能与控制功能相分离，把原来由基础通信网中的交换机实现的"智能"集中到了新设的功能部件——智能网业务控制点(SCP)上，而让交换机仅完成基本的接续功能。交换机采用开放式结构和标准接口与 SCP 相连。由于对网络的控制功能已不再分散于各个交换机上，一旦需要增加新的业务或修改原有业务，只需在 SCP 中增加或修改相应的业务逻辑，并在数据库中增加新的业务数据和用户数据即可。

可见，之所以称其为智能网，首先在于它的体系结构是智能化的，因为它可以提供开放的、分布的、灵活的、经济的、独立于具体业务的智能业务生成平台。其次，SCP 是网络中的智能节点，它不仅能够快速、准确、合理、优化地生成和实现各种网络业务，而且在其中还可应用语音识别、语音合成和机器翻译等智能技术。

2. 为什么要建智能网

总的来讲，建立智能网是为快速、灵活、经济地生成通信新业务而提供的标准体系结构。因为，按传统技术，通信业务是与通信网络，甚至通信设备厂商密切相关的。如要开展一项新业务，就要新建或更新通信网络，购买特定厂商的设备。然而，随着网络规模日益膨胀、网络结构日益复杂、通信容量日益巨大，这种传统方式就显得不方便，不快捷，而且会造成资源浪费，在这种情况下，智能网的概念和技术便应运而生。智能网的基本思想就是要使通信业务独立于基础通信网，更独立于通信设备的生产厂商。具体来讲，建立智能网是为了实现以下目标：

1）适应多种业务的需要

建设智能网最主要的目的是向用户提供那些用传统方式很难提供的业务，比如电话呼叫卡业务。这是一种利用电话卡可以在任何一部电话机上打电话，特别是打国内长途和国际长途电话的业务。程控交换机的出现，为灵活、方便的新业务提供了条件，人们可以通过修改交换机程序来实现诸如缩位拨号、呼叫转移、遇忙通知等业务。这种方法虽然可以实现智能业务，但是它的实现依赖于基础通信网络（及其中的交换机）。由于交换机和基础通信网络的种类和形态很多，因此要在整个网络上开展智能业务，就要分别修改网上各类交换机的程序，这是非常复杂和艰巨的工作。为了快速、灵活地提供智能业务，就必须使智能业务的提供与基础通信网络相互独立，为此，国际电信联盟（ITU）于 1992 年提出了智能网的概念。

类似电话呼叫卡业务的还有诸如"虚拟专用网业务"、"被叫集中付费业务"、"个人通信业务"等，同样只有采用集中的数据库和集中的业务控制才能方便地提供。

2）使客户自己管理业务

由客户自己管理业务也是目前通信市场的一个特点。如"虚拟专用网"业务，是专用部门利用公用网的资源建立自己的专用网，它可以有自己的编号计划，自己来规定网络的业务属性，可以增加专用网的用户，可以自己来规定用户的属性等等。客户（如 VPN 集团）或者称为业务用户自己管理业务的方法基本有两种：

（1）利用自己的计算机终端，并通过智能网提供的业务管理接入点（SMAP）连到智能网的业务管理系统 SMS。

（2）通过电话机经调制解调器把所需要管理的信息送到 SMS，对数据进行补充、修改、增加以及删除等。

3）方便地生成新业务

在智能网体系中配有业务生成环境 SCE，利用业务生成环境就可以方便地开发新的业务。因为智能网采用了模块化的设计思想，将实现业务的基本功能分成小块，如"运算"、"筛选"、"计费"、"翻译"等，运用已有的功能块设计新的业务逻辑就可以获得相应的新业务。新业务的生成可以充分利用原有的资源，因此费用较低，而且可以较为快速地提供。

14.2.2　网络的智能化管理与控制

我们知道，网络管理与控制是网络高效、可靠、安全、经济运行的基本保障，然而，随着网络的飞速发展，网络设备的复杂化使网络管理与控制已无法用传统的手工方式来完成。此外，现代网络的容量大、速度高的特点，还要求网络管理与控制要有很高的实时性，所以，必须采用更加先进有效的技术手段。

为此，国际标准化组织（ISO）、互联网活动会议（IAB）以及国际电信联盟（ITU）提出了多个网络管理与控制标准和协议，如公共管理信息协议（CMIP）、简单网络管理协议

(SNMP)、电信管理网络(TMN)等等。这些协议所共同遵守的基本模型是 OSI 系统管理模型。该模型的核心是一对系统管理实体：Manager(管理者)和 Agent(代理者)，被管资源被描述为被管对象(逻辑数据)后放入分散在各处的管理信息库(MIB)中。Manager 和 Agent 通过管理通信协议相互联系，Manager 需要对远程被管对象进行操作时，向被管对象所在处的 Agent 下达操作命令，由 Agent 具体进行对被管对象的访问，访问结果再由 Agent 通过通信协议报告给 Manager。这样的模型实现了远程监控、逻辑操作，为网络管理与控制提供了合理的、有效的框架。但由于 Agent 的管理操作完全由远程的 Manager 的控制，并且管理操作命令和操作结果的来回传递造成了网络业务量的升高，同时网络管理的实时性也受到了限制，因此这一模型仍存在一定的问题，难以满足人们对网络管理与控制水平的要求。

为了更进一步提高网络管理与控制的水平，引入智能技术就成为必然。

解决上述问题的一个有效方法是采用智能的 Agent 来代替现有模型中的 Manager 和 Agent。智能 Agent 具有一定的知识，它能自治地检测环境(被管对象及其自身的状态)，经过分析、推理后，对环境进行调整和改造，必要时，还可与其他智能 Agent 通信联络。所以，采用智能 Agent 就可使各个管理实体能自治地、主动地、实时地，同时又相互协作地工作。例如，把与呼叫建立的实体表示为智能 Agent，以便建立呼叫连接。一旦发现冲突，这些 Agent 便通过协商来解决冲突。

在网络管理与控制中可采用的另一个智能技术就是专家系统技术。事实上，专家系统在网络管理与控制中已经发挥了重要作用，例如，出现了用于网络维护、开通和管理等多种类型网络管理专家系统。目前，网络管理与控制专家系统正在由脱机工作方式向联机工作方式过渡，以期发挥更加重要和及时的作用。

此外，在高速网的业务量控制、路由选择，大容量光纤传输网络的故障自愈控制方面，人工神经网络、模糊控制、遗传算法等也是有效的智能技术。

14.2.3　网上信息的智能化检索

智能化网络的另一个重要方面就是网上信息检索的智能化。

1. 搜索引擎

计算机网络特别是 Internet 的一个重要作用就是信息资源的共享和交流，所以，网上信息发布和信息检索就是网络应用的主要内容。随着 Internet 的飞速发展，网上的站点越来越多，信息量也越来越大。那么，一方面如何使发布者的信息尽快地让更多的用户看到；另一方面，如何使需求者从这浩如烟海的网上信息中快速、准确地找到自己所需的信息，这两者就成为网上信息检索技术的重要课题。

为了适应网络用户信息发布和信息查询的需求，搜索引擎技术便应运而生。所谓搜索引擎，就是专门为用户提供信息发布和信息查询服务的一种软件系统。其实，它也就是一种网络数据库系统。搜索引擎有两方面的功能：一方面，它搜集网上所发布的各种信息，并进行分类和摘要，然后以多种索引的方式录入其数据库；另一方面，它又提供多种查询方式，供用户从数据库中检索出所需求的信息。所以，搜索引擎也就是一种网上信息中介机构。由于搜索引擎是为公众服务的，因而它也有自己的网站。所以，一个网络搜索引擎也就是网络上的一个信息查询站点。例如，百度、Google、网易、搜狐、新浪、Yahoo 等就是国内外几个较著名的搜索引擎(网站)。

应该说，网络搜索引擎的产生，为解决网上信息发布和查询问题提供了一个有效的手段，因此搜索引擎现已成为网络信息检索的主要技术和工具。早期的搜索引擎，其信息搜集工作是靠人工完成的，而且是靠信息发布者的主动登记，即信息发布者要按照搜索引擎要求的内容和格式，把自己网站或网页信息的主题类属、关键词和摘要以及网址等通过填表登记方式传送给搜索引擎。因而这种工作方式的搜索引擎称为人工搜索引擎。

2. 智能搜索引擎

人工搜索引擎虽然可以为网上信息发布和信息查询提供方便，但随着网上信息站点和信息量的不断增加与更新，其缺点也就逐渐暴露出来了。一方面，由于其信息来源完全靠信息发布者主动提供，这样，当一个搜索引擎的知名度不高，或者信息发布者不能及时登记时，搜索引擎的信息查全率就会下降，以至于失去了搜索引擎的作用。另一方面，信息检索技术也亟待提高。目前的信息查询主要是按主题或关键词进行查询的。这种查询方式是一种严格的语法匹配的查询方式，因而往往会出现要么输出的无关信息太多，要么查不到任何信息的现象。换句话说，当前的基于语法的信息查询，其查准率很低。

对于一个搜索引擎来说，信息查全率和查准率的意义是不言而喻的。那么，怎样提高搜索引擎的信息查全率和查准率呢？唯一的选择就是引入智能技术，即变人工搜索引擎为智能搜索引擎。具体来讲有以下两个方面：

一方面，为搜索引擎配置信息搜索程序，让其自动寻找、发现网络上新出现的信息(网站、网页和新闻组等)，并对其进行自动分类、自动索引和自动摘要，并将分类或索引结果加入到搜索引擎(数据库)之中。这样，将有效提高搜索引擎的信息查全率。

另一方面，为搜索引擎设计更强的信息检索功能，如模糊检索、概念检索等。这类检索技术能够对用户提供的关键词进行分析和理解，实现语义级而不仅仅是语法级的检索，从而提高查准率。

当然，最好的查询方式莫过于自然语言查询。所以，自然语言查询接口将是提高搜索引擎查询效果和效率的最佳技术。

可以看出，智能搜索引擎的关键技术是自然语言处理和理解，包括自动分词、自动句法分析、自动关键词提取、自动文摘、自动分类、自动索引和模糊检索、概念检索等。下面就对其中的主要技术做一简单介绍。

1) 自动文摘

自动文摘就是计算机自动提取文章摘要。其方法可分为机械式文摘和理解式文摘。

(1) 机械式文摘包括以下方法：

——频度统计法。根据统计词(不包括连词、代词、介词、冠词、助动词及某些形容词和副词等)的出现频度来确定该词的重要性和句子的可选性。凡是频度超过设定阈值的词被看作是文章的代表词，而一个句子的代表性则根据句子中包含代表词的多寡来计算。代表性超过设定阈值的句子被抽出作为文摘句。

——关键位置判定法。根据句子在文章中所处的位置，如标题、段头、段尾等来判断其重要性，然后根据各个句子的重要性来选择文摘句。

——句法频度结合法。先利用句法分析程序将文章的短语识别出来，再计算短语中各个词的频度，以此来判断句子的代表性。

机械式文摘原理简单，易于实现，但由于仅根据词在文章中出现的频度，以及句子在文章中的位置选取文摘句，而不对文章的内容进行理解，因而文摘的质量受到了限制。

（2）理解式文摘是对文章进行了分析理解后提取出来的。近年来，理解式文摘的研究越来越多，并出现了知识化和交互化的发展趋向。许多自动文摘系统在提高对文本的语言学分析能力的同时，将各种知识存储在词典或知识库中。知识包括特定领域的关键词的语法、语义和语用信息，以及对应领域的文摘结构。知识的获得和知识库的建立采用人机交互的方式，由人提供基本关键词和典型文摘句，供计算机分析和学习，使其自动获取文摘句的构造规则，并在运行过程中自动更新关键词和构造规则，使其更加丰富和完善。

2）自动分类

自动分类就是由机器判断一个信息文档应归属到哪个信息类中，这一过程实际上是模式识别的过程。系统中各类信息的特征要予以设定，当判断一个信息文档是否归属某个信息类时，就要看该信息文档中提取出的特征是否与该信息类的特征相同或接近。由于如何表达信息类的特征，以及如何对其进行提取和比较是一个尚未解决的难题，因此信息自动分类技术还很不成熟，这也是目前实用中的搜索引擎绝大多数都是关键词索引式而很少采用分类式的原因。

3）自动索引

自动索引是按关键词为信息文档自动建立索引。简单的方法是根据信息文档原已提供的关键词或信息摘要中包含的关键词进行索引。为了提高搜索引擎的查全率和查准率，更好的方法是利用全文信息检索技术对信息文档全文中包含的关键词进行索引，这样不但能够更全面地检索文档中所包含的关键词，同时还可以计算出各个关键词在文档中的权重，而包含关键词权重的索引文件是智能查询所需要的。随着网络信息的变化，系统中的用于建立索引的关键词也应不断地调整，否则系统的性能就会下降。因此，自动索引还应具有自动发现和添加新关键词，并删除利用率太低的旧关键词的功能。

4）模糊查询和概念查询

模糊查询和概念查询是信息检索方面的两个智能技术。

模糊查询有双重含义：一是系统在进行关键词匹配时，对那些相近的关键词也给予一定的匹配度，如给予"通信网"和"信息网"一定的匹配度；二是用户检索表达式同信息文档的相关度是用模糊逻辑的隶属度表示的连续值，而不是二值逻辑的两个值（相关和不相关），从而能够将检索结果按照相关度进行排序。

概念查询不是按关键词词法构成，而是根据其含义进行匹配。例如，"电脑"和"计算机"是不同的两个词，可是在词义和概念层次上却是一致的。显然，利用这种概念上的一致性就可提高信息检索的智能水平。

3. 基于 Agent 的网上信息查询

Agent 不仅在网络管理与控制方面发挥作用，也可以在网上信息查询方面大显身手。网上信息查询 Agent 可以根据检索者事先定义的信息检索要求，在网上实时监视信息源的动态，及时获取所需信息，并将其提供给检索者。另外，还可建立基于 Agent 的搜索引擎，从而进一步提高智能搜索引擎的智能水平。

习 题 十 四

1. 从系统结构看，智能计算机可分为哪两部分？

2. 简述 LISP 机和 PROLOG 机的基本原理和功能特点。

3. 什么是神经网络计算机？神经网络计算机有哪些不同的类型和实现途径？

4. 谈谈你对智能计算机及其发展前景的认识。

5. 智能化网络包括信息网络哪些方面的智能化？

6. 什么是智能网？

7. 网络控制与管理中怎样使用智能技术？

8. 哪些智能技术可用于网上信息检索？

9. 什么是智能搜索引擎？它涉及哪些智能技术？

第 15 章　智 能 机 器 人

　　智能机器人是人工智能技术的综合应用和体现，它的研制不仅需要智能技术，而且涉及许多科学技术部门和领域，如物理、力学、数学、机械、电子、计算机、软件、网络、通信、控制等等。所以，它已是一个综合性的技术学科。由于篇幅所限，本章仅介绍智能机器人的一些基础知识。

15.1　智能机器人的概念

　　一般将机器人的发展分为三个阶段。第一阶段的机器人只有"手"，以固定程序工作，不具有外界信息的反馈能力；第二阶段的机器人具有对外界信息的反馈能力，即有了感觉，如力觉、触觉、视觉等；第三阶段，即所谓"智能机器人"阶段，这一阶段的机器人已经具有了自主性，有自行学习、推理、决策、规划等能力。这也正符合 Agent 的条件，所以，现在把智能机器人也作为一种 Agent。

　　智能机器人至少应具备四种机能：感知机能——获取外部环境信息以便进行自我行动监视的机能；运动机能——施加于外部环境的相当于人的手、脚的动作机能；思维机能——求解问题的认识、推理、判断机能；人－机通信机能——理解指示命令、输出内部状态，与人进行信息交换的机能。

15.2　机 器 人 感 知

　　机器人的感知包括对外界和对自身的感知。感知机能是靠传感器来实现的。因而，机器人传感器可分为内部传感器和外部传感器两大类。内部传感器用来感知机器人的内部状态信息，包括关节位置、速度、加速度、姿态和方位等。常见的内部传感器有轴角编码器、加速度计、陀螺系统等。外部传感器用来感知机器人外部环境信息，它又分为接触型和非接触型两种。前者有触觉、压觉、力觉、滑觉、热觉等，后者有视觉、听觉、接近觉、距离觉等。

　　机器人传感器直接模仿人或生物的感觉器官。如根据人和昆虫眼睛的成像原理研制的视觉传感器，它能感受物体的形状、特征、颜色、位置、距离和运动等。还有听觉传感器、触觉传感器、味觉传感器等也是用相应的仿生原理制作的。立体摄像机和激光测距仪是机器人获得三维视觉的两类实用传感器。

　　在机器人感知研究中，视觉方面的成果最为突出，机器人视觉已经成为一门新兴的独立学科。机器人视觉的主要目的是从整体上理解一个给定的三维景物，为此，图像处理、模式识别、知识工程和三维视觉等技术特别是智能技术在机器人视觉的研制中得到了应用。

15.3 机器人规划

机器人规划也称机器人问题求解。感知能力使机器人能够感知对象和环境，但要解决问题，即产生适应对象和环境的动作，还要依靠规划功能。规划就是拟定行动步骤。实际上它就是一种问题求解技术，即从某个特定问题的初始状态出发，寻找或构造一系列操作（也称算子）步骤，达到解决问题的目标状态。例如，给定工件装配任务，机器人按照什么步骤去操作每个工件？在杂乱的环境下，机器人如何寻求避免与障碍碰撞的路径，去接近某个目标？规划功能的强弱反映了智能机器人的智能水平。

机器人规划的基本任务是：在一个特定的工作区域中自动地生成从初始状态到目标状态的动作序列、运动路径和轨迹的控制程序。规划系统可分为两级：任务规划子系统和运动规划子系统。任务规划子系统根据任务命令，自动生成相应的机器人执行程序，如将任务理解为工作区的状态变化，则它生成的即为把初始状态变为目标状态的一个操作序列。运动规划子系统首先将任务规划的结果变成一个无碰撞的操作器运动路径，这一步称为路径规划；然后再将路径变为操作器各关节的空间坐标，形成运动轨迹，这一步称为轨迹规划。

任务规划需要解决三个基本技术问题：问题或状态的表示、搜索策略和子目标冲突问题。经过多年的探索，现在，至少已提出了四种有关任务规划问题的方法，这就是非层次规划、层次规划、估价式规划和机遇式规划。

路径规划一般分解为寻空间和寻路径两个子问题。寻空间是指在某个指定的区域 R 中，确定物体 A 的安全位置，使它不与区域中的其他物体相碰撞。寻路径是指在某个指定的区域 R 中，确定物体 A 从初始位置移动到目标位置的安全路径，使得移动过程不会发生与其他物体的碰撞。路径规划的方法有假设－测试法、罚函数法、位姿空间法、旋转映射图法等。

可以看出，无论是任务规划还是路径规划，都涉及搜索和推理问题。因此，它可以采用图搜索技术和产生式系统来解决。事实上，现已开发出了多种这样的机器人规划系统。一些系统将机器人世界表示为一阶谓词演算公式的集合，利用启发式搜索技术达到要求的目标。一些系统采用监督式学习来加速规划过程。还有一些系统将专家系统技术应用到规划之中。

近年来，随着计算智能技术的飞速发展，人们也把神经网络技术引入了机器人规划。例如，利用一种并列连接的神经网络可以实时地进行无碰撞路径规划。该网络对一系列的路径点进行规划，其目标使得整个路径的长度尽量短，同时又要尽可能远离障碍物。从数学的观点看，它等效于一个代价函数，该代价函数为路径长度和碰撞次数的函数。这种方法的优点是：

（1）算法固有的并行性可用并行硬件来实现，对于有较多障碍物、有较多路径点以及物体上有较多测试点的情况，可达到实时应用的程度。

（2）算法的并行性使得所规划的路径可以达到任意高的精度而不增加计算时间。

15.4 机 器 人 控 制

机器人控制即运动控制，包括位置控制和力控制。位置控制就是对于运动规划给出的运动轨迹，控制机器人的肢体(如机械手)产生相应的动作。力控制则是对机器人的肢体所发出的作用力(如机械手的握力和推力)大小的控制。运动控制涉及机器人的运动学和动力学特性，所以，运动控制研究需要许多运动学和动力学知识。总的来说，机器人运动控制比较困难，主要原因在于要求的运动轨迹是在直角坐标空间中给定的，而实际的运动却是通过安装在关节上的驱动部件来实现的。因而需要将机械手末端在直角坐标空间的运动变换到关节的运动，也就是需要进行逆运动学的计算。这个计算取决于机器人的手臂参数以及所使用的算法。我们知道，具有四肢的动物(包括人类)，运动时会很自然地完成从目标空间到驱动器(肌肉)的转换。这个转换能力一方面是先天遗传的，另一方面也是通过后天学习不断完善的。

生物系统的运动控制为机器人的神经网络控制提供了很好的参考模型。这种控制不需要各个变量之间的准确的解析关系模型，而只要通过大量的例子的训练即可实现。因此，在机器人控制中广泛采用神经网络控制技术。

在运动学的控制方法中，分解运动速度的方法是比较典型的一种。它是一种在直角坐标空间而不是在关节坐标空间进行闭环控制的方法。对于那些需要准确运动轨迹的跟踪的任务，如弧焊等，必须采用这样的控制方法。分解运动速度的方法的关键是速度逆运动学计算，这个计算不仅需要有效的雅可比矩阵求逆算法，而且需要知道机器人的运动学参数。如果采用神经网络，则可不必知道这些参数，因此它可作为求解速度逆运动学的另一种颇具吸引力的方法。

通常的机器人运动学控制主要是基于正、逆运动学的计算。这种控制方法不但计算繁琐，而且需要经常校准才能保持精度。为此，人们提出了一种双向映射神经网络，进行机器人运动学控制。这种网络主要由一个前馈网组成，隐层为正弦激励函数。从网络的输出到输入有一个反馈连接，形成循环回路。正向网络实现正运动学方程，反馈连接起修改网络的输入(关节变量)，以使网络的输出(末端位姿)向着期望的位姿点运动。这种双向映射网络不但能够提供精确的正、逆运动学计算，并且只需要简单的训练。

在动力学控制中，关键是逆动力学计算。这里主要有两方面的问题，一是计算工作量很大，难以满足实时控制的要求；二是需要知道机器人的运动学和动力学参数。要获得这些参数，尤其是动力学参数往往是很困难的。采用神经网络来实现逆动力学的计算，原则上可以克服上述两个问题。由于神经网络的并行计算的特点，它完全满足实时性的要求，同时它是通过输入输出的数据样本经过学习而获得动力学的非线性关系，因而它并不依赖于机器人参数。

在力控制中，无论是采用经典控制还是现代控制，都存在建模难题。因此，人们将智能控制技术引入机器人力控制中，产生了智能力控制方法。该方法应用递阶协调控制、模糊控制和神经网络控制技术来实现力控制系统。在这类系统中，力/位反馈并行输入，模糊、神经网络控制对输入信息进行并行非线性处理和综合，将处理结果(位置量)输出给位置伺服子系统。这种控制系统具有高速响应，能够完成机器人在行走中与刚性表面接触而产生位移时的实时控制。

智能机器人的控制结构通常被设计成多处理机系统的网络,并采用智能控制的分层递阶结构。如在纵向,自顶向下分为四层,每一层完成不同级别的功能。第一层负责任务规划,把目标任务分解为初级任务序列。第二层负责路径规划,把初级移动命令分解为一系列字符串,这些字符串定义了一条可避免碰撞和死点的运动路径。第三层的基本功能是计算惯量动力学并产生平滑轨迹,在基本坐标系中控制末端执行器。第四层为伺服和坐标变换,完成从基本坐标到关节坐标系的坐标变换以及关节位置、速度和力的伺服控制。

15.5　机器人系统的软件结构

现代的智能机器人软件体系结构必须将反应式控制和基于模型的思考式控制相结合。因此,大多数智能机器人体系结构在低层次的控制中采用反应式技术,而在高层次控制中采用思考式技术。结合了反应式和思考式技术的体系结构通常称为混合体系结构。

到目前为止最流行的混合体系结构是三层体系结构,它由一个反应层、一个执行层和一个思考层组成。

反应层为机器人提供低层次的控制。它的特征是具有紧密的传感器—行动循环。它的决策循环通常是以毫秒计的。

执行层(或序列化层)起着反应层和思考层之间的粘合剂的作用。它接收由思考层发出的指令,序列化以后传送给反应层。例如,执行层将会处理一系列由思考式路径规划器生成的通过点,并作出采取哪种反应行为的决策。执行层的决策循环通常是以秒计的。执行层还负责将传感器的信息整合到一个内部状态表示中。例如,它将掌管机器人定位和联机绘制地图等任务。

思考层利用规划生成复杂问题的全局解。因为生成这一类解的过程中涉及计算复杂度,它的决策循环通常是以分钟计的。思考层(或规划层)使用模型进行决策。这些模型可以事先提供或者从数据中学习得到,它们通常利用了在执行层收集到的状态信息。

三层体系结构的各种变体可以在大多数现代机器人软件系统中找到。当然,三个层次的划分并不是非常严格的。一些机器人软件系统具有更多的层次,例如还可有用于控制人机交互的用户接口层,或者负责协调机器人与在同一环境下运转的其他机器人的行动的软件层等。

15.6　机器人程序设计与语言

15.6.1　机器人程序设计

"教"机器人完成有关作业称为程序设计。这种程序设计一般有三种方式:直接示教方式、离线数据程序设计方式和使用机器人语言方式。

1. 直接示教方式

直接示教方式也称示教再现方式,其具体做法是,使用示教盒根据作业的需要把机器人的手爪送到作业所需要的位置上去,并处于所需要的姿态,然后把这一位置、姿态存储起来。对作业空间的各轨迹点重复上述操作，机器人就把整个作业程序记忆了下来。工作时，再现上述操作就能使机器人完成预定的作业，同时可以反复同样的作业过程。

直接示教法的优点是不需要预备知识，不需要复杂的计算机装置。所以被广泛使用，尤其适合单纯的重复性作业，例如搬运、喷漆、焊接等。

直接示教法的缺点是：

（1）示教时间长、速度慢。

（2）不同的机器人，或者即使同一个机器人，对于不同的任务都需要重新示教。

（3）无法接受感觉信息的反馈。

（4）无法控制多台机器人的协调动作。

2. 离线数据程序设计方式

离线数据程序设计方式就是使用计算机辅助设计软件设计数据，计算出为了完成某一作业，机器人手爪应该运动的位置和姿态，即用 CAD 的方法产生示教数据。这一方式克服了直接示教法的缺点，对于复杂的作业，或许要给出连续的数据时，采用此方法是比较合适的。

3. 机器人语言方式

机器人语言方式就是使用机器人程序设计语言编程，使机器人按程序完成作业。这种方式的优点是：

（1）由于用计算机代替了手动示教，提高了编程效率。

（2）语言编程与机器人型号无关，编好的程序可供多台机器人或不同型号的机器人使用。

（3）可以接受感觉信息。

（4）可以协调多台机器人工作。

（5）可以引入逻辑判断、决策、规划功能以及人工智能的其他方法。

15.6.2　机器人程序设计语言

机器人程序设计语言一般是一种专用语言，即用符号来描述机器人的动作。这种语言类似于通常的计算机的程序设计语言，但有所区别。一般所说的计算机语言，只指语言本身，而机器人语言实际上是一个语言系统。机器人语言系统既包含语言本身——给出作业的指示和动作指示，又包含处理系统——根据上述指示来控制机器人系统，另外还包括了机器人的工作环境模型。

根据作业描述水平的高低，机器人语言通常分为三级：动作水平级、对象物水平级和作业目标水平级（也称任务级）。

动作水平级语言是以机械手的运动作为作业描述的中心，由使手爪从一个位置到另一个位置的一系列命令组成。

对象物水平级语言是以部件之间的相互关系为中心来描述作业的，与机器人的动作无关。作业目标水平级语言则是以作业的最终目标状态和机器人动作的一般规则的形式来描述作业的。

这种分类法较好地反映了语言的水平和功能，但在级与级之间还有些模糊或混乱，所以，另一种分类法将机器人语言分为五级：操作水平级、原始动作水平级、结构性动作水平级、对象物状态水平级和作业目标水平级。

机器人程序设计语言研究是智能机器人研究的重要方面。这方面现在也有不少成果，人们已经开发出了许多机器人语言。这些语言有汇编型的，如 VAL 语言；有解释型的，如 AML；有编译型的，如 AL、LM 语言；还有自然语言型的，如 AUTOPASS 等。

近年来，机器人程序设计语言有了很大发展，简介如下：

——通用机器人语言 GRL(Generic Robot Language, Horswill, 2000)。该语言是一种用于编写大型模块化控制系统的函数程序设计语言。正如在行为语言中一样，GRL 采用有限状态机作为它的基本建造模块。在此之上，它比行为模型提供了范围更广的结构用于定义通信流，以及不同模块之间的同步约束。用 GRL 写的程序可以被编译成高效的指令语言，如 C 语言。

——反应式行动规划系统 RAPS。该语言是一种用于并发机器人软件的重要程序设计语言，它使程序员能够对目标、与这些目标相关的规划（或不完全策略）和那些有可能使规划成功的条件进行指定。重要的是，RAPS 还提供了一些措施用于处理那些在实际机器人系统中不可避免发生的失败。程序员可以指定检测各种失败的例行程序，并为每一种失败提供处理异常的过程。在三层体系结构中，RAPS 通常用在执行层，处理那些不需要重新进行规划的偶发事件。

——GOLOG。该语言是一种将思考式问题求解（规划）和反应式控制的直接确定进行无缝结合的程序设计语言。用 GOLOG 写的程序通过情景演算进行形式化表示，并使用了非确定性的行动算子的附加选项。除了用可能的非确定性行动制定控制程序以外，程序员还必须提供机器人及其环境的完整模型。一旦控制程序到达一个非确定性的选择点，一个规划器（具有理论证明机的形式）就被触发，用来决定下一步该做什么。这样，程序员就能够指定部分控制器，并依靠内置的规划器来做出最终的控制选择。GOLOG 的优美性体现在它对反应和思考的无缝整合上。尽管 GOLOG 需要很强的条件（完全可观察性、离散的状态、完整的模型），但它已经为一系列室内移动机器人提供了高级控制。

——嵌入式系统 C++语言 CES(C++ for embedded systems)。该语言是 C++ 的一种语言扩展，它集成了概率与学习(Thrun, 2000)。CES 数据类型为概率分布，允许程序员对不确定信息进行计算，而不必耗费实现概率技术通常所需的努力。更为重要的是，CES 使得根据实例训练机器人软件成为可能。CES 使程序员能够在代码中留出"缝隙"由学习函数（典型的是诸如神经网络这样的可微分参数化表示方法）进行填补。然后这些函数再通过明确的训练阶段来归纳地学习，训练者必须指定所期望的输出行为。CES 已被证实能够在部分可观察的和连续的领域内很好地工作。

——ALisp(Andre 和 Russell, 2002)。该语言是 Lisp 的一种扩展。ALisp 允许程序员指定非确定性的选择点，这与 GOLOG 中的选择点类似。不过，ALisp 通过强化学习来归纳地学习正确的行动，而不是依靠定理证明机进行决策。因此，ALisp 可以看作是用来将领域知识尤其是关于所期望行为的分层"子程序"结构的知识，结合到强化学习机中的一种灵活手段。到目前为止，ALisp 只在仿真中被用于机器人的学习问题，不过它为建造通过与环境交互进行学习的机器人提供了一套非常有前途的方法。

习 题 十 五

1. 智能机器人应具备哪些机能？
2. 实现智能机器人要涉及哪些方面的技术问题？
3. 简述机器人感知、机器人规划和机器人控制的基本原理。
4. 智能机器人软件体系结构如何？
5. 机器人程序设计有哪几种方式？
6. 机器人程序设计语言有哪些类型？
7. 当前的一些知名机器人程序设计语言有哪些？

第 16 章　智能程序设计语言

16.1　综　　述

我们知道，人工智能所解决的问题并非一般的数值计算或数据处理问题，它是要实现对脑功能的模拟和再现。因此，人工智能程序就更加面向问题、面向逻辑，要能支持知识表示，要能描述逻辑关系和抽象概念，其处理对象更多的是知识，或者说是符号。这样，用常规的过程性程序设计语言进行人工智能程序设计，显得就不那么得心应手，要么麻烦或复杂，要么无法实现。于是，面向人工智能程序设计的语言便应运而生。

第一个人工智能程序设计语言是表处理语言 LISP(LISt Processing)。它于 1960 年由美国(麻省理工学院)的麦卡锡(John MacCarthy)和他的研究小组首先设计实现。正如其名称所示，LISP 最擅长表处理，亦即符号处理。30 余年来，它在人工智能领域中发挥了非常重要的作用，许多著名的人工智能系统都是用 LISP 语言编写的。LISP 被誉为人工智能的数学，至今仍然是人工智能研究和开发的主要工具之一。

现在，人工智能程序设计语言已有了很大的进步和发展。继 LISP 之后，还相继出现了 PROLOG 语言、Smalltalk 语言和 C++ 语言等。概括起来，面向人工智能程序设计的语言有函数型语言、逻辑型语言、面向对象语言以及它们的混合型语言等四大类。

16.1.1　函数型语言

LISP 是一种函数型程序设计语言。LISP 程序由一组函数组成，程序的执行过程就是一系列的函数调用和求值过程。但 LISP 还不是纯函数型语言，准确地讲，它是基于 λ-函数的语言。除 LISP 外，20 世纪 70 年代 J. Backus 还提出了一种称为 FP 的所谓纯函数型程序设计语言。但该语言现在还限于理论研究，实现上还存在一定困难。

16.1.2　逻辑型语言

逻辑型程序设计语言起源于 PROLOG(PROgramming in LOGic)。PROLOG 语言首先由法国马塞大学的 Colmerauer 和它的研究小组于 1972 年研制成功，后来在欧洲得到进一步发展。特别是 1981 年日本宣布要以 PROLOG 作为他们正在研制的新一代计算机——智能计算机的核心语言，更使 PROLOG 举世瞩目，迅速风靡世界。现在 PROLOG 几乎在人工智能的所有领域都获得了应用，成为与 LISP 并驾齐驱的甚至更加流行的智能程序设计语言。由于 PROLOG 语言是一种逻辑型程序设计语言，因此用它编写的程序也就是逻辑程序，即在 PROLOG 程序中一般不需告诉计算机"怎么做"，而只需告诉它"做什么"。因此，PROLOG 亦属陈述性语言。与通常的过程性程序设计语言相比，PROLOG 是更高级的语言。

PROLOG 语言是以 Horn 子句逻辑为基础的程序设计语言，它是目前最具代表性的一种逻辑程序设计语言。早期 PROLOG 版本都是解释型的，1986 年美国的 Borland 公司推出了编译型 PROLOG－Turbo PROLOG，并很快成为 PC 机上流行的 PROLOG。现在还有运行在 Windows 环境下的可视化编程语言 Visual PROLOG。但这些 PROLOG 语言版本属顺序逻辑程序设计语言。为了进一步提高运行效率和推理速度，从 20 世纪 80 年代初起，人们开始研制并行逻辑程序设计语言。目前已开发出了不少并行逻辑语言，其中比较著名和成熟的有 PARLOG（PARallel LOGical programming language）、Concurrent PROLOG、GHC(Guarded Horn Clauses)等。

16.1.3　面向对象语言

20 世纪 80 年代以来，面向对象程序设计（Object-Oriented Programming，OOP）异军突起，发展迅速，如今已日渐成熟，并越来越流行起来。面向对象程序以其信息隐蔽、封装、继承、多态、消息传递等一系列优良机制，大大改善了软件的复杂性、模块性、重用性和可维护性，有望从根本上解决软件的生产效率问题。另一方面，由于面向对象程序设计的类、对象、继承等概念，与人工智能特别是知识表示和知识库产生了天然的联系。因而，现在面向对象程序设计语言也成为一种人工智能程序设计语言，面向对象程序设计也被广泛引入人工智能程序设计，特别是知识工程、专家系统程序设计。

面向对象程序设计语言也种类繁多，已发展成为一个大家族。其中最纯正、最具面向对象风格的语言当推 Smalltalk，而最流行的 OOP 语言是 C＋＋，Java 则是适于网络（Internet）环境的一种面向对象语言。

16.1.4　混合型语言

以上三种语言都各有所长，但也都有其不足之处。为了扬长避短，于是便出现了基于这三种语言的混合型语言。

1. 函数型与逻辑型相结合的语言

函数型与逻辑型语言的结合方式有耦合型和统一型两类。统一型又可分为具有归结语义的函数型语言和集成式语言两个子类。

耦合型语言意为将具有归约语义的函数型语言和具有归结语义的逻辑型语言组合在一起，并在二者之间提供一个接口而形成的一种混合型语言。其典型代表有：

（1）LOGLISP。该语言在 LISP 的基础上增加了表达合一、回溯等机制的系统函数，从而在保持 LISP 特色的同时又有了逻辑程序设计能力。

（2）FUNLOG。该语言在 PROLOG 之外又增加了函数定义机制，系统以归结语义执行 PROLOG 程序，以归约语义求解函数。

（3）POPLOG。这是 POP－11、PROLOG 和 LISP 的混合型语言，三种成分各有一个增量式编译器。具有归结语义的函数型语言又可分为 N - 语言、F - 语言和 R - 语言。

集成式语言将函数成分和逻辑成分平等看待，并把它们对称地组织起来。其典型代表有 LEAF 和 APPLOG。

2. 函数型与面向对象相结合的语言

在 LISP 语言的基础上再扩充面向对象机制而产生的语言，称为函数型的面向对象程序设计语言(亦称为面向对象的 LISP)。这种语言现已成为一个家族，其中比较著名的有：

(1) Flavors 由 MIT 的 Lisp Machine 小组于 1979 年研制而成，它的基语言是 Symbolics Common LISP。

(2) LOOPS (Lisp Object-Oriented Programming System)。它是在 InterLisp – D 环境上实现的基于 LISP 的 OOP 语言，由 Xerox 公司于 1983 年推出。

(3) CommonLoops。它是基于 CommonLisp 的函数型 OOP 语言，由 Xerox 公司于 1985 年推出。

(4) CLOS (CommonLisp Objetc System)。它是 Xerox 公司于 1986 年推出的一个 CommonLoops 与 New Flavors 的后继产品。

(5) CommonObjects。它是由 HP 公司于 1983～1985 年实现的又一个基于 Common-Lisp 的 OOP 语言。

(6) OBJ2 也是一种面向对象的函数型语言。

3. 逻辑型与面向对象相结合的语言

这类语言著名的有：

(1) SPOOL。该语言是日本 IBM 分部于 1985 年推出的以面向对象思想扩充的 PROLOG 语言。

(2) Orient 84K。该语言是 Keio 大学于 1984 年发表的基于 PROLOG 和 Smalltalk 的并行执行语言。

(3) Vulan。该语言是一种面向对象的逻辑型语言。

16.2　函数型程序设计语言 LISP

LISP 语言的主要特点是：

(1) LISP 程序由一组函数组成，程序的执行过程是函数的调用过程。

(2) 程序和数据在形式上是相同的，即都是符号表达式，简称为 S – 表达式。

(3) 递归是 LISP 语言的主要控制结构。

(4) 程序以交互方式运行。

16.2.1　LISP 的程序结构与运行机制

LISP 的程序一般由函数的定义和函数的调用两部分组成。其一般格式为：

　　　(DEFUN (〈函数名〉(〈形参表〉)〈函数体〉)

　　　(〈函数名〉(〈形参表〉)〈函数体〉)

　　　　　　　…

　　　(〈函数名〉(〈形参表〉)〈函数体〉))

　　　(〈函数名〉〈实参表〉)

〈〈函数名〉〈实参表〉〉

...

〈〈函数名〉〈实参表〉〉

其中的"DEFUN"是定义函数的关键字,"函数名"可以是系统的内部函数(名),也可以是用户用 DEFUN 定义的函数(名)。例如下面就是一个 LISP 程序。

```
(DEFUN HANOI (a b c n)
  (COND ((= n 1) (MOVE-DISK a c))
    (T (HANOI a c b (- n 1))
    (MOVE-DISK a c)
    (HANOI b a c (- n 1)))))
(DEFUN MOVE-DISK(from to)
  (TERPRI)
  (PRINC "Move Disk From")
  (PRINC from)
  (PRINC "To")
  (PRINC to))


(HANOI 'a'b'c 3)
```

可以看出,这个程序的函数定义部分定义了名为 HANOI 和 MOVE-DISK 两个函数,其中前者调用后者;函数调用部分只有一个函数调用,即最后一行。

这个程序运行时,就从对函数 HANOI 关于实参('a'b'c 3)的调用、求值开始,依函数体内各子函数的逻辑顺序,又依次对各函数进行调用、求值,直到最后一个或最后一次函数调用和求值完成后,整个程序运行结束。所以,LISP 程序的运行过程,就是一个不断地进行函数调用和求值的过程。

16.2.2 S-表达式

从语法上看,LISP 程序的基本单位是 S-表达式。S-表达式又可分为原子和表两大类。

原子(atom)是由字母和数字组成的字符串,是 S-表达式的最简单情况。原子又可分为文字原子、串原子和数字原子三种。

文字原子又称符号(symbol),是以字母开头的字母数字串,用来表示常量、变量和函数的名字等。例如:ABC、X1 等。

串原子是由双引号括起来的一串字符。如"LISP Program"。

数字原子由数字串组成。在其前面可以有符号"-"或"+",中间可出现".",用来表示整数和实数。例如:256、-66、3.141 59 等。

S-表达式可以递归定义如下:

(1) 原子是 S-表达式。

(2) 若 S_1 和 S_2 是 S-表达式,则($S_1 \cdot S_2$)也是 S-表达式。

由定义,下面的式子都是 S-表达式:

　　　　　X2

　　　　　123

　　　　　(A·B)

　　　　　(A·(B·C))

　　表(list)是 LISP 语言中最常用的数据类型，也是主要的处理对象。表是由圆括号括起来的由空格分开的若干个元素的集合。

　　表的一般形式为：

　　　　　(〈S－表达式〉〈S－表达式〉…〈S－表达式〉)

例如：

　　　　　(X Y Z)，(+1 2)，(A (B C))

　　左括号后面的第一个元素称为表头，其余的元素组成的表称为表尾。例如，对于表(+ 1 2)的头为+，尾为(1 2)。

　　特别地，元素个数为零的表为空表，记为()或 NIL。

　　表是一种特殊的 S－表达式，每一个表都对应着一个 S－表达式。二者的关系由下面的例子说明。

　　　　　表 ←————————→ S－表达式
　　　　　(A)　　　　　　　(A · NIL)
　　　　　(A B)　　　　　　(A · (B · NIL))
　　　　　(A B C)　　　　　(A · (B · (C · NIL)))
　　　　　((A B) C D)　　　((A · (B · NIL)) · (C · (D · NIL)))

　　可以看出，表的 S－表达式的结构实际是一棵二叉树。

16.2.3　基本函数

　　LISP 的函数都以表的形式出现，并一律使用前缀表示方式，即表头为函数名，并且每个函数都有一个返回值。LISP 的函数可分为语言自身提供的内部函数(称为基本函数或系统函数)和用户自定义函数两类。

　　基本函数的种类有十多个，下面仅给出其中主要的几类。

1. 表处理函数

　　表处理是 LISP 的主要特色，表处理的函数也很多，下面仅给出最常用的几个。

1) CAR 函数

格式　(CAR〈表〉)

其中 CAR 为函数名，它是一个保留字(下同)。

　　功能　取出表中的表头。

　　例如：(CAR '(LISP Language Program))

　　返回值为：LISP

2) CDR 函数

　　格式　(CDR〈表〉)

　　功能　取出表中的表尾。

例如：(CDR '(LISP Language Program))

返回值为：(Language Program)

3）CONS 函数

格式　(CONS ⟨S - 表达式⟩ ⟨表⟩)

功能　将 S - 表达式作为一个元素加到表中去，并作为所构成新表中的第一个元素。

例如：(CONS 'My '(LISP Language Program))

返回值为：(My LISP Language Program)

4）APPEND 函数

格式　(APPEND ⟨表₁⟩ ⟨表₂⟩ … ⟨表ₙ⟩)

功能　将 n 个表中的元素合并成一个新表。

例如：(APPEND '(TIGER LION) '(DOG CAT))

返回值为：(TIGER LION DOG CAT)

5）LIST 函数

格式　(LIST ⟨S - 表达式₁⟩ ⟨S - 表达式₂⟩ … ⟨S - 表达式ₙ⟩)

功能　把 n 个 S - 表达式作为元素括在一起构成一张新表。

例如：(LIST 'YELLOW 'RED 'BLUE)

返回值为：(YELLOW RED BLUE)

2. 算术函数

LISP 的算术表达式也是用函数表示的，称为算术函数。下面我们仅举例说明。

　　(＋ 2 5)

表示 2＋5，返回值为 7。

(－ (＊ 4 8) (/ 10 5))表示 4×8－10/5，返回值为 30。

3. 求值与赋值函数

在上面的函数中多次出现撇号'，它的意思是禁止求值。为什么要禁止求值呢？原来，LISP 总是试图对一切 S - 表达式求值。表的值是通过函数运算而得到的，原子的值则是通过赋值函数实现的。撇号'也是一个函数，它实际是禁止求值函数 QUOTE 的简写形式。

赋值函数有多个，其中 SET 函数是一个最基本的赋值函数。

格式　(SET ⟨变量⟩ ⟨S - 表达式⟩)

功能　把 S - 表达式赋给变量。

例如：

　　(SET 'X '8)　　　　　　　;X 得到值 8

　　(SET 'Y '(a b c))　　　　;Y 得到值(a b c)

　　(SET 'Z (CDR Y)　　　　;Z 得到值(b c)

另外，赋值函数还有 SETQ、SETF(COMMON LISP)，其功能是类似的。

4. 谓词函数

返回值为逻辑值真或假的函数称为谓词函数，简称谓词。LISP 中真和假分别用 T 和 NIL 表示，当函数的返回值为非 NIL 时，也表示为真。另外，NIL 也表示空表。谓词函数也有多个，下面我们仅给出常用的几个。

1）原子谓词 ATOM

格式 （ATOM〈参数〉）

功能 检测其参数是否为原子，是则返回 T，否则返回 NIL。

例如：

（ATOM $'$a） ;返回 T

（ATOM $'$(a b)） ;返回 NIL

2）相等谓词 EQUAL

格式 （EQUAL〈参数〉〈参数〉）

功能 判断两个参数是否逻辑相等。

例如：

（EQUAL $'$a $'$a） ;返回 T

（EQUAL $'$(a b) $'$(a c)） ;返回 NIL

（EQUAL $'$(a b) (CONS $'$a $'$(b))） ;返回 T

还有一种相等谓词，其格式为：（EQ ＜参数＞ ＜参数＞），但它只是用来判断两个原子是否相等。例如：（EQ $'$a $'$a），则返回 T

3）判空表函数 NULL

格式 （NULL〈参数〉）

功能 判断参数是否为空表，是则返回 T，否则返回 NIL。

5. 条件函数

条件函数也称分支函数，类似于其他语言中的分支语句，其作用是控制程序的流程。最常用到的条件函数是 COND 函数。

格式 （COND （P_1 e_1）

（P_2 e_2）

$\vdots$

（P_n e_n））

其中 P_i(i=1,$\cdots$,n)为谓词，e_i(i=1,$\cdots$,n)为一个或多个 S–表达式。

功能 如果 P_1 为真，则 COND 函数的值为 e_1（当 e_1 为多个 S–表达式时，取最后一个 S–表达式的值，下同）。否则，判断 P_2，……直到某个 P_i 真为止，然后将对应的 e_i 作为函数值。若没有一个 P_i 的值为非 NIL，则 COND 的返回值为 NIL。特别地，P_i 也可以为逻辑常量 T，这时则对其对应的各表达式求值，并把最后一个表达式的值作为 COND 的返回值。

例如：

（COND ((NULL x) 0)

((ATOM x) 1)

((LISTP x) (LENGTH x)))

其语义是，若 x 的值为 NIL，则 COND 的返回值为 0；若 x 为原子，则 COND 的返回值为 1；若 x 的值为表，则 COND 的返回值为表的长度。

16.2.4　自定义函数

基本函数是 LISP 提供的基本处理功能，要用 LISP 编程解决实际问题，仅有基本函数还是不够的，用户还必须根据问题的需要，利用基本函数自定义所需的函数。

自定义函数的格式为：

　　　(DEFUN〈函数名〉(〈形参表〉)

　　　　　　　〈函数体〉)

其中函数体，又可能是用户自定义的函数或 LISP 基本函数的某种组合。所以，一般来讲，LISP 自定义函数就是由其基本函数组合而成的。常用的组合方法有复和、分支、递归、迭代等。其中最具特色的构造方法是递归。

所谓递归，就是指函数的定义式中又包含着对其自身的调用。我们举例说明。

例 16.1　定义求 N! 的 LISP 函数。

阶乘的公式是

　　　$n! = n \times (n-1)!$

　　　$1! = 1$

　　　$0! = 1$

由此我们给出其 LISP 函数如下：

```
(DEFUN N! (n)
  (COND ((= n 0) 1)
        ((= n 1) 1)
        (T ( * n (N! ( - n 1))))))
```

可以看出，该函数的最后一行中又调用了它自己。所以，这个函数 N! 是递归定义的。

需说明的是，一个函数是否能递归定义，要取决于以下两条：

(1) 函数的求值存在最简的情形，在这种情形下函数值是显然的或已知的；

(2) 该函数对于其参数的求值，可以归结为对另一些参数的求值，而且后者比前者更容易求值，即使问题朝最简情形逼近了一步。

可以看出，上面定义的阶乘函数正满足这两个条件。实际上，本节一开始给出的例子程序中的函数 HANOI 也是递归定义的。

16.2.5　程序举例

例 16.2　符号微分程序。

这里是指数学上的一元函数求导。我们用 D(e x) 表示数学上的 de/dx，这里 e 为需求导的函数表达式，x 为自变量。程序如下：

```
(DEFUN D (e x)
  (COND ((ATOM e) (IF (EQ e x) 1 0))
        (T (APPLY (D−RULE (CAR e))
              (APPEND (CDR e))
```

$$(LIST \ x)))))$$

其中 D−RULE 是一个获取给定操作符的微分规则的 LISP 函数。微分规则的存放，是通过为相应操作符建立 d 特性的方法完成的。D−RULE 的定义为

$$(DEFUN \ D-RULE \ (operator)$$
$$(GET \ operator \ 'd))$$

其中操作符 d 的特性值需事先用 SETF 函数建立好。例如对于操作符加＋和乘·，在数学上有

$$d(u+v)/dx = du/dx + dv/dx$$
$$d(u \cdot v)/dx = v \cdot du/dx + u \cdot dv/dx$$

用 LISP 表示就是

$$(SETF \ (GET \ '+ \ 'D) \ '(LAMBDA \ (u \ v \ x) \ '(+ \ ,(D \ u \ x) \ ,(D \ v \ x))))$$
$$(SETF \ (GET \ '* \ 'D) \ '(LAMBDA \ (u \ v \ x)$$
$$'(+ \ (* \ ,(D \ u \ x) \ ,v) \ (* \ ,(D \ v \ x) \ ,u)))))$$

有了这些函数，我们就可以用机器求符号微分了。例如，给出如下的函数调用 $(D' \ (+ \ (* \ 2 \ x) \ (* \ x \ x))' x)$；即求一元函数 $2x + x^2$ 关于 x 的导函数则得到返回值为

$$(+ \ (+ \ (* \ 0 \ x) \ (* \ 1 \ 2)) \ (+ \ (* \ 1 \ x) \ (* \ 1 \ x)))$$

即 $2+2x$，结果正确。

由于篇幅所限，上面我们对 LISP 语言仅做了简要介绍。需进一步学习的读者，可参阅有关专门著作。实际上，以此为入门和基础，读者就可以参照某一具体的 LISP 语言资料，进行 LISP 程序设计了。经过 30 多年的发展，LISP 的方言和版本也很多。目前比较流行的有 INTERLISP、MACLISP、COMMON LISP。其中 COMMON LISP 将成为一种标准，以统一各种 LISP 方言。

16.3　Visual Prolog 语言简介

Visual Prolog 是一种可视化逻辑程序设计语言。它是美国的 Prolog 开发中心(PDC)推出的新一代 Prolog 语言，其语言特性符合相应的国际标准 ISO/IEC 13211-1：1995，并自带可视化集成开发环境。

Visual Prolog 与 Turbo Prolog 及 PDC Prolog 的最显著区别就是支持图形用户界面程序设计。Visual Prolog 及其 Visual Prolog 程序不仅能够运行于 Windows 系列操作系统环境，而且也可以运行于 Linux，SCOUNIX 和 OS/2 等操作系统环境。

Visual Prolog 不仅可以用于逻辑程序设计，而且它还支持模块化和面向对象程序设计。它几乎是一个融逻辑、函数、过程和面向对象等程序设计范型为一体的综合型程序设计语言。

Visual Prolog 几乎包含了各种应用程序和系统程序所需要的所有特性和功能。例如，它不仅具有诸如模式匹配、递归、回溯、动态数据库、谓词库、文件操作、图形开发、字符串处理、位级运算、算术与逻辑运算、与其他语言的接口、编译器、连接器和调试器等传统功能，而且还具有对象机制、动态链接库 DLL、多线程、异常处理、支持基于网络的应用

开发、支持与 C/C++的直接链接、对 Win32API 函数的直接访问以及数据库、多媒体等等。而且随着版本的升级，这些特性和功能还在不断扩充和提高。

从结构来看，Visual Prolog 包含一个大型库，捆绑了大量的 API 函数，包括 Windows GUI 函数族、ODBC/OCI 数据库函数族和因特网函数族（socket，FTP，HTTP，CGI 等）。其开发环境包含对话框、菜单、工具栏等若干编码专家和图形编辑器。

正因为有如此强大的功能和优势，所以 Visual Prolog 已是当今智能化应用开发的有力工具。据悉，在美国、加拿大、西欧、澳大利亚、新西兰、日本、韩国、新加坡等国家和地区，Visual Prolog 广为流行。

由于篇幅所限，本节仅对 Visual Prolog 作了简单介绍。有兴趣的读者可参阅有关文献或直接登录 PDC 网站：www.visual-prolog.com，对 Visual Prolog 及其编程作进一步了解和学习。

习 题 十 六

1. 综述智能程序设计语言分类和发展概况。
2. 简述 LISP 语言的主要特点、程序结构和运行机理。
3. 上网登录 PDC 网站，进一步了解 Visual Prolog 语言的原理和应用。

上 机 实 习 指 导

为了加深读者对课程内容的理解和掌握,并培养学生的动手能力和分析问题、解决问题的能力,下面特安排了有关内容的上机实习项目及其指导。

实习一 PROLOG 语言编程练习

1. 目的

加深学生对逻辑程序运行机理的理解,使学生掌握 PROLOG 语言的特点、熟悉其编程环境,同时为后面的人工智能程序设计做好准备。

2. 内容

在 Turbo PROLOG 或 Visual Prolog 集成环境下调试运行简单的 PROLOG 程序,如描述亲属关系的 PROLOG 程序或其他小型演绎数据库程序等。

3. 要求

(1) 程序自选,但必须是描述某种逻辑关系的小程序。

(2) 跟踪程序的运行过程,理解逻辑程序的特点。

(3) 对原程序可作适当修改,以便熟悉程序的编辑、编译和调试过程。

4. 示例程序

逻辑电路模拟程序。该程序以逻辑运算“与”、“或”、“非”的定义为基本事实,然后在此基础上定义了“异或”运算。那么,利用这些运算就可以对“与”、“或”、“非”和“异或”等逻辑门电路进行模拟。事实上,在此基础上也可以对其他任一逻辑门电路进行模拟。

```
domains
    d=integer
predicates
    not_(D, D)
    and_(D, D, D)
    or_(D, D, D)
    xor(D, D, D)
clauses
    not_(1, 0).
    not_(0, 1).
    and_(0, 0, 0).
    and_(0, 1, 0).
```

```
            and_(1, 0, 0).
            and_(1, 1, 1).
            or_(0, 0, 0).
            or_(0, 1, 1).
            or_(1, 0, 1).
            or_(1, 1, 1).
    xor(Input1, Input2, Output):—
                    not_(Input1, N1),
                    not_(Input2, N2),
                    and_(Input1, N2, N3),
                    and_(Input2, N1, N4),
                    or_(N3, N4, Output).
```

实习二　　图搜索问题求解

1. 目的

使学生加深对图搜索技术的理解,初步掌握图搜索基本编程方法,并能运用图搜索技术解决一些应用问题。

2. 内容

以求某交通图中两地之间的路径为例,用状态图搜索进行问题求解。

3. 要求

(1) 可使用第 3 章中的状态图搜索通用程序,这时只需编写规则集程序;也可用 PROLOG 语言或其他语言另行编程。

(2) 程序运行时,应能在屏幕上显示程序运行结果。

4. 示例

(参见第 3 章中的例 3.11,例 3.12 和例 3.13)

实习三　　小型专家系统设计与实现

1. 目的

专家系统及其设计与实现,涉及该课程的大部分内容,而且实践性和应用性都很强。因此,将专家系统设计与实现作为一个重点上机实习项目,以加深学生对课程内容的理解和掌握,并培养学生综合运用所学知识开发智能系统的初步能力。

2. 内容

建造一个小型专家系统(如分类、诊断、预测等类型),具体应用领域由学生自选,具体系统名称由学生自定。

3. 步骤

具体工作及步骤为:

（1）系统分析；

（2）知识获取与表示；

（3）知识库组建；

（4）推理机选择/编制；

（5）系统调试与测试。

4. 要求

（1）用产生式规则作为知识表示，用产生系统实现该专家系统。

（2）用 PROLOG 语言编程，可参考下面示例程序，也可用其他语言另行编程。

（3）程序运行时，应有人机对话过程。

5. 示例

考虑到本实习项目有一定难度，下面给出一个"小型动物分类专家系统"示例程序，以供参考。

```
/ *      An Animal Classifying Expert System      * /
database
    xpositive(symbol,symbol)
    xnegative(symbol,symbol)
predicates
    run
    animal_is(symbol)
    it_is(symbol)
    positive(symbol, symbol)
    negative(symbol, symbol)
    clear_facts
    remember(symbol, symbol, symbol)
    ask(symbol, symbol)
goal
    run.
clauses
    run:—
      animal_is(X), !,
      write("\nYour animal may be a(n) ", X),
      nl, nl, clear_facts.
    run:—
      write("\nUnable to determine what"),
      write("your animal is. \n\n"), clear_facts.
      positive(X, Y):—xpositive(X, Y), !.
      positive(X, Y):—not(xnegative(X, Y)), ask(X, Y).
      negative(X, Y):—xnegative(X,Y), !.
      negative(X, Y):—not(xpositive(X, Y)), ask(X, Y).
      ask(X, Y):_
      write(X, " it ", Y, "\n"),
```

```
      readln(Reply),
      remember(X, Y, Reply).
    remember(X, Y, y):—asserta(xpositive(X, Y)).
    remember(X, Y, n):—asserta(xnegative(X, Y)), fail.
  clear_facts:—retract(xpositive(_, _)), fail.
  clear_facts:—retract(xnegative(_, _)), fail.
  clear_facts:—write("\n\nPlease press the space bar to Exit"),
            readchar(_).
/*              Knowledge Base        */
  animal_is(cheetah):—
    it_is(carnivore),
    positive(has, tawny_color),
    positive(has, black_spots).
  animal_is(tiger):—
    it_is(carnivore),
    positive(has, tawny_color),
    positive(has, black_stripes).
  animal_is(giraffe):—
    it_is(ungulate),
    positive(has, long_neck),
    positive(has, long_legs),
    positive(has, dark_spots).
  animal_is(zebra):—
    it_is(ungulate),
    positive(has, black_stripes).
  animal_is(ostrich):—
    it_is(bird),
    negative(does, fly),
    positive(has, long_neck),
    positive(has, long_legs),
    positive(has, black_and_white_color).
  animal_is(penguin):—
    it_is(bird),
    negative(does, fly),
    positive(does, swim),
    positive(has, black_and_white_color).
  animal_is(albatross):—
    it_is(bird),
    positive(does, fly_well).
  it_is(mammal):—
    positive(has, hair).
  it_is(mammal):—
    positive(does, give_milk).
```

```
it_is(bird):—
        positive(has, feathers).
it_is(bird):—
        positive(does, fly),
        positive(does, lay_eggs).
it_is(carnivore):—
        it_is(mammal),
        positive(does, eat_meat).
it_is(carnivore):—
        it _is(mammal),
        positive(has, pointed_teeth),
        positive(has, claws),
        positive(has,forward_eyes).
 it_is(ungulate):—
        it_is(mammal),
        positive(has, hooves).
it_is(ungulate):—
        it_is(mammal),
        positive(does, chew_cud).
```

　　需要说明的是，严格来讲，该专家系统程序中并无显式的推理机，而是利用了 PROLOG 语言本身的推理机制实现推理的。这就是说，用 PROLOG 编写专家系统程序，可以省去推理机部分。如果用其他语言编程，推理机则是必不可少的。当然，用 PROLOG 编写专家系统程序，也可以不用它自身的推理机作为所实现的专家系统的推理机，而用户自己重新编写一个显式的推理机，这可根据问题和需要而定。如果要重新编写推理机，一般说来，规则就要用 PROLOG 的事实来实现，知识库就要用 PROLOG 的动态数据库来实现。

　　当然，以上实习也可用 C 或 C++编程，但工作量要大得多。

中英文名词对照及索引

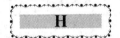

K

L

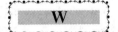

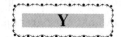

Z

参 考 文 献

[1] 李卫华，等. IBM PC 机编译型 PROLOG 语言. 武汉：武汉大学出版社，1987

[2] 涂序彦. 人工智能及其应用. 北京：电子工业出版社，1988

[3] 何华灿. 人工智能导论. 西安：西北工业大学出版社，1988

[4] 李德毅，赵立平，译. PROLOG 程序设计. 北京：国防工业出版社，1988

[5] 林尧瑞，张钹，石纯一. 专家系统原理与实践. 北京：清华大学出版社，1988

[6] 徐立本，姜云飞. 机器学习及其应用. 吉林大学社会科学丛刊，1988(69)

[7] 黄可鸣. 专家系统导论. 南京：东南大学出版社，1988

[8] 周远清，张再兴，许万雍，贾培发. 智能机器人系统. 北京：清华大学出版社，1989

[9] 王元元. 计算机科学中的逻辑学. 北京：科学出版社，1989

[10] 林尧瑞，马少平. 人工智能导论. 北京：清华大学出版社，1989

[11] 何新贵. 知识处理与专家系统. 北京：国防工业出版社，1990

[12] (英)T•雷蒙德，人工智能中的逻辑. 赵沁平，译. 北京：北京大学出版社，1990

[13] 施鸿宝，王秋荷. 专家系统. 西安：西安交通大学出版社，1990

[14] 刘椿年，曹德和. PROLOG 语言，它的应用与实现. 北京：科学出版社，1990

[15] 沈清，汤霖. 模式识别导论. 长沙：国防科技大学出版社，1991

[16] 谢维信. 工程模糊数学方法. 西安：西安电子科技大学出版社，1991

[17] 焦李成. 神经网络系统理论. 西安：西安电子科技大学出版社，1991

[18] 冯博琴. 实用专家系统. 西安：西安交通大学出版社，1992

[19] 童颎，沈一栋. 知识工程. 北京：科学出版社，1992

[20] 杨行峻，郑君里. 人工神经网络. 北京：高等教育出版社，1992

[21] 沈政，林庶芝. 脑模拟与神经计算机. 北京：北京大学出版社，1992

[22] B. Kosko. Neural Networks and Fuzzy System, Prentice – Hall, EnglewoodCliffs, 1992

[23] Shin – ichi Horikawa et. al. On Fuzzy Modeling Using Fuzzy Neural Networks with the Back – Propagation Algorithm, IEEE Trans, on NN, 3(5), 1992

[24] 施鸿宝. 神经网络及其应用. 西安：西安交通大学出版社，1993

[25] 石纯一，等. 人工智能原理. 北京：清华大学出版社，1993

[26] Kai Liu and F. L. Lewis, Fuzzy Control Needs Clear Ideas-Discussions about FLC, Intelligent Control and Intelligent Automation(上卷)，北京：科学出版社，1993

[27] James J. Buckley, On the Equivalence of Neural Networks and Fuzzy Expert Systems, Fuzzy Set and Systems, 1993，53

[28] 王永庆. 人工智能——原理•方法•应用. 西安：西安交通大学出版社，1994

[29] 李孝安，张晓缋. 神经网络与神经计算机导论. 西安：西北工业大学出版社，1994

[30] 何新贵. 事件代数与主动知识库系统. 软件学报，1994(9)

[31] 陆汝钤，等. 专家系统开发环境. 北京：科学出版社，1994

[32] 吴泉源，刘江宁. 人工智能与专家系统. 长沙：国防科技大学出版社，1995

[33] 姚天顺，等. 自然语言理解. 北京：清华大学出版社，南宁：广西科学技术出版社，1995

[34] 蔡希尧，陈平. 面向对象技术. 西安：西安电子科技大学出版社，1995

[35] 曹文君. 知识系统原理及其应用. 上海：复旦大学出版社，1995

[36] Tanaka K，Stability and Stabilizability of Fuzzy - neural - linear Control Systems，IEEE Trans on Fuzzy Systems，1995

[37] 蔡自兴，徐光佑. 人工智能及其应用. 2 版. 北京：清华大学出版社，1996

[38] 王鼎兴，温冬婵，高耀清，黄志毅. 逻辑程序设计语言及其实现技术. 北京：清华大学出版社，南宁：广西科学技术出版社，1996

[39] 路耀华. 思维模拟与知识工程. 北京：清华大学出版社，1997

[40] 廉师友. 人工智能原理与应用基础教程. 昆明：云南科技出版社，1998

[41] 胡舜耕，张莉，钟义信. 多 Agent 系统的理论、技术及其应用. 计算机科学，26(9)，20－24，1999

[42] 周明，孙树栋. 遗传算法原理及应用. 北京：国防工业出版社，1999

[43] 郭军. 智能信息技术. 北京：北京邮电大学出版社，1999

[44] 龚双瑾. 智能网技术. 北京：人民邮电出版社，1999

[45] 廉师友. 程度论——一种基于程度的信息处理技术. 西安：陕西科技出版社，2000

[46] 边肇棋，张学工，等. 模式识别. 2 版. 北京：清华大学出版社，2000

[47] (美)Nils J. Nilsson. 人工智能. 郑扣根，庄越挺，译. 北京：机械工业出版社，2000

[48] 章毓晋. 图像理解与计算机视觉. 北京：清华大学出版社，2000

[49] 玄光男，程润伟. 遗传算法与工程设计. 北京：科学出版社，2000

[50] 陆汝钤. 世纪之交的知识工程与知识科学. 北京：清华大学出版社，2001

[51] 张铃，张钹. 计算智能——神经计算和遗传算法技术，世纪之交的知识工程与知识科学. 北京：清华大学出版社，2001

[52] 石纯一，徐晋晖. 基于 Agent 的计算，世纪之交的知识工程与知识科学. 北京：清华大学出版社，2001

[53] 潘云鹤，耿卫东. 形象思维，世纪之交的知识工程与知识科学. 北京：清华大学出版社，2001

[54] 金芝. 知识工程中的本体论研究，世纪之交的知识工程与知识科学. 北京：清华大学出版社，2001

[55] 刘椿年. 约束逻辑程序设计 CLP——现状与未来，世纪之交的知识工程与知识科学. 北京：清华大学出版社，2001

[56] 王珏. 机器学习：研究与分析，世纪之交的知识工程与知识科学. 北京：清华大学出版社，2001

[57] Jiawei Han, Micheline Kamber, Data Mining：Concepts and Techniques，Morgan Kaufmann Publishers，2001

[58] 高济，朱淼良，何钦铭. 人工智能基础. 北京：高等教育出版社，2002

[59] 史忠植. 知识发现. 北京：清华大学出版社，2002

[60] 王小平，曹立明. 遗传算法——理论、应用与软件实现. 西安：西安交通大学出版社，2002

[61] 张惟杰，吴敏，刘曼西. 生命科学导论. 北京：高等教育出版社，2002

[62] (日)沟口理一郎，石田亨，人工智能. 卢伯英，译. 北京：科学出版社，2003

[63] 蔡自兴，徐光佑. 人工智能及其应用. 3 版. 北京：清华大学出版社，2003

[64] 孙吉贵，何雨果. 量子并行计算，知识科学与计算科学. 北京：清华大学出版社，2003

[65] 应明生. 形式语义学在基于内容的智能信息处理中的可能应用，知识科学与计算科学. 北京：清华大学出版社，2003

[66] 凌云，王勋，费玉莲. 智能技术与信息处理. 北京：科学出版社，2003

[67] (美)Stuart Russell，Peter Norvig. 人工智能——一种现代方法. 2 版. 姜哲，金奕江，张敏，杨磊，等译. 北京：人民邮电出版社，2004

[68] 马少平，朱小燕. 人工智能. 北京：清华大学出版社，2004

[69] 余雪丽. 软件体系结构及实例分析. 北京：科学出版社，2004

[70]　杨炳儒. 基于内在机理的知识发现理论及其应用. 北京：电子工业出版社，2004

[71]　（美）Thomas Dean, James Allen, Yiannis Aloimonos. 人工智能——理论与实践. 顾国昌，刘海波，仲宇，等译. 北京：电子工业出版社，2004

[72]　邓良松，刘海岩，陆丽娜. 软件工程. 2 版. 西安：西安电子科技大学出版社，2004

[73]　李德毅，杜鹢. 不确定性人工智能. 北京：国防工业出版社，2005

[74]　Tom M. Mitchell. 机器学习. 曾华军，张银奎，等译. 北京：机械工业出版社，2005

[75]　Michael Negnevitsky. Artificial Intelligence：A Guide to Intelligent Systems, Second Edition, Pearson Education, 2005

[76]　雷英杰，邢清华，王涛，等. 人工智能（AI）程序设计（面向对象语言）. 北京：清华大学出版社，2005

[77]　王珏，周志华，周傲英. 机器学习及其应用. 北京：清华大学出版社，2006

[78]　焦李成，刘芳，缑水平，刘静，陈莉. 智能数据挖掘与知识发现. 西安：西安电子科技大学出版社，2006

[79]　高尚. 群智能算法及其应用. 北京：中国水利水电出版社，2006

[80]　史忠植. 高级人工智能. 2 版. 北京：科学出版社，2006

[81]　http：//www. iwint. com. cn/cai. html

[82]　http：//www. wiki. cn/wiki/LISP％E6％9C％BA

[83]　http：//www. cctv. com. cn/tvquide/tyzj/zjwz/7572. shtml

[84]　http：//news. tom. com/1002/20051204－2711517. html

[85]　http：//www. wired. com/wired/archive/6. 07/crucialtech. html？pg＝7

[86]　http：//www. oursci. org/ency/it/002. htm

[87]　http：//www. visual－prolog. com